BEIDONG SUOMO
CHAOKUAI GUANGXIAN
JIGUANG JISHU

U0809449

被动锁模
超快光纤激光技术

林启蒙　著

中国石化出版社
·北京·

内 容 提 要

本书详细介绍了超短脉冲光纤激光原理、技术和应用，内容包括光纤激光器构成与特点，超快光纤激光器中脉冲形成机制及传输理论，不同被动锁模光纤激光器的研究进展以及基于可饱和吸收体材料和非线性偏振旋转被动锁模光纤激光器的实验研究。

本书可供从事超短脉冲光纤激光研究的技术人员和学者借鉴与参考，也可作为高等院校相关专业研究生的参考资料。

图书在版编目(CIP)数据

被动锁模超快光纤激光技术 / 林启蒙著. — 北京：中国石化出版社, 2025. 6. — ISBN 978-7-5114-7661-6

Ⅰ. TN248

中国国家版本馆 CIP 数据核字第 2025WQ0091 号

中国石化出版社出版发行

地址:北京市东城区安定门外大街 58 号

邮编:100011　电话:(010)57512500

发行部电话:(010)57512575

http://www. sinopec-press. com

E-mail:press@ sinopec. com

北京建宏印刷有限公司印刷

全国各地新华书店经销

*

787 毫米×1092 毫米 16 开本 12. 5 印张 296 千字

2025 年 6 月第 1 版　2025 年 6 月第 1 次印刷

定价:69. 00 元

前 言

激光器作为20世纪最伟大的发明之一，激光技术的进步对社会产生了颠覆性影响，在社会的进程中扮演了至关重要的角色。这也是多年来这个领域的研究一直处于科研前沿和中心的关键所在。其中，超快光纤激光器以其独特的优势和巨大的潜力，正逐步成为研究热点和工业应用中的佼佼者。本书的出版，旨在为读者提供一个较为全面的探索之旅，从原理到应用、从基础到前沿，共同见证这一研究领域的蓬勃发展。

超快光纤激光器，以其高峰值功率、高效率、窄脉宽、高稳定性以及紧凑的结构，为众多领域带来了革命性的变革，展现出了无与伦比的价值。在过去的几年里，超快光纤激光器的研究取得了显著的进展。本书将回顾这一领域的发展历程，展示国内外研究的最新成果和动态，为未来的研究提供方向和思路。全书共分为6章。第1章介绍了超短脉冲激光器的研究背景，概述了光纤激光器的构成与特点；第2章主要介绍了超快光纤激光器中超短脉冲的形成机制，并分析了近几年基于不同可饱和吸收体的被动锁模技术，梳理了相关的研究进展和发展现状。第3章从理论方面阐述了被动锁模光纤激光器中脉冲传输演化的基本原理和对应的理论模型。第4~5章介绍了基于可饱和吸收体材料被动锁模光纤激光器和基于非线性偏振旋转被动锁模光纤激光器的实验研究。第6章简要介绍了被动锁模光纤激光器的应用。

本书获西安石油大学优秀学术著作出版基金、陕西省自然科学基础研究计划项目（项目编号：2024JC-YBQN-0691）和陕西省教育厅青年创新团队科研计划项目（项目编号：24JP139）资助出版。同时，在本书的写作过程中得到了西安石油大学理学院的所有领导、老师以及作者同事和家人给予的支持与鼓励，在此一并表示感谢。最后，感谢所有为超快光纤激光器领域做出贡献的研究者们，正是他们的辛勤工作和不懈努力，才使得这一领域取得了如此巨大的进步。

由于编者水平有限，书中难免会有疏漏和不足之处，恳请广大读者提出宝贵意见和建议。

目 录

第1章 绪论

1.1 引言

1917年，爱因斯坦(Albert Einstein)在玻尔的原子结构基础上，从理论上指出当光与物质相互作用时，除了吸收和自发辐射，还存在第三种过程——受激辐射，该理论预示了如果原子和分子数目按照玻尔兹曼分布排列，利用受激辐射有可能实现光放大，这为激光的出现奠定了理论基础。1947年，兰姆(Willis Eugene Lamb)在氢原子光谱实验中发现了受激辐射的现象，这是第一次对受激辐射的实验验证。1950年，法国物理学家Kastler提出了光学泵浦的方法，短短两年后在实验中该方法就被证明可行。1951年，汤斯(Charles Townes)提出了受激辐射微波放大Master的概念，第一台氨分子Master建成于1954年，首次在实验中实现了粒子数反转，产出了波长1.25cm的相干电磁辐射。1958年，汤斯和肖洛(Arthur Schawlow)在*Physical Review*上发表论文，提出了激光原理，拉开了激光登上历史舞台的序幕。至此，实现激光器的理论已经比较成熟而且实验条件也基本可以满足要求，世界上各个科研小组都试图争取第一个做出激光器，竞争异常激烈。1960年5月16日，美国物理学家梅曼(Theodore Harold Maiman)在Malibu的休斯实验室崭新科研楼里经过一个半月的努力和艰苦奋斗，终于成功地将掺铬红宝石作为增益介质、输出中心波长694.3nm的激光器研制出来，这是人类历史上第一次实现激光器从理论走向现实，得到了第一束相干光。激光器的发明可以说是“天时、地利、人和”缺一不可，在总结了前人科研成果和理论的基础上，加上自身的坚持不懈，认定被肖洛否定的红宝石可以作为增益介质，另辟蹊径选择脉冲光作为泵浦源解决了热量累积的问题，才有了第一台激光器的出现。可能梅曼自身都没有意识到，第一台激光器的成功诞生，对后世的发展产生了不可估量的影响，不仅使他名留青史，也为整个人类社会的发展打开了一扇崭新的大门，铺就了一条光明大道。

激光的英文名称是 Laser，是取 Light Amplification by Stimulated Emission of Radiation 的各个单词的首字母组成，最早是由汤斯的博士生古德(Gordon Gould)在实验记录本上写的关于激光的构思，其指出可以通过光激发原子，产生一束相干光束，而“激光”一词的中文命名则由我国著名物理学家钱学森于 1964 年建议提出，将全称为“通过辐射受激发射的光放大”的英文缩写 Laser 正式翻译为“激光”。至今，激光器从诞生起已经走过了 65 个春夏秋冬，回顾这几十年的发展历程，激光行业发展迅猛，速度一日千里，基本上激光成了所有光源最好的替代品，可以毫不夸张地说，激光的发明改变了这个世界，是 20 世纪以来最伟大的发明之一。它的出现使光学这个古老学科又变得年轻起来，促进了多个学科的发展，同时进一步演化出了各种分支学科和交叉学科，包括非线性光学、量子光学、激光光谱学、激光武器、激光医疗与光子生物学、激光雷达、激光制导、激光可控核聚变等。激光技术是现代科学技术中最为活跃的领域之一，直到现在也依然是科研领域的焦点，形成了一系列重要的技术应用领域，光电子产业日益繁荣。由于激光器自身得天独厚的优势，经过多年的发展，不仅在科研领域名声大噪，也一步一步地渗透、走进了我们的生活，如从产品包装的激光打标到改变世界联系方式的激光通信，从电影院的激光放映机到工厂的激光切割，从飞秒激光手术治疗到全球激光导航系统，从军事领域的激光武器到石油井下激光打孔等。由于激光应用范围的不同，分别获得了三个不同的称号——“最快的刀”“最亮的光”“最准的尺”，这是对其特性通俗而又精准的描述。作为“最快的刀”，激光属于电磁波，因此拥有全宇宙最快的速度——光速，每秒传输距离约 30 万 km。它被广泛地用于原子、分子的瞬态动力学研究，生物组织成像以及医疗产业。作为“最亮的光”，激光的高亮度一直是它鲜明的特点之一，是迄今为止人类所见到的，包括自然界中的光源所发射的光中最亮的。由于其方向性很好，沿一个方向传输时发散角极小，几乎接近平行，亮度最高时甚至比太阳还要亮 100 亿倍。作为“最准的尺”，激光在测距方面的表现具有无可比拟的优势，其测距误差仅为其他光学仪器的五分之一甚至数百分之一，测量地月之间的距离仅仅需要几秒，而且精度可达30cm。

在第一台激光器诞生后的第二年，科研人员就开始对光纤激光器进行研究。1961年，美国光学公司的Snitzer在玻璃波导中发现了激光现象，这是光纤激光器领域最早的实验研究。随后的几年里，Koester等通力合作，在这个领域取得了更多令人振奋的成果，在其发表的论文里提出了关于光纤激光器和放大器的概念。1966年，高锟和Hockham指出低损耗光纤可以应用于通信，为光纤通信奠定了基础。由于当时的工艺水平低下，无法加工出令人满意的低损耗光纤，在20世纪70年代到80年代，光纤激光器的发展基本上处于停滞阶段，没有实质性的突破和进展。直到1986年后，构建光纤激光器所需的各种工艺已逐渐成熟，特别是稳定可靠的半导体激光器的成功研发，验证了其作为光纤激光器泵浦源的可能性。随后的事实证明，将半导体激光器作为泵浦源的技术毫无疑问地促进了光纤激光器的发展，在世界范围内掀起了研究光纤激光器的热潮。紧随其后发明的包层泵浦技术极大地提高了光纤激光器的输出功率以及斜率效率，这为其之后的进一步发展打下了坚实的基础。经过几十年的发展，激光器已经十分成熟，特别是最近的一二十年，大家更多地将精力投入光纤激光器的研究。作为极具应用价值和潜力的第三代激光技术的杰出代表，光纤激光器拥有广阔的发展前景。伴随着各种新方法和新技术的不断出现，在一定程度上光纤激光器的参数已达到甚至超过了固态激光器，是未来固态激光器的有力竞争者和最好的替代品。

激光领域发展了几十年，在世界范围内得到了广泛的认可和支持。作为科学界最高荣誉的诺贝尔奖已经表彰了许多和激光有关的技术发明和工作。汤斯和肖洛因在激光基础工作中的贡献分别获得了1964年和1981年的诺贝尔奖；1987年，华裔科学家朱棣文(Steven Chu)因在激光冷却和捕获原子方面的工作而获得了诺贝尔奖；1999年，美国科学家泽维尔(Ahmed Zewail)利用飞秒激光技术在观测化学反应方面取得巨大成功，得到了诺贝尔化学奖的青睐，这也是诺贝尔化学奖第一次颁给激光领域；2005年，诺贝尔奖颁给了美国科学家约翰·霍尔(John L. Hall)和德国科学家特奥多尔·亨施(Theodor W. Hänsch)，表彰二人对基于激光的精密光谱学发展作出的贡献；华裔科学家高锟(Charles Kuen Kao)因光在纤维传输方面的突破性成就获得了2009年诺贝尔物理学奖；2018年，美国物理学家阿瑟·阿斯金(Arthur Ashkin)将激光和显微镜结合，研制出在生物系统中广泛使用的光镊，法国物理学家热拉尔·穆鲁(Gerard Mourou)和加拿大物理学家唐娜·斯特里克兰(Donna Strickland)提出了制造高强度超短脉冲激光器的方法，三人分享了当年的诺贝尔物理学奖。可以看出，激光技术的进步对社会产生了颠覆性的改变，在社会的进程中扮演了至关重要的角色。这也是这么多年这个领域的研究一直处于科研的前沿和中心的关键所在。因此，对于激光器特别是光纤激光器的研究具有十分重要的意义。

1.2 超短脉冲激光器的研究背景

脉冲激光器与连续激光器不同，其工作状态为周期性地输出单个激光脉冲，因此脉冲具有一定的重复频率。超短脉冲激光器由于输出脉冲脉宽窄，峰值功率高而闻名，是激光器中的一个重要研究方向，近二十年诺贝尔奖的三次都颁给了超快激光及其相关领域。一般而言，超短脉冲激光器是指利用调 Q 或锁模技术，实现输出脉冲脉宽在皮秒($1ps=10^{-12}s$)或者飞秒($1fs=10^{-15}s$)量级的激光器。下面用一个直观的例子来说明皮秒和飞秒这两个超短时间概念。光速是自然界物体运动的最大速度，即使以光速传输，经过 1ps 的时间，等效在空间上前进了 0.3mm；若将时间缩短至 1fs，则等效空间长度只有 0.3μm。

超短脉冲激光器于 1964 年首次在实验上被证实，贝尔实验室的 Hargrove 等在 He-Ne 激光器中利用熔融石英块作为腔内调制器，实现了 2.5ns 的脉冲输出。短短两年后，DeMaria 等在 Nd：glass 激光器中，实现了 500ps 的超短脉冲输出，这使得激光器输出脉冲宽度首次达到皮秒量级。在这一时期，科研人员主要使用 Nd：glass 或 Nd：YAG 作为增益介质，通过主动或被动锁模技术实现超短脉冲输出。受限于增益介质的增益带宽以及调制器自身性质，此类激光器输出脉冲宽度达到了瓶颈，无法更进一步突破，这种研究停滞的现象直到有机染料激光器的出现才有了转机。1974 年，贝尔实验室的 Shank 等利用被动锁模技术在复合介质染料激光器中首次实现了脉宽 0.5~1ps 可调输出，将脉冲宽度纪录提到了一个新的高度，推进至飞秒量级。在 20 世纪 80 年代中期之前，产生超短脉冲输出的激光器主要以染料激光器为代表。1985 年，染料激光器中产生最短脉冲宽度纪录为 27fs。两年后，经过棱镜对、光栅对以及合适的色散管理，染料激光器输出脉冲宽度进一步压缩至 6fs。虽然染料激光器在超短脉冲输出方面具有巨大的潜力，但是由于固有缺陷(结构复杂，增益介质性质不稳定且有毒，难以维护)，限制了其进一步发展。在20世纪80年代末期，以使用超宽增益带宽的钛宝石为代表的晶体作为增益介质，超短脉冲激光器又迎来了新一轮的研究热潮。钛宝石拥有良好的物理和光学性质，超宽的增益带宽支持实现最窄2.7fs超短脉冲输出。经过几十年的发展，掺钛蓝宝石固体激光器可以稳定地产生脉宽小于10fs的超短脉冲，成为目前超短脉冲激光器中的绝对主力，是各大企业和科研院所的首选。

由于光纤激光器具有结构紧凑、体积小、光光转换效率高、长期稳定性好等独特优势，超快工作者在发展固态超短脉冲激光器的同时，也在探索光纤激光器在超短脉冲产生方面的可能。20世纪90年代初，以Fermann和Matsas等为代表的研究者相继利用非线性放大环形镜(Nonlinear Amplifying Loop Mirror，NALM)技术和非线性偏振旋转(Nonlinear Polarization Rotation，NPR)技术，在光纤激光器中实现了超短脉冲输出。这两种技术都利用光纤本身的非线性效应起到等效可饱和吸收体的作用，谐振腔结构紧凑，易于实现脉冲窄化。1992年，苏黎世联邦工学院Keller等提出的半导体可饱和吸收镜(Semiconductor Saturable Absorption Mirror，SESAM)技术，进一步推动超快光纤激光器的发展，提供了一种搭建简单、容易自启动锁模的超快光纤激光器的实现方法。由于SESAM的主体是半导体可饱和吸收体，因此对半导体材料的选择，饱和能量密度以及调制深度等重要参数进行合理选择和设计，即可满足不同的应用需求和领域。到目前为止，SESAM技术基本实现了商业化，是较为成熟的实现光纤激光器超短脉冲输出的锁模方法之一。随着低维纳米材料学科发展，不同类型的低维纳米材料都被证明具有良好物理光学特性，在超短脉冲产生方面有巨大的应用潜力。低维纳米材料被引入光纤激光器中作为锁模器件最早可追溯到2003年，日本科学家Set等首次将单壁碳纳米管作为SA分别在环形和线形腔中实现了锁模脉冲输出，最短脉宽达到318fs。这种技术的发展，极大地拓宽了超快光纤激光器的锁模器件选择范围，越来越多的低维纳米材料被应用于光纤激光器中实现超短脉冲输出。最近几年，Mamyshev振荡器成了超快光纤激光器领域一个新的研究热点。2017年，美国康奈尔大学Wise F. W. 团队首次成功搭建了Mamyshev振荡器并且获得了脉冲宽度40fs、峰值功率1MW的超短脉冲输出。这比之前所有类似的锁模光纤激光器产生脉冲的峰值功率高出了至少一个数量级，让人们意识到这种方法在产生高能量超短脉冲方面巨大的潜力和优势，这几年的研究成果也十分丰富。虽然

Mamyshev 振荡器的稳定性很高且输出脉冲能量大，但是它需要外部辅助(一般是注入种子光)，否则很难启动锁模。自启动锁模的问题目前还没有得到很好的解决，这也是这个领域未来的一个研究方向。

图 1-1 所示为 2000~2023 年全世界发表的关于脉冲光纤激光器论文数量的统计结果。可以看出，该领域的论文数量逐年递增，保持稳定的增长，从一个侧面也反映了脉冲光纤激光器一直是光纤激光器的研究热点。作为光纤激光器中的佼佼者，无论是在科研、生活还是工业等领域，超短脉冲光纤激光器都有十分广泛的应用。毫无疑问，超快工作者不断地追求更短的脉宽、更高的峰值功率是这类光纤激光器持续发展的不竭动力。

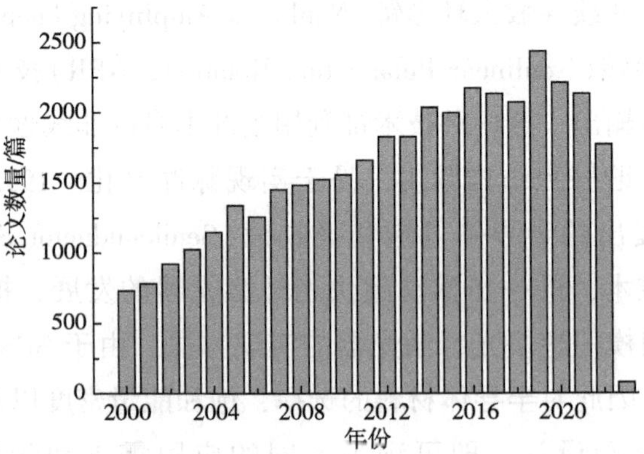

图 1-1　脉冲光纤激光器历年发表论文数量示意
(数据来自 Web of Science)

1.3　光纤激光器原理

1.3.1　光纤激光器构成及特点

光纤激光器，整个谐振腔由低损耗光纤构成。最普通的光纤主要由纤芯、包层和涂覆层三部分组成，其中包层折射率略低于纤芯，这种光纤称为阶跃折射率光纤。当光在光纤中传输时，由于全反射原理，可以将光束缚在纤芯内传输而不会出现外漏。纤芯、包层相对折射率差 Δ 和归一化频率 V 是描述光纤特性的两个重要参数。可由式(1-1)、式(1-2)表示：

$$\Delta=\frac{n_1-n_c}{n_1} \tag{1-1}$$

$$V=k_0a\left(n_1{}^2-n_c{}^2\right)^{\frac{1}{2}} \tag{1-2}$$

式中 $k_0=\frac{2\pi}{\lambda}$；

a——纤芯半径；

λ——光波波长。

光纤中能支持的模式数量由 V 决定。在阶跃光纤里，若 $V<2.405$，则光纤为单模光纤(Single Mode Fiber，SMF)，它只支持单模传输。

光纤激光器常用的泵浦源是带尾纤输出的半导体激光器，其寿命时间长且运行十分稳定，结构紧凑，常用来为激光器增益光纤提供能量。由于增益光纤的掺杂稀土离子种类不同，对应的吸收波长也不同。常用的泵浦波长有 530nm、793nm、800nm、980nm、1480nm、1568nm、1900nm 等。

光纤激光器的工作物质是掺杂不同稀土离子的光纤。稀土离子多以三价形态出现，各种常见的稀土离子有铒(Er^{3+})、镱(Yb^{3+})、铥(Tm^{3+})、钬(Ho^{3+})、钕(Nd^{3+})、镨(Pr^{3+})、镝(Dy^{3+})等。光纤激光器本质上是一台波长转换器，通过耦合泵浦源输出的不同中心波长的光进入增益光纤即可实现波长转换，输出特定波长的光。表 1-1 给出了常见的几种元素的泵浦和发射波长。

表 1-1 掺杂光纤中稀土元素的泵浦和发射波长

掺杂元素	泵浦波长/nm	发射波长/μm
铒(Erbium，Er)	980/1480	1.55
镱(Ytterbium，Yb)	976	1.03
铥(Thulium，Tm)	798/1568	1.92
钬(Holmium，Ho)	1150	2.1/2.84
钕(Neodymium，Nd)	808	1.06
镨(praseodymium，Pr)	1017	1.3

图 1-2 所示为光纤激光器的两种典型结构腔型。图 1-2(a)为简单的线形腔。谐振腔两边的端镜分别是商用的 SESAM 和啁啾光纤布拉格光栅，构成一个驻波

腔而输出稳定的激光脉冲。图 1-2(b)为一个简单的环形腔，谐振腔无须端镜，所有器件的尾纤首尾相接即可构成一个完整的谐振腔。线形腔更容易获得超高重频和超窄线宽输出，而环形腔则易于实现锁模激光器的自启动。

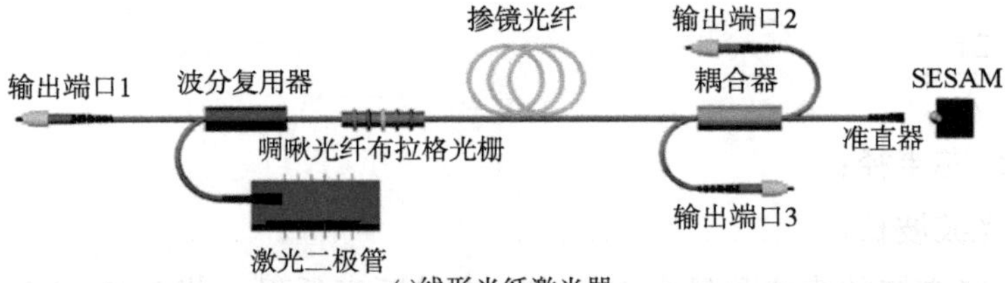

(a)线形光纤激光器

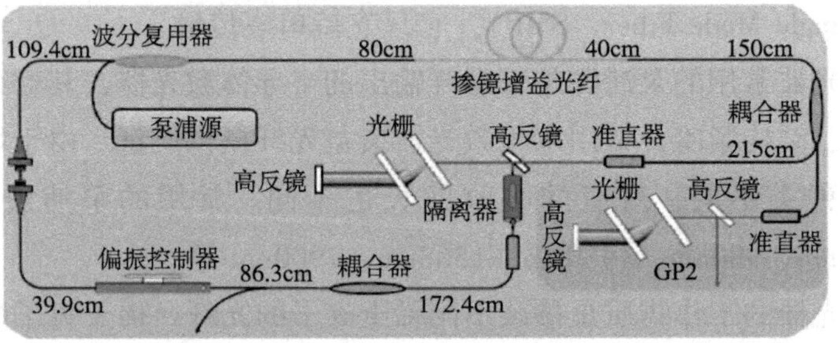

(b)环形光纤激光器

图 1-2　线形光纤激光器和环形光纤激光器示意

相对而言，光纤激光器拥有得天独厚的优势。表 1-2 对传统固态激光器和光纤激光器进行了比较。可以看出，光纤激光器的优势很多，但是在一些关键参数上还是不如传统固态激光器，目前来说二者是并行发展的，各自在市场上占据了一定的份额，在一些科研和工业领域，能兼顾脉宽和能量的掺钛蓝宝石激光器仍旧是许多院校和企业的首选。从大的发展趋势来看，未来光纤激光器会逐渐地取代传统固态激光器，但改进的地方还有很多，需要更多的技术手段来提高关键参数，向着更高脉冲能量、更高重复频率、更窄脉冲宽度等方面攻坚克难，这也是未来光纤激光器的发展方向。

表 1-2　传统固态激光器和光纤激光器对比

传统固态激光器	光纤激光器
成本高	成本低
结构复杂，体积大	体积小，结构紧凑，易于集成
散热慢，需要冷却	散热快，无须水冷

续表

传统固态激光器	光纤激光器
输出波长单一	输出波长丰富
需要定期维护以及调谐	光路免维护，免调谐
环境适应性较差	抗干扰能力强
输出光束质量较差	输出光束质量好
输出能量高	输出能量低
输出脉宽窄	输出脉宽略宽

1.3.2 双包层光纤结构与特点

双包层光纤属于阶跃型特种光纤，相较普通单模光纤，结构上存在一些差异。图 1-3 所示为普通光纤和双包层光纤截面的结构对比。可以看出，双包层光纤有四层结构：纤芯、内包层、外包层和保护层，而普通光纤只有三层结构，包层无内外之分。一般情况下，纤芯由掺稀土离子的 SiO_2 构成，作为光纤激光器的增益介质，也作为单模激光的波导，对应工作波长设计成单模，保证输出激光是基横模。内包层是泵浦光的传输通道，对应泵浦光波长是多模的，且内包层的数值孔径和尺寸都比纤芯大得多，但折射率却比纤芯要小，这样利用全反射原理，泵浦光可以在内包层全反射来回穿过纤芯，增加其吸收效率。其形状可以做成许多种，如梅花形、圆形、方形、矩形等，不同形状的内包层泵浦光在其中传输时，增益介质吸收效率也不一样，相较而言，矩形的内包层会使增益介质吸收效率达到最高。从图 1-3 中也可以看出，双包层光纤的折射率从纤芯到外包层是依次递减的，外包层和纤芯之间可形成一个大数值孔径、大截面的泵浦光波导结构，可传输多模高功率泵浦光。一般而言，外包层是由聚合物材料构成的，最外面的保护层则由紫外光固体材料包围，主要作用是保证传导在外包层中的泵浦光尽可能完全逸出以避免发热。

图 1-4 所示为几种典型双包层光纤横截面示意。圆形内包层工艺简单，易与普通 LD 泵浦源耦合，但是也存在明显缺陷，对称的结构使得大量泵浦光成为螺旋光，全反射后也不经过纤芯，严重影响增益介质的吸收效率。为了克服这个缺陷，研究人员后来研发出了矩形、D 形、偏心圆形、梅花形和正六边形等不同形状的内包层。研究表明，这些形状的内包层大大提高了增益介质的吸收效率，同

时不同形状的内包层，吸收效果又存在不同。理论研究表明，对于圆形内包层，仅有 10%的泵浦光被纤芯吸收，90%的泵浦光都变成了螺旋光；D 形内包层的吸收效率超过 80%；偏心圆形内包层存在 50%的螺旋光；矩形内包层理论上可实现 100%的吸收效率，但是由于工艺上存在的问题，只能达到 90%的吸收效率，目前市面上应用最广泛的就是内包层为矩形的掺稀土离子双包层光纤。

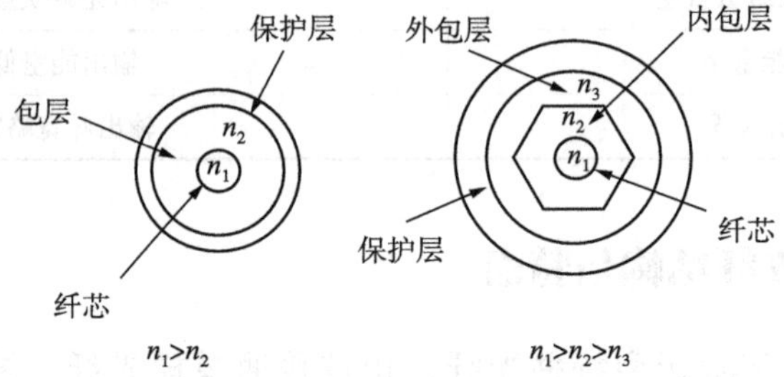

图 1-3　普通光纤和双包层光纤截面的结构对比

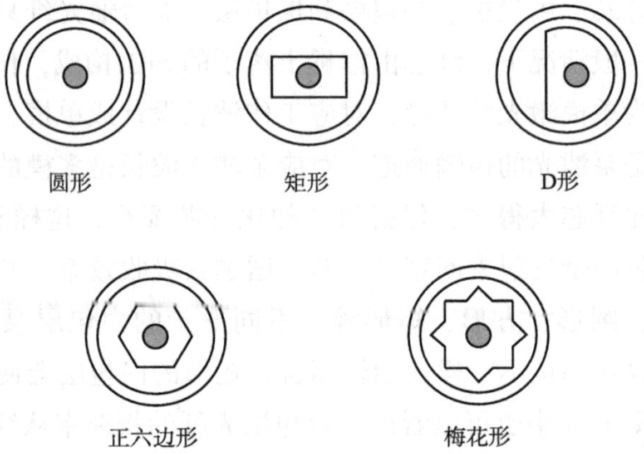

图 1-4　几种典型双包层光纤横截面示意

1.3.3　双包层光纤激光器的原理与特点

为了得到高功率的输出，20 世纪 80 年代末，Snitzer E 和 Po H 等在双包层光纤基础上提出了包层泵浦技术，此项技术使得光纤激光器和光纤放大器研究实现跨越式发展，激光器输出功率达到瓦量级或十瓦量级。双包层光纤激光器一般采用包层泵浦技术，其工作物质是双包层光纤，利用半导体二极管对双包层光纤实行高效泵浦。其独特的结构克服了单模纤芯的限制，极大地提高了纤芯耦合效率和对泵浦光的吸收效率。图 1-5 所示为双包层光纤的工作原理。相比普通单模光纤，双包层光纤在纤芯外面形成了一个可以传输多模泵浦光的通道，即内包层。利用包层泵浦技术，将多模泵浦光耦合进入内包层，由于内外包层折射率不同，泵浦光经内外包层分界面实现全反射，将泵浦光限制在内包层内传输，当泵浦光沿内包层纵向传输时，多次反射穿过纤芯，被稀土离子吸收，进而产生激光输出。

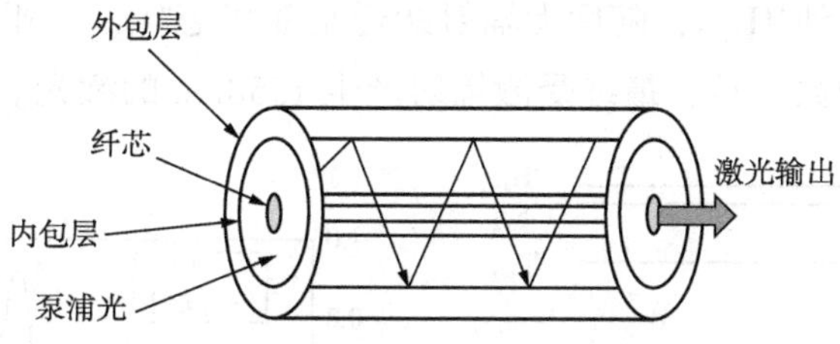

图 1-5 双包层光纤的工作原理

双包层光纤激光器除了拥有光纤激光器的优点，还有一些独特的优点：

(1) 双包层光纤作为波导介质，拥有独特的物理结构，在直径较小的纤芯内只能存在很少的激光模式，很容易产生高功率密度，当使用功率较大的泵浦源时，内包层结构可以极大地提高泵浦效率，实现高增益。

(2) 由于双包层光纤有良好的散热效果，不需要水冷系统，大大降低了实验成本。双包层具有良好的柔性，激光器的结构可以更加小巧、紧凑，特别适合对功率要求较高的特殊环境。

(3) 双包层光纤激光器有很好的光谱特性，通过改变双包层光纤纤芯内的掺稀土离子或者掺稀土离子的组分，可以实现不同波长的激光输出。

1.3.4 铒离子的能级结构

光纤激光器的增益介质主要是掺杂稀土离子光纤，通过调节掺杂稀土离子的种类以及浓度和分布就可以实现不同中心波长的激光输出。本文中使用的掺铒光纤就是其中之一，光纤纤芯内分布着一定浓度的铒离子，吸收泵浦光用来进行光放大。掺铒光纤是一种常见的增益光纤，其核心是三价铒离子，因此要研究掺铒光纤激光器，了解铒离子的能级结构是十分必要的，能级结构决定着稀土离子的吸收和荧光特性。铒离子能级结构如图 1-6(a)所示。铒离子为三能级系统，主要由$^4I_{15/2}$、$^4I_{13/2}$、$^4H_{11/2}$三个能级构成。从图中可得，几个重要的跃迁包括从基态$^4I_{15/2}$吸收波长为 980nm 泵浦光跃迁到高能级$^4H_{11/2}$，基态$^4I_{15/2}$吸收 1485nm 泵浦光跃迁到亚稳态$^4I_{13/2}$。由于电子处于上能级不稳定，因此亚稳态$^4I_{13/2}$会自发跃迁到基态$^4I_{15/2}$。图 1-6(b)所示为本文中使用的掺铒光纤的吸收谱和发射谱(From Thorlabs)。可以看出，吸收主要有两个波段，分别为 980nm 和 1520nm。由于在长波长处吸收谱和发射谱有一定的重叠，1485nm 虽然可以作为泵浦波段的一个选择，但更常见的都选择中心波长 980nm 泵浦光。在 980nm 泵浦光激励下，粒子从基态$^4I_{15/2}$跃迁到$^4H_{11/2}$，随后无辐射跃迁至亚稳态$^4I_{13/2}$。亚稳态能级寿命长，故很容易形成粒子数反转，最终受激辐射产生 1550nm 的激光。

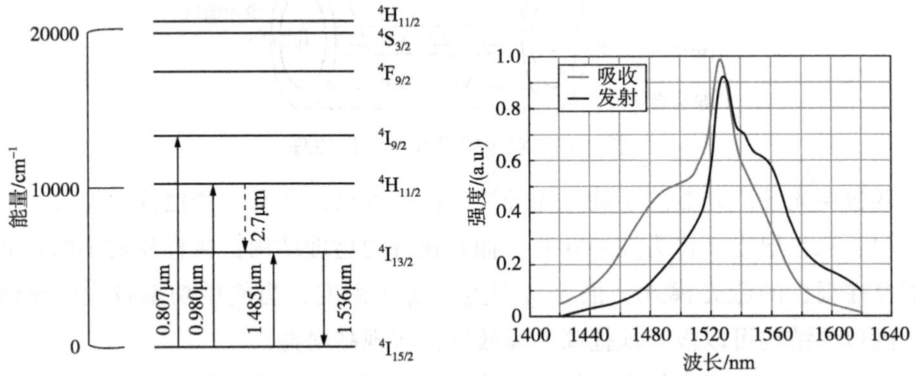

(a)铒离子能级结构　　(b)掺铒光纤的吸收谱和发射谱

图1 6　铒离子能级跃迁示意及掺铒光纤的吸收谱和发射谱(Er110-4/125)

参 考 文 献

[1] SCHAWLOW A L, TOWNES C H. Infrared and optical masers[J]. Physical Review, 1958, 112(6): 1940-1949.

[2] MAIMAN T H. Stimulated optical radiation in ruby[J]. Nature, 1960, 187: 493-494.

[3] 乐俊淮，杨立忠，常照波．激光技术：照亮二十一世纪之光[M]．北京：中国科学出版社，1994.

[4] SNITZER E. Optical maser action of Nd^{3+} in a barium crown glass[J]. Physical Review Letters, 1961, 7(12): 444-446.

[5] KOESTER C J, SNITZER E, et al. Amplification in a fiber laser[J]. Applied Optics, 1964, 3(10): 1182-1186.

[6] KAO K C, HOCKHAM G A. Dielectric-fibre surface waveguides for optical frequencies[J]. Proceedings of the Institution of Electrical Engineers, 1966, 113(7): 1151-1158.

[7] RAAB E L, PRENTISS M, CABLE A, et al. Trapping of neutral sodium atoms with radiation pressure[J]. Physical Review Letters, 1988, 59(23): 2631-2634.

[8] CHU S, HOLLBERG L W, BJORKHOLM J E, et al. Three-dimensional viscous confinement and cooling of atoms by resonance radiation pressure[J]. Physical Review Letters, 1985, 55(1): 48-51.

[9] PRENTISS M, CABLE A, BJORKHOLM J E, et al. Atomic-density-dependent losses in an optical trap[J]. Optics letters, 1988, 13(6): 452-454.

[10] ZEWAIL A H. ChemInform abstract: femtochemistry: atomic-scale dynamics of the chemical bond using ultrafast lasers(nobel lecture)[J]. ChemInform, 2000, 31(42): 2586.

[11] DIDDAMS S A, JONES D J, YE J, et al. Direct link between microwave and optical frequencies with a 300 THz femtosecond laser comb[J]. Physical Review Letters, 2000, 84(22): 5102-5105.

[12] UDEM TH, HOLZWARTH R, HÄNSCH W T. Optical frequency metrology[J]. Nature, 2002, 416(6877): 233.

[13] STRICKLAND D, MOUROU G. Compression of amplified chirped optical pulses[J]. Optics Communications, 1985, 55(6): 447-449.

[14] ASHKIN A. Optical trapping and manipulation of neutral particles using lasers[J]. Proceedings of the National Academy of Sciences of the United States of America, 1997, 94(10): 4853-4860.

[15] HARGROVE L E, FORK R L, POLLACK M A. Locking of He-Ne laser modes induced by synchronous intracavity modulation[J]. Applied Physics Letters, 1964, 5(1): 4-5.

[16] DEMARIA A, STETSER D, HEYNAU H. Self mode-locking of lasers with saturable absorbers[J]. Applied Physics Letters, 1966, 8: 174-176.

[17] SHANK C V, IPPEN E P. Subpicosecond kilowatt pulses from a mode-locked cw dye laser[J]. Applied Physics Letters, 1974, 24(8): 373-375.

[18] VALDMANIS J A, FORK R L, GORDON J P. Generation of optical pulses as short as 27 femtoseconds directly from a laser balancing self-phase modulation, group-velocity dispersion, saturable absorption, and saturable gain[J]. Optics Letters, 1985, 10(3): 131-133.

[19] FORK R L, BRITO CRUZ C H, BECKER P C, et al. Compression of optical pulses to six femtoseconds by using cubic phase compensation[J]. Optics Letters, 1987, 12(7): 483-485.

[20] FERMANN M E, HOFER M, HABERL F, et al. Additive-pulse-compression mode locking of a neodymium fiber laser[J]. Optics Letters, 1991, 16(4): 244-246.

[21] MATSAS V, NEWSON T P, RICHARDSON D J, et al. Selfstarting passively mode-locked fibre ring soliton laser exploiting nonlinear polarisation rotation[J]. Electronics Letters, 1992, 28: 1391-1393.

[22] KELLER U, MILLER D A B, BOYD G D, et al. Solid-state low-loss intracavity saturable absorber for Nd: YLF lasers: an antiresonant semiconductor Fabry-Perot saturable absorber [J]. Optics Letters, 1992, 17(7): 505-507.

[23] SET S Y, YAGUCHI H, TANAKA Y, et al. Mode-locked fiber lasers based on a saturable absorber incorporating carbon nanotubes [C]//Optical Fiber Communication Conference. Atlanta, Georgia: Optical Society of America, 2003, paper PD44.

[24] SET S Y, YAGUCHI H, TANAKA Y, et al. Laser mode locking using a saturable absorber incorporating carbon nanotubes[J]. Lightwave Technology Journal of, 2004, 22(1): 51-56.

[25] LIU Z, ZIEGLER Z M, WRIGHT L G, et al. Megawatt peak power from a Mamyshev oscillator [J]. Optica, 2017, 4(6): 649-654.

[26] PAVEL S, FU W, WRIGHT L G, et al. Self-seeded, multi-megawatt, Mamyshev oscillator [J]. Optics Letters, 2018, 43(11): 2672-2675.

[27] WU L, LIAO R, ZHAO J, et al. Femtosecond Mamyshev oscillator with 10-MW-level peak power[J]. Optica, 2019, 6(2): 194-197.

[28] NIE M M, WANG J R, HUANG S W. Solid-state Mamyshev oscillator [J]. Photonics Research, 2019, 7(10): 60-66.

[29] OLIVIER M, BOULANGER V, GUILBERT-SAVARY F, et al. Femtosecond fiber Mamyshev oscillator at 1550nm[J]. Optics Letters, 2019, 44(4): 851-854.

[30] MA C Y, KHANOLKAR A, ZANG Y M, et al. Ultrabroadband, few-cycle pulses directly from a Mamyshev fiber oscillator[J]. Photonics Research, 2020, 8(1): 61-65.

[31] CHEN Y H, SIDORENKO P, THORNE R, et al. Starting dynamics of a linear-cavity femtosecond mamyshev oscillator[J]. Journal of the Optical Society of America B, 2021, 38 (3): 743-748.

[32] LIAUGMINAS G, ZELUDEVICIUS J, REGELSKIS K. Fiber source of femtosecond pulses at 910-940nm based on a Mamyshev pulse oscillator and wavelength conversion in a photonic crystal fiber[J]. Journal of the Optical Society of America, B. Optical Physics, 2021, 38 (10): 2920-2925.

[33] PIECHAL B, SZCZEPANEK J, KARDAS T M, et al. Mamyshev oscillator with a widely tunable repetition rate[J]. Journal of Lightwave Technology, 2021, 39(2): 574-581.

[34] YAN D, LI X L, ZHANG S M, et al. Pulse dynamic patterns in a self-starting Mamyshev

oscillator[J]. Optics Express, 2021, 29(7): 9805-9815.

[35] BOULANGER V, OLIVIERE M, GUILBERT-SAVARY F, et al. All-fiber mamyshev oscillator enabled by chirped fiber bragg gratings[J]. Optics Letters, 2020, 45(12): 3317-3320.

[36] WANG P, YAO S, GRELU P, et al. Pattern formation in 2-μm Tm Mamyshev oscillators associated with the dissipative faraday instability[J]. Photonics Research, 2019, 7(11): 1287-1295.

[37] XU S S, LIU M, WEI Z W, et al. Multipulse dynamics in a mamyshev oscillator[J]. Optics Letters, 2020, 45(9): 2620-2623.

[38] POEYDEBAT E, SCOL F, VANVINCQ O, et al. All-fiber mamyshev oscillator with high average power and harmonic mode-locking[J]. Optics Letters, 2020, 45(6): 1395-1398.

[39] 董婉佳. 光纤激光器的泵浦源[J]. 电子世界, 2014(4): 204-205.

[40] HOU L, SUN J, GUO H Y, et al. Stable dispersion-managed soliton molecules in Yb-doped polarization-maintaining fiber laser with chirped fiber Bragg grating[J]. Optical engineering, 2018, 57(8): 086102.

[41] HOU L, GUO H Y, WANG Y G, et al. Sub-200 femtosecond dispersion-managed soliton ytterbium-doped fiber laser based on carbon nanotubes saturable absorber[J]. Optics Express, 2018, 26(7): 9063-9070.

[42] GALVANAUSKAS A. Mode-scalable fiber-based chirped pulse amplification systems[J]. IEEE Journal of Selected Topics in Quantum Electronics, 2001, 7(4): 504-517.

[43] 郭玉彬, 霍佳雨. 光纤激光器及其应用[M]. 北京: 科学出版社, 2008.

[44] 聂秋华. 光纤激光器和放大器技术[M]. 北京: 电子工业出版社, 1997.

[45] SNITZER E, PO H, HAKIMI F, et al. Double clad, offset core Nd fiber laser[C]//Optical Fiber Sensors, 1988, paper PD5.

[46] MATNIYAZ T. Free-space npr mode locked erbium doped fiber laser based frequency comb for optical frequency measurement[D]. Manhattan: Kansas State University, 2018.

第2章 超快光纤激光器基本原理及研究进展

超短脉冲光纤激光器由于输出脉冲峰值功率高、脉冲宽度窄，是激光器领域的一个重要分支，引起了大量科研工作者的关注。被动锁模技术是产生超短脉冲的常用手段，通过平衡谐振腔内色散与非线性，增益与损耗之间的相互作用来实现超短脉冲输出。深入理解被动锁模机制会进一步推动超快光源的研究走向成熟。随着输出性能的逐步提升，超短脉冲光纤激光器的适用场景越来越丰富，能在不同领域发挥更加重要的作用。本章介绍了光纤激光器中超短脉冲形成机制，并详细阐述了目前光纤激光器中常用的几类被动锁模技术，包括非线性光纤环形镜、非线性偏转旋转、低维纳米材料可饱和吸收体、非线性多模干涉，以及最近涌现的 Mamyshev 振荡器和时空锁模等，阐述了各自的原理以及技术优势，并介绍了其在超短脉冲光纤激光器研究方面的最新进展。

2.1 超短脉冲形成机制

脉宽是指激光器输出脉冲的宽度，超短脉冲是指脉宽在皮秒和飞秒量级，目前实验室能实现的最短脉宽已达到阿秒（$1as=10^{-18}s$）量级。利用阿秒脉冲人们可观察的空间分辨率已达到原子尺度和亚原子尺度，为人类提供了打开原子内部动态世界大门的钥匙，是 21 世纪激光物理与技术最重要的进展之一。前面提到，未来光纤激光器的发展方向之一就是追求更窄的脉宽。为了实现这一目标，科研工作者提出了调 Q 和锁模技术。

调 Q 技术，即调节谐振腔的 Q 值，结合工作物质的增益特性产生超短脉冲。Q 值是衡量激光器中光学谐振腔质量的参数——品质因数。Q 的定义可由式(2-1)表示：

$$Q = 2\pi\nu \frac{W}{\delta_c} \tag{2-1}$$

式中　W——腔内能量；

δ_c——单位时间内损耗的能量。

调 Q 脉冲宽度的下限取决于光子平均驻腔寿命，其压缩激光脉宽只能达到纳秒量级而无法继续窄化，为了进一步窄化脉宽，锁模技术应运而生。

锁模技术，基本概念是利用一定的方法使激光器工作物质增益带宽内的各个纵模形成固定的相位关系，其压缩激光脉宽能达到皮秒和飞秒量级。无论是何种结构的腔型，自由运转的激光器在增益带宽范围的所有纵模都会同时起振，独立运转而其振幅和相位没有确定的关系，时间上也互不相干，因此在时域上就表现为连续光，输出激光为随机起伏的噪声，光强仅仅是各个纵模的叠加。当通过在腔内加入锁模器件，使激光器处于锁模运行状态时，即相邻独立纵模相位锁定，其差值为一个常数，然后锁定相位的纵模产生新的边模继续向两边锁定与它相邻的纵模，这样不停地持续，直到增益带宽内的纵模都耦合形成稳定的锁模脉冲，此时输出为相干脉冲光。由于干涉相长，光强比未锁模时有数倍的提高，且脉冲宽度得到了窄化。

图 2-1 所示为不同时间范围内的锁模脉冲序列，稳定的锁模脉冲上端是一条平滑直线，且脉冲间隔相等。

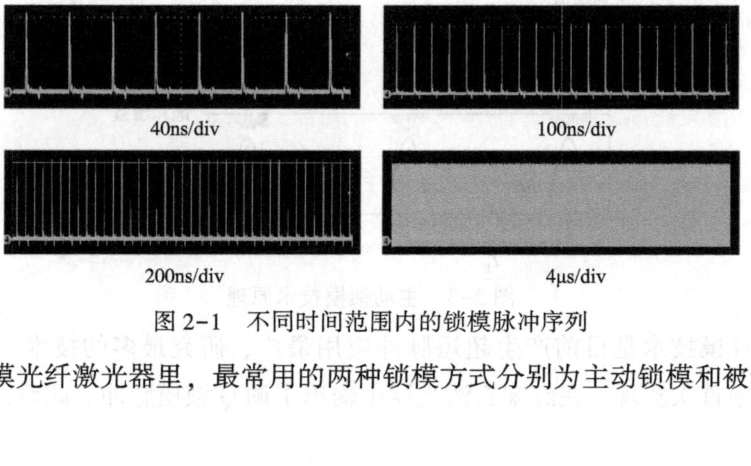

图 2-1　不同时间范围内的锁模脉冲序列

在锁模光纤激光器里，最常用的两种锁模方式分别为主动锁模和被动锁模。

主动锁模技术提出的时间很早，1964 年在实验上就已经得到了验证。其典型结构如图 2-2 所示。调制器是其中的关键器件，主要对脉冲进行幅度或相位调制实现主动锁模。

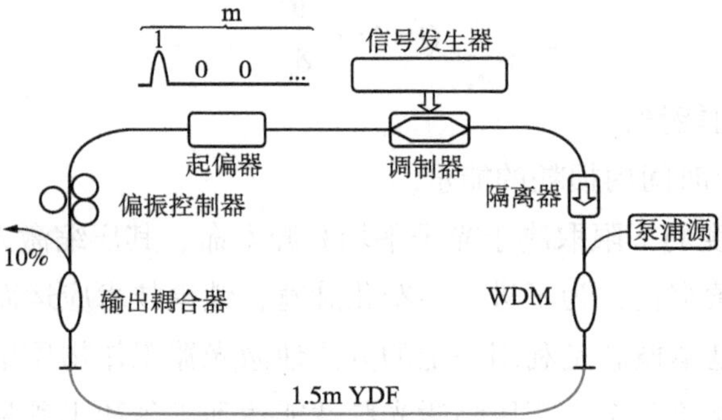

图 2-2 典型主动锁模光纤激光器示意

主动锁模技术原理如图 2-3 所示。利用声光效应或者电光效应，调制器会对脉冲进行周期性调制，这种调制的本质是调节腔内的损耗，当激光器稳定运行时，在合适时间经过调制器的脉冲损耗最小，在净增益窗口就能输出锁模脉冲序列。主动锁模技术易于调谐，且输出脉冲拥有超高重复频率，但是缺点也很明显。谐振腔内需要光学调制器，增加了谐振腔的复杂程度，无法实现全光纤化，而且输出脉冲宽度依赖于调制器本身的响应时间，输出脉宽一般都在皮秒量级，对于一些实际应用来说仍然较宽。同时调制器抵抗环境干扰能力较差，使整个激光系统稳定性降低。因此，为了进一步实现稳定的飞秒超短脉冲输出，经过不断的发展与探索，被动锁模技术出现了。

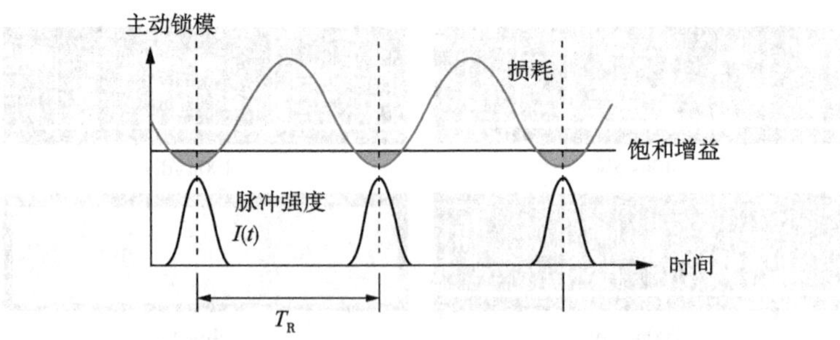

图 2-3 主动锁模技术原理

被动锁模技术是目前产生超短脉冲应用最广、研究最多的技术。由 Mocker 等在实验中首次实现，在红宝石激光器中输出了调 Q 锁模脉冲。此后，被动锁模技术不断地发展，输出脉冲宽度越来越窄，峰值功率越来越高，被动锁模技术的发展与科学家追求超短脉宽相互促进。目前，被动锁模光纤激光器可以产生飞秒锁模脉冲，在诸多领域，例如激光微加工、生物成像、光学频率梳的产生、阿秒科学、光原子钟、非线性光学等应用十分广泛。图 1-2(a)所示的线形光纤激光器就是典型的被动锁模激光器，采用 SESAM 作为锁模器件输出超短脉冲。

被动锁模技术基本思想与主动锁模相同，都是对脉冲进行调制。不同之处在于，被动锁模技术仅利用光纤本身的非线性效应或者可饱和吸收体的吸收特性，腔内无须额外的调制器即可产生超短脉冲。可饱和吸收体是一种具有确定损耗的器件，利用可饱和吸收体对输入脉冲的强度依赖特性可在腔内产生脉冲的自幅度调制。对于强度不同的脉冲，可饱和吸收体的吸收特性不同。每当强度高的短脉冲经过一次，可饱和吸收体都会达到饱和，降低对脉冲的吸收且透过率增大。反之，可饱和吸收体吸收变大且透过率降低。可饱和吸收体的重要参数主要有响应波长范围、可饱和强度、弛豫时间(从漂白状态恢复时间)以及调制深度。只有选择恰当的可饱和吸收体才能实现锁模脉冲输出，否则会出现调 Q 或调 Q 锁模等现象。可饱和吸收体的调制与脉冲宽度有关，因此容易实现脉冲的窄化。

被动锁模技术原理如图 2-4 所示。自由运转的光纤激光器，在增益带宽内的所有纵模会同时起振，这些纵模中强度高的一部分光在腔内循环时，可饱和吸收体由于饱和吸收特性对于这部分纵模基本是透明的，这些纵模多次经过增益介质强度不断增大，而一些强度较弱的信号在多次循环过程中由于可饱和吸收体的损耗就慢慢消失不见，这样的过程循环往复直到激光器达到稳定状态输出锁模脉冲，此时激光器的增益刚好可以补偿脉冲在腔内循环产生的损耗。对于单个脉冲而言，脉冲峰值处强度最大而两翼最小，当脉冲多次通过可饱和吸收体后，脉冲的前沿和后沿会持续衰减，使脉冲宽度不断缩小，实现脉冲的窄化。在稳定状态下，这种效应可以平衡其他展宽脉冲的效应(例如色散、非线性等)，这也是实现孤子锁模的一种条件。

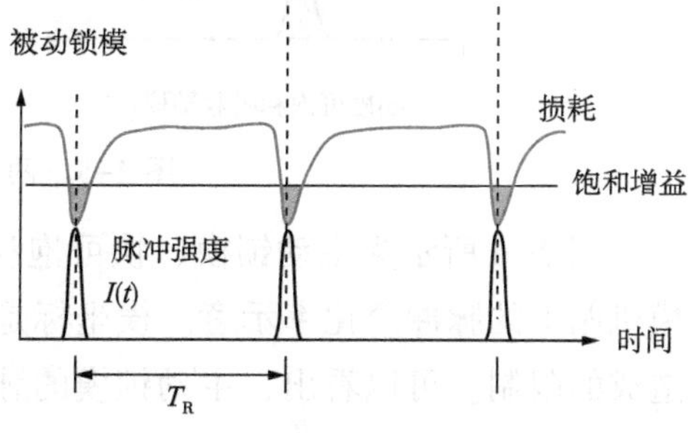

图 2-4 被动锁模技术原理图

弛豫时间是可饱和吸收体的一个重

要参数，是指其被脉冲漂白到重新恢复初始状态所需要的时间。根据弛豫时间的不同，可饱和吸收体可分为快可饱和吸收体和慢可饱和吸收体。这两种不同饱和吸收体的锁模原理如图 2-5 所示。慢可饱和吸收体，顾名思义，其弛豫时间较长，对光强变化的响应是随时间累加的，因而在一个脉冲的持续时间内无法恢复到初始吸收水平。如图 2-5(a)所示，对于慢可饱和吸收锁模而言，一开始损耗是大于增益的，当脉冲撞击可饱和吸收体时其前沿将会被强烈吸收导致吸收体处于饱和状态，可饱和吸收体被漂白时对光的吸收会按照一定的时间常数衰减。在净增益窗口内，当脉冲峰值经历增益时，脉冲的后沿几乎没有受到任何吸收，故慢可饱和吸收会导致入射光非对称形变。

快可饱和吸收体，其弛豫时间比慢可饱和吸收体快了好几个数量级。它对于光强变化的响应几乎是瞬时的，因此可以在极短的时间内从饱和状态恢复到初始吸收水平。如图 2-5(b)所示，假定增益在整个过程中恒定，损耗调制基本遵循光功率的变化与光强成反比，当脉冲撞击可饱和吸收体时，脉冲的前沿和后沿由于吸收同时减小，而在强度最大的峰值处由于吸收体的漂白而几乎没有吸收。在这种情况下，脉冲在激光器内多次循环会越来越窄，直到形成稳定的超短脉冲输出。一般而言，快可饱和吸收锁模窄化脉冲的能力远超慢可饱和吸收锁模。

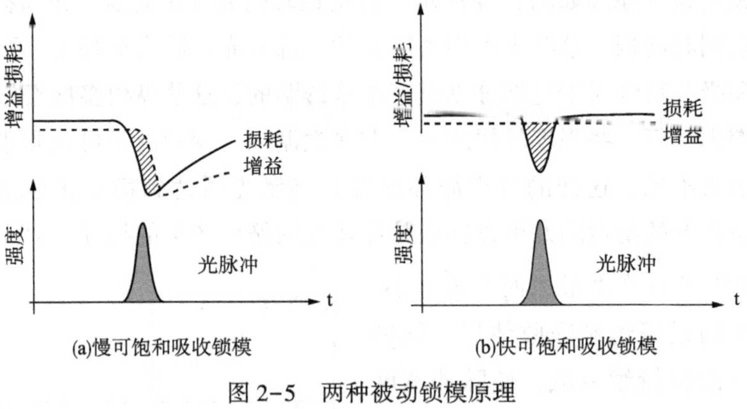

图 2-5　两种被动锁模原理

图 2-6 所示为主动锁模、快可饱和吸收锁模和慢可饱和吸收锁模三种不同锁模机制下的脉冲窄化率示意。横坐标是脉宽的倒数，阴影区域是展宽脉冲的效应造成的限制。可以看出，主动锁模的脉冲窄化率越来越弱，随着脉冲宽度变窄呈指数下降。对于慢可饱和吸收锁模，由于较长的弛豫时间导致脉宽窄化率基本保持恒定。相反，快可饱和吸收锁模随着脉宽变窄其脉冲窄化率越来越强，这得益

于它对光强变化瞬时响应的特性。但是窄化率存在着上限，当吸收体完全饱和或者脉冲宽度已经可以和其弛豫时间相比拟时，窄化率就无法增加。同时，自启动是快可饱和吸收锁模机制的固有问题，从图 2-6 中可以看出当脉冲宽度较大时，其脉冲窄化率增长比较缓慢。由于快可饱和吸收锁模产生的脉冲脉宽窄，因此在被动锁模激光器中应用十分广泛，但是目前存在的限制因素之一就是自然界中几乎没有飞秒级别弛豫时间的真实可饱和吸收体，于是有了后面的人造可饱和吸收体。

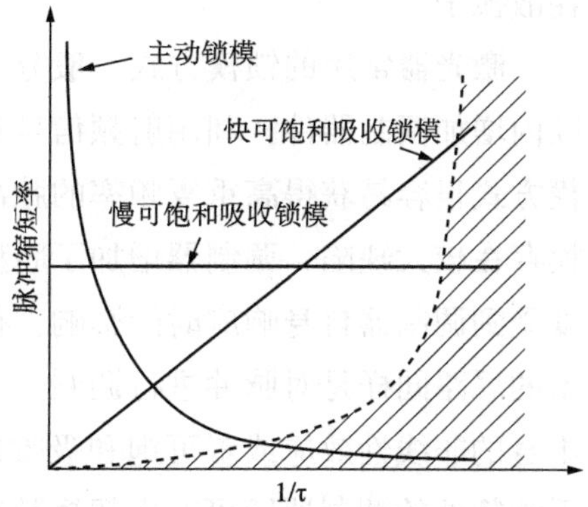

图 2-6　三种不同锁模机制下的脉冲窄化率示意

2.2　被动锁模光纤激光器研究进展

2.2.1　引言

超短脉冲激光器具有输出脉宽窄、峰值功率高、光谱宽等特点，在阿秒科学、精密制造、生物医疗、量子通信及国防军事等方面获得了广泛的应用。相较于传统固态激光器，光纤作为柔性波导，具有体积小、无须准直、光束质量高、结构紧凑、成本低等优势。超短脉冲光纤激光器成为超快激光领域的前沿热点研究方向之一，也为科研人员提供了一个理想的研究非线性效应的平台。由于光纤纤芯在微米量级，功率密度提高不可避免会产生色散和各类不同的非线性现象，光在其内传输时就会对脉冲演化产生重要影响。事实上，累积过多的非线性相移不利于产生稳定的超短脉冲，因此平衡谐振腔内色散与非线性、增益与损耗间的相互作用是实现超短脉冲输出的关键。为实现皮秒或者飞秒量级的超短脉冲输出，通过一定方式将激光器谐振腔中各个纵模相位关系固定形成周期性的脉冲序列的锁模技术是一种有效手段。通过精细控制谐振腔内的净色散，大致可分为负色散、色散管理以及正色散腔三类锁模光纤激光器，分别对应产生拥有凯莉边带的传统孤子、无边带平滑包络的色散管理孤子或自相似孤子以及陡峭光谱边沿的耗散孤子。

激光器常用的锁模方式一般分为主动锁模和被动锁模。主动锁模需要在谐振腔内增加调制器件，利用射频信号对光场实现周期性的幅度或相位调制。这种锁模方式很容易获得高重复频率的脉冲，在通信领域有着巨大的应用潜力。主动锁模存在较大缺陷，调制器增加了腔型结构复杂程度，成本高昂，同时脉冲窄化程度受到调制器自身响应时间影响，很难产生稳定的飞秒级超短脉冲。被动锁模技术的思路同样是对脉冲进行调制。不同之处在于，被动锁模技术仅利用增益材料本身的非线性效应或者可饱和吸收体(Saturable Absorber，SA)的吸收特性，腔内无须额外的调制器即可产生超短脉冲。相较于主动锁模技术，被动锁模激光器结构更加紧凑、简单，输出脉冲可达到飞秒量级。

被动锁模技术由于自身优势，在目前产生超短光脉冲的技术中应用最广，研究最多。经过超快工作者不懈努力，发展了不同方式的被动锁模技术，包括非线性光纤环形镜、非线性偏转旋转、低维纳米材料饱和吸收体、半导体可饱和吸收镜、非线性多模干涉、Mamyshev 振荡器以及时空锁模等。由于脉冲前后沿及峰值处的强度不同，当脉冲在腔内循环经过增益介质时，不同部分得到的增益也不同，会出现存在能量强弱差别的脉冲。当脉冲撞击可饱和吸收体时，非线性吸收效应会滤掉低能量脉冲而几乎无损通过高能量脉冲，在这个过程中脉冲得到了窄化且相位趋于固定。脉冲在腔内多次循环，脉冲的前后沿会持续衰减直至激光器达到稳定状态。因此，选择适当的可饱和吸收体才能实现自启动，稳定的锁模脉冲输出。

2.2.2 非线性偏振旋转锁模技术

非线性偏振旋转锁模技术(Nonlinear Polarization Rotation，NPR)指利用非线性光学效应对输入脉冲的强度依赖性，通过一定方式控制脉冲偏振态并通过检偏器进行偏振选择产生超短脉冲。线性偏振光的偏振态转换为椭圆偏振态主要是受具有明显双折射效应的光纤的影响，该段光纤尺寸和双折射可控制偏振态方向和椭圆度。在光纤中传导具有相当强度的光时，克尔效应就会对输出光的偏振态产生额外的影响，同时输入光的强度也能在输出光的偏振态上体现。如果在之后有检偏器，则通过的光是与最初入射光强度相关的。这一过程实际起到可饱和吸收体的作用，因此可用来实现锁模输出。典型的 NPR 锁模光纤激光器结构如图 2-7

所示。由两个偏振控制器（Polarization Controller，PC）和一个偏振相关光隔离器构成锁模器件，当一个脉冲的两正交偏振分量在光纤中传导一周后，脉冲不同部分因为其自身强度不同而累积不同的非线性相移。相应地，其合成矢量偏振态也会因累积不同非线性而产生不同程度的偏振旋转，配合两个偏振控制器产生一个具有自幅度调制作用的等效快速可饱和吸收体的被动锁模机制，实现脉冲的窄化，输出超短脉冲。

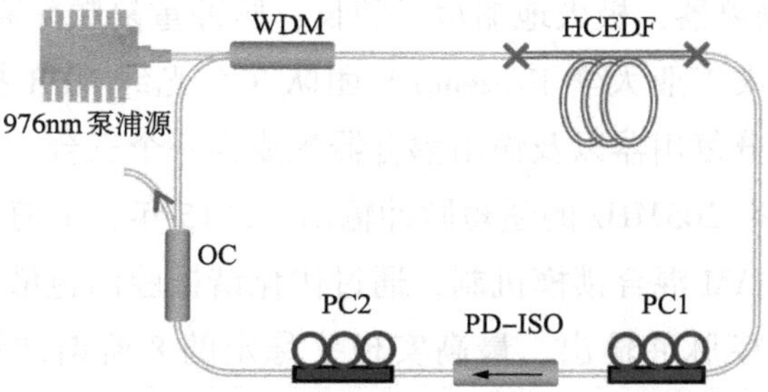

图 2-7　全光纤 NPR 锁模光纤激光器结构

HCEDF—高浓度掺铒光纤；PD-ISO—偏振相关光隔离器

1992 年，英国南安普顿大学 Matsas 团队首次将 NPR 技术引入光纤激光器中实现了自启动锁模，整个谐振腔为全光纤结构，可以实现光谱带宽 1.68nm、脉宽 1.55ps 的锁模脉冲输出。除了全光纤结构，NPR 锁模光纤激光器还可以使用空间透镜和光纤结合的方式构建谐振腔，典型的结构如图 2-8 所示。空间光路中四分之一波片可以将任意偏振态的光变为线偏振光，二分之一波片用于改变偏振光的偏振方向，两者组合可以起到等效检偏器的作用；偏振光束分束器可以将光调节为线偏振光，相当于起偏器。

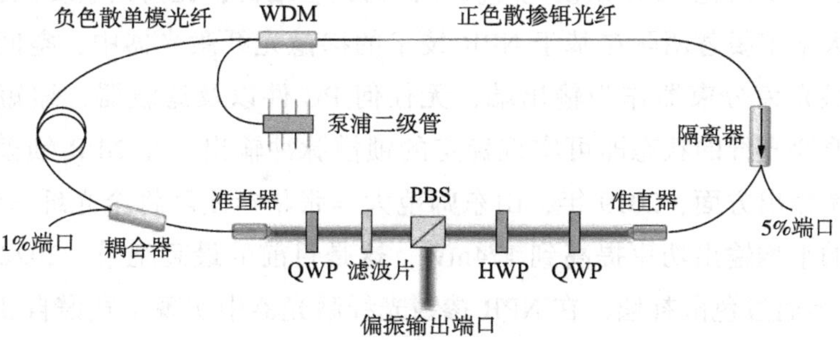

图 2-8　基于 NPR 掺铒锁模光纤激光器

QWP—四分之一波片；HWP—二分之一波片；PBS—偏振光束分束器

NPR 锁模激光器从 20 世纪末提出到现在一直是超快激光器领域的研究热点，近些年在输出光谱带宽、压缩脉冲宽度、提高输出功率、提升重复频率方面取得了突破性的进展。

2010 年，北京大学张志刚团队利用 NPR 锁模技术结合腔外棱镜对压缩脉冲，在掺铒光纤激光器中实现了 37.4fs 的超短脉冲输出，这是当时掺铒光纤振荡器输出的最短脉冲。由于谐振腔中使用了尾纤仅 5~7cm 的迷你光纤准直器以及厚度仅 2mm 的法拉第隔离器，极大地缩短了腔长，脉冲重复频率高达 225MHz。2013 年，波兰弗罗茨瓦夫工业大学 Krezempek 团队在全光纤 NPR 掺铒锁模光纤激光器中将隔离器、波分复用器以及输出耦合器集成为一个三合一器件，实现了脉冲宽度 93fs、重复频率 205MHz 的超短脉冲输出。2015 年，上海交通大学邹卫文团队利用 NPR 和 SESAM 混合锁模机制，通过优化谐振腔内色散和非线性，实现了稳定的宽谱谐波锁模脉冲输出，最高实现了稳定的 8 阶谐波锁模，信噪比大于 75dB，边模抑制比 60dB，重复频率 666.7MHz，光谱带宽最大为 181nm，压缩后脉冲宽度 91fs。由于锁模光纤激光器已经能够产生脉冲能量在纳焦量级，兆赫兹重频的亚百飞秒脉宽，为了进一步提高锁模脉冲的重复频率，2016 年，德国马克斯普朗克光学研究所 Pang 等利用 NPR 技术在全光纤激光器中实现了亚百飞秒、1.87GHz 重频的超短脉冲输出，实验装置如图 2-9 所示。在该工作中，通过插入色散补偿光纤来进行色散管理，利用在线起偏器和色散补偿光纤组合引入光谱滤波效应，实现了宽带的展宽孤子输出。这种展宽孤子的脉冲能量比传统的展宽脉冲和耗散孤子低一个数量级，但时域呼吸比提高了 10 倍，这种特性十分适合用来产生高重频超短脉冲。

为了进一步简化 NPR 锁模光纤激光器的腔型结构，提高其紧凑性，2017 年，北京工业大学宋晏蓉团队在基于 NPR 技术的掺镱光纤激光器中，空间部分仅使用一个偏振光束分束器作为输出端，无任何 PC 件以及滤波器，缩短了空间光路，通过改变光纤的状态即可实现稳定的锁模脉冲输出。在 NPR 锁模光纤激光器平均功率输出方面，2019 年，山东师范大学张华年团队将全光纤 NPR 掺铒锁模激光器的平均输出功率提高到 174mW，这是目前的最高纪录。2022 年，东京大学 Zhao 等通过色散补偿，在 NPR 掺镱光纤激光器中实现了宽谱自相似孤子输出，10dB 带宽可达 115nm，平均输出功率 105mW，这对于设计宽谱锁模光纤激光器有一定的参考意义。同年，南京科技大学李丽团队通过将 NPR 技术集成到

Dy：ZBLAN 光纤激光器中首次证明了在 575nm 处的耗散孤子共振脉冲，是迄今为止基于光纤锁模激光器能实现稳定锁模运转的最短中心波长。激光器平均输出功率最大达到 240mW，重频为 100MHz，输出最大脉冲能量为 2.4nJ，最小脉宽为 83ps。

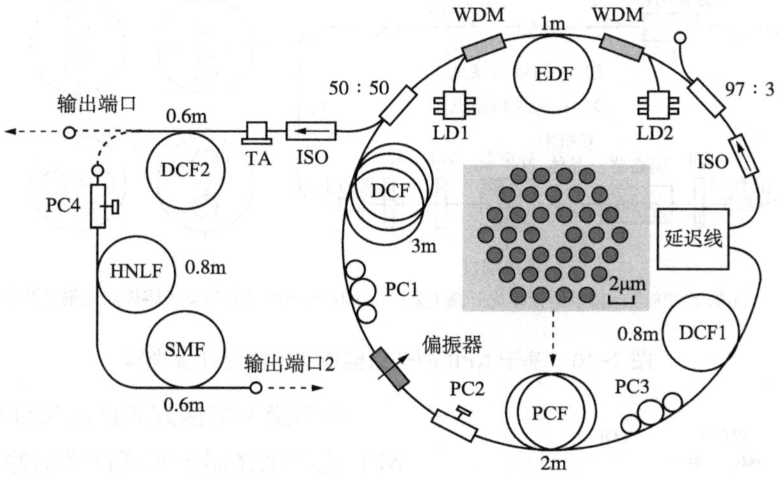

图 2-9　基于 NPR 展宽孤子型掺铒锁模光纤激光器

DCF—色散补偿光纤；TA—可调衰减器；

PCF—光子晶体光纤；HNLF—高非线性光纤

可以看出，基于 NPR 技术锁模光纤激光器的研究从未停止，但不可否认这类锁模激光器存在很大的限制。主要因为传统全光纤腔内的 NPR 锁模技术是采用标准的单模光纤，由于非线性克尔效应，椭圆偏振的主轴随着在光纤中的传输而旋转，旋转的角度与光强有关，等效为类可饱和吸收体。因此，需要精确调节 PC 来选择合适的偏振状态满足实际需求。这种锁模方式对热以及机械应力很敏感，导致激光器对环境扰动的抗干扰能力较差。科研人员在实验中引入保偏光纤以获得高稳定性的光纤激光器。1993 年，美国密歇根大学 Fermann 等率先构建了基于 NPR 的全保偏法布里-珀罗型掺铒超快光纤激光器，产生了脉宽短至 200fs、单脉冲能量 70pJ、重复频率 100MHz 的超短脉冲输出，证明了在 NPR 光纤激光器中利用保偏光纤可以实现稳定的锁模脉冲输出。2016 年，山东大学卓壮团队采用交叉熔接的方法补偿腔内双折射效应，在基于保偏光纤的 NPR 锁模光纤激光器中成功实现了超短脉冲输出。实验装置如图 2-10 所示，交叉熔接的原理是将一段保偏光纤的快(慢)轴与另一端保偏光纤的慢(快)轴进行交叉熔接，当两端保偏光纤的长度和双折射参数合理匹配时，可以极大地消除光纤双折射的影响，最终得到单脉冲能量 2.1nJ、脉冲宽度 11.7ps 的超短脉冲输出。

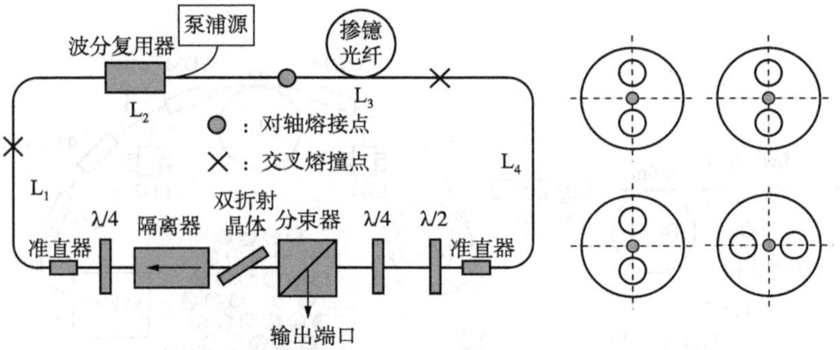

(a)基于NPR全保偏掺镱锁模光纤激光器　(b)(c)对轴熔接点和交叉熔接点保偏光纤端面

图 2-10　基于 NPR 的全保偏掺镱锁模光纤激光器

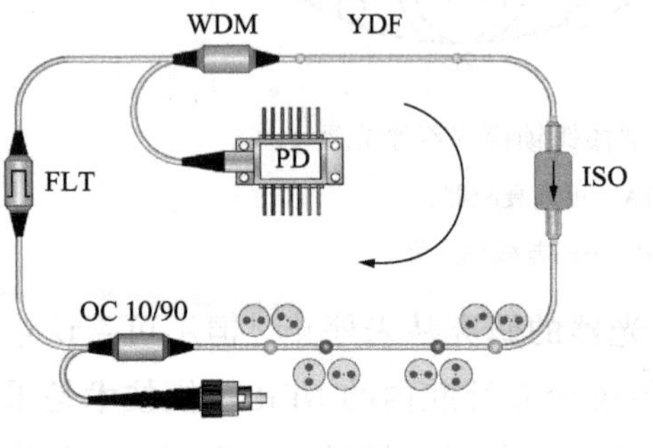

图 2-11　全保偏掺镱光纤激光器

FLT—光谱带通滤波器

虽然交叉熔接方式已经被证明可以在 NPR 光纤激光器中实现锁模脉冲输出，但是谐振腔内还存在固体器件，且输出脉冲宽度未到飞秒量级。2017 年波兰科学院 Stepanenko Y 团队首次在全光纤 NPR 锁模激光器中采用全保偏光纤来代替单模光纤实现飞秒脉冲输出，结构如图 2-11 所示，在掺镱光纤激光器中采用交叉熔接方式实现了基频为 20.54MHz、信噪比超过 80dB，脉宽 150fs 的超短脉冲输出。

2018 年，华东师范大学李文雪团队通过设置适当的熔接角度，在实验中搭建了一种 NPR 锁模技术的保偏掺镱光纤激光器，获得了重频为 111MHz、脉冲能量为 0.47nJ 的激光输出。在这项工作中证明了全保偏 NPR 光纤激光器对环境影响有很强的抵抗能力，拥有相当好的稳定性，测试的时间抖动和相对强度噪声分别为 6.41fs 和 0.0052%，良好的噪声性能使这类激光器有很强的竞争力。

虽然 NPR 锁模方式响应时间快、损伤阈值高，但其中的偏振控制一直是一大难题。传统的人工调节偏振费时且低效，对于锁模状态的调节十分困难。尤其是激光器需要实现调 Q 锁模或高次谐波锁模等特殊状态时，进一步提高了对偏振调节精度的要求。NPR 光纤激光器的抗干扰能力差，锁模状态易受到外界扰动而无法稳定保持，失锁后若无法及时恢复易损坏器件和设备。而自动锁模技术的发展很好地解决了这一问题。

自动锁模是指利用计算机智能算法控制锁模谐振腔中的电控器件来代替人在锁模调节过程中的作用。自动 NPR 锁模的核心技术是通过智能算法和控制系统共同作用实现锁模操作，智能系统检测到腔内的偏振态发生变化时，会快速调整偏振器件，消除外部环境对锁模光纤激光器的干扰，该锁模方式可以根据周围环境变化更快地实现锁模。2010 年，德国研究所 Hellwig 团队首次利用遍历算法演示了自动锁模技术，如图 2-12 所示，加入压电挤压器的自动 PC 算法来自动改变腔内偏振状态实现锁模，成功地表征了 NPR 全光纤掺铒激光器。

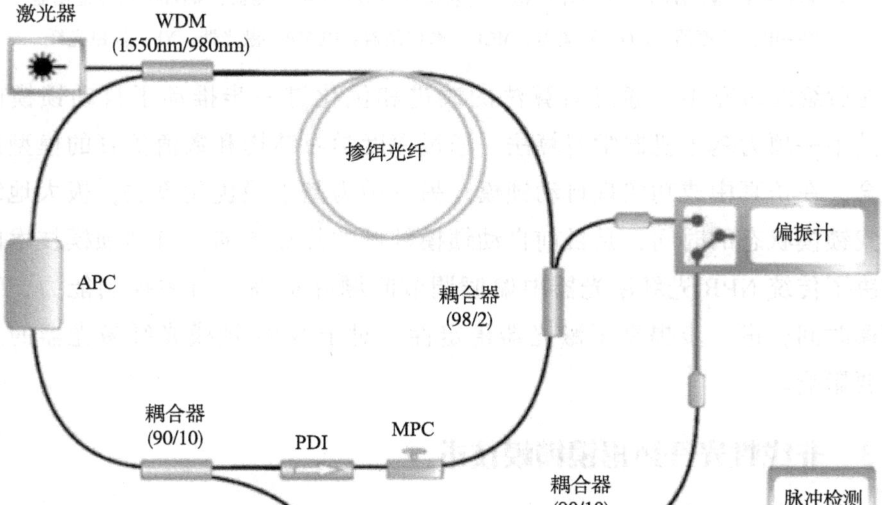

图 2-12　智能 NPR 锁模激光器装置示意

2012 年，华东师范大学曾和平团队基于遍历算法，首次在 NPR 掺镱光纤激光器中实现了自动锁模。实验装置如图 2-13 所示，图 2-13(b)所示为激光器由自由运转到稳定锁模时域波形演变。该工作首次将反馈方案引入自动锁模领域，但在特殊条件下仍需要手动调节 PC 来实现锁模，不可否认该工作对自动锁模技术的发展产生了巨大的影响。2013 年，中国科学技术大学李莎等基于类似的工作原理，进一步缩短了实现初始锁模的时间(<90s)。

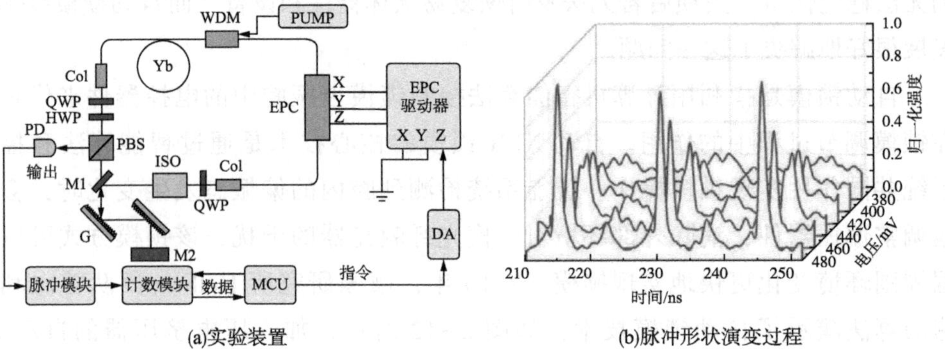

图 2-13　基于非线性偏振旋转的掺镱锁模自动控制实验结果

Col—准直器；G—反射面；M1—反射镜 1；PBS—偏振分数器；QWP—四分之一波片；DA—数模转换器；HWP—半波片；M2—反射镜 2；PD—光电探测器；WDM—波分复用器；EPC—电控偏振器；ISO—隔离器；MCU—微控制器；PUMP—激光器；Yb—掺镱光纤

在后续的研究中，通过对算法的改进和优化进一步推动了自动锁模的发展，其中一项为基于机器学习算法，通过深度学习结构和数值仿真的模型预控制结合，在仿真中成功实现自动锁模。另一项为基于最优化算法，极大地缩短了寻找锁模状态的时间，是目前自动锁模领域的热点方向。自动锁模技术的发展解决了传统 NPR 光纤激光器中偏振调节问题并提高了自主控制能力，缩短了锁模时间，进一步提高了激光器稳定性，对于 NPR 锁模光纤激光器的发展有重要影响。

2.2.3　非线性光纤环形镜锁模技术

非线性光纤环形镜(Nonlinear Optical Loop Mirror，NOLM)和 NALM 易获得稳定的超短脉冲输出，拥有材料可饱和吸收体所不具备的损伤阈值高、响应速度快、不会随时间推移性能衰退等优点。NOLM 的工作原理可以用图 2-14 中的模型来描述，因为其形状和数字 8 接近，又称为 8 字腔。该模型由耦合器的一端两段光纤相互熔接而成，该耦合器的耦合比为 α∶(1-α)。入射光 E_1 经过耦合器后，被分为传输方向不同，并且光场强度大小不一的两束光，腔内的非线性效应使得两束光获得的相移量发生不均匀变化，最终实现脉冲窄化形成稳定的锁模运转。对于 NOLM 而言，采用这种锁模方式前期需要对单模光纤的长度以及光纤耦合器的分光比进行合理的设计。NALM 在 NOLM 的基础上进行了进一步的优化，在双向环中加入有源光纤，从而实现对两束光的相移量进行操控，增益光纤的加入使 NALM 可以在更短的环长下实现锁模，提高输出脉冲的重复频率，也使锁模自启动变得容易。

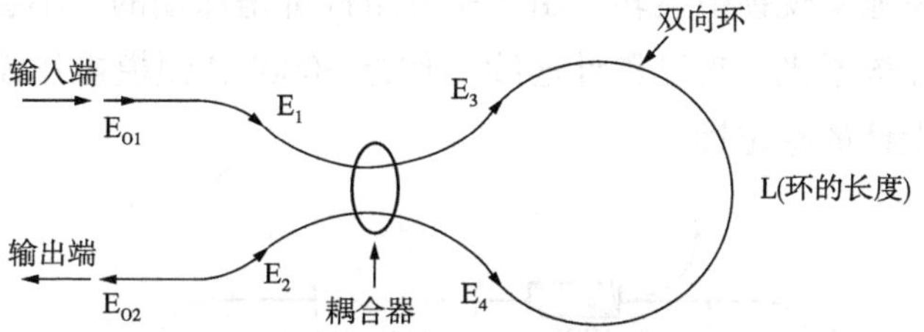

图 2-14　非线性光纤环形镜装置

NOLM 光纤激光器于 1991 年被首次提出，华盛顿海军研究实验室基于 NOLM 实现了稳定的传统孤子脉冲输出。随后，大量关于 NOLM 锁模光纤激光器的工作被相继报道。2007 年，西安光机所赵卫团队在基于 NOLM 的 8 字腔锁模光纤激光器中实现了重复频率为 24MHz、脉冲宽度 177fs 的色散管理孤子脉冲。2008 年，墨西哥光学和电子学研究所 EscamillaI 团队实现了自启动 8 字腔锁模光纤激光器。该设计基于功率平衡的 NOLM，在环路中加入高度扭曲的低双折射光纤和四分之一延迟器。通过设置四分之一延迟器角度来调节 NOLM 的透过率从而实现自启动锁模。激光器能够以 0. 78MHz 的基频产生约 20ps 的脉冲。2014 年，电子科技大学李剑峰团队演示了一种基于 NOLM 的掺铥全光纤自启动锁模激光器。在中心波长 2017. 33nm 处产生了 3dB 带宽 1. 56nm、重复频率 1. 5MHz、脉冲能量 83. 8pJ 的稳定孤子脉冲。2018 年，华南师范大学罗爱平团队在掺铒 8 字腔中首次实现了共存的高斯型和矩形类噪声脉冲，通过调节腔内泵浦功率以及 PC，可以灵活地改变两种脉冲出现的数量。2020 年，华南师范大学张庆茂团队采用40/60的 NOLM 光谱滤波设计了一种全保偏振正色散锁模光纤激光器，研究了输入脉冲平均功率、光纤长度和耦合比对 NOLM 光谱滤波效应的影响，验证了 NOLM 的光谱滤波效应，首次设计了 NOLM 作为单独光谱滤波器件的全保偏锁模光纤激光器。

为了提高 NOLM 锁模光纤激光器的环境稳定性，研究人员逐渐把目光聚焦到全保偏 8 字腔研究上。实现的关键点是将标准 SMF 替换为保偏光纤，用以提升激光器的环境稳定性。2012 年，奥克兰大学 Aguergaray 团队报道了第一台全保偏光纤的 8 字腔锁模光纤激光器，该激光器由两个独立的部分组成，其中包括带有有源光纤的单向环，可得到能量为 0. 3nJ、脉宽 7. 6ps 的脉冲，通过腔外光栅对能压缩至 344fs，如图 2-15 所示。通过增加额外的光纤长度，可以在不显著改变激光器输出特性的情况下实现 6～10MHz 的重复率调谐。双增益的加入可以更好地控制和更容易地实现锁模运转。由于所有组件都是保偏的，不会随着时间的推移而退化，因此该激光器现已累计连续工作近 3000h，锁模操作没有任何中断或波动，证明了设计的稳定性。

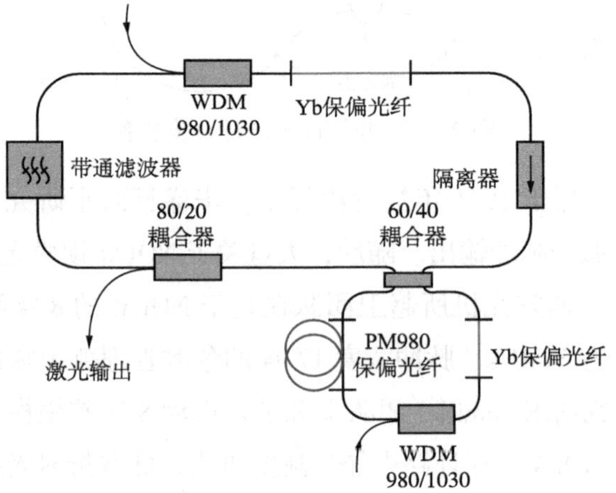

图 2-15　全保偏 8 字腔锁模光纤激光器实验装置

同年，奥克兰大学 Erkintalo 团队构建了对热应力和机械应力不敏感的全保偏锁模光纤激光器，如图 2-16 所示。数值模拟表明，通过在适当位置增加 SMF 延长谐振腔，可以增大输出振荡器的能量和持续时间。在实验上展示了通过改变 SMF 来控制输出脉冲特性(能量、持续时间)，在 10MHz、3. 7MHz、1. 7MHz 下实现稳定的锁模，相应的脉冲能量为 2. 3nJ、10nJ、16nJ。图 2-17 所示为输出脉冲时间随着输出功率的增加而变化。从图 2-17(a)可以看出，通过在谐振腔中加入不同长度的 SMF 使得输出脉冲脉宽不断改变，但仍保持恒定的峰值功率。这在图 2-17(b)和图 2-17(c)中也得到了证实。模拟输出脉冲的能量和持续时间绘制为 SMF 长度的函数，如图 2-18(a)所示。可以看到输出能量最初增加，但在光纤长度为 30m 处开始饱和，然后突然转变为线性增长状态。这种转变在图 2-18(b)所示的输出光谱演变中也很明显，这表明在特定 SMF 长度下，振荡器从一种锁模状态转换到另一种锁模状态。

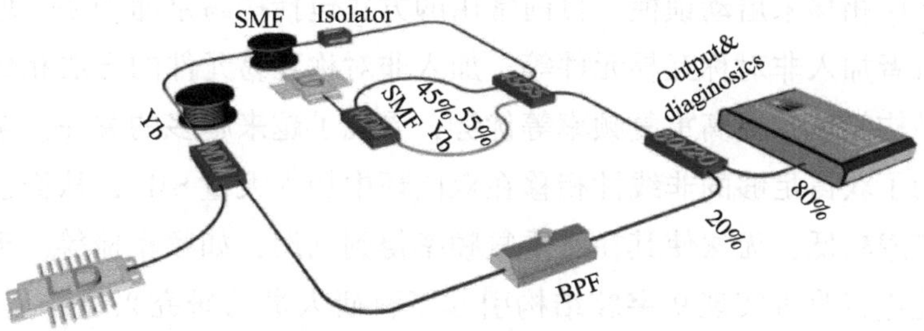

图 2-16 全保偏锁模光纤激光器装置

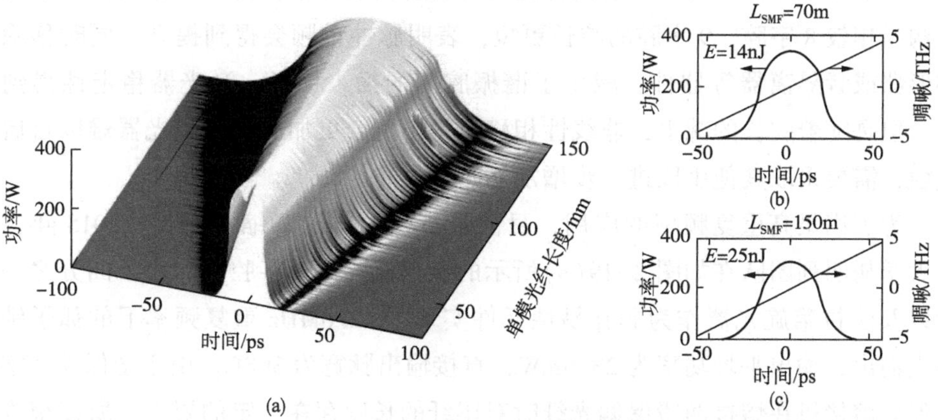

图 2-17 (a)作为 L_{SMF} 函数的输出脉冲时间剖面；(b)和(c)分别显示 $L_{SMF}=70m$ 和 $L_{SMF}=150m$ 时的时间剖面(黑色)和相应的啁啾(深蓝色)

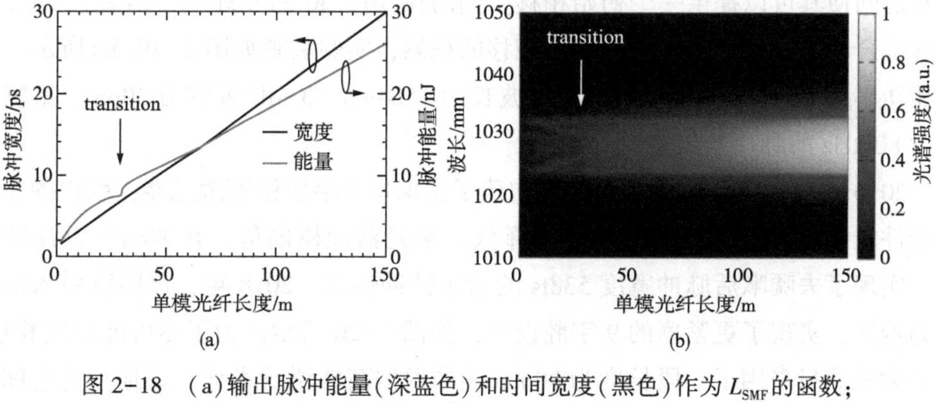

图 2-18 (a)输出脉冲能量(深蓝色)和时间宽度(黑色)作为 L_{SMF} 的函数；(b)显示了不同 L_{SMF} 的输出频谱

由于非线性相移在环中的积累不足，导致难以实现锁模，需要通过一定方法提供足够初始相移来启动锁模。目前常用的方式包括提高泵浦功率、增加主环中光纤长度或者加入非对称互易元件等。加入非对称互易元件的方法相较其他两种方法具有结构简单、提高重复频率等优势，受到了越来越多的关注。全光纤结构的8字腔为了获得足够的非线性相移在双向环中加入大量SMF，从而使激光器的重复频率普遍较低，无法使其在高重复频率得到利用，如频率梳等。近年来，对传统8字腔进行改进实现9字腔结构引起了科研人员的研究兴趣。从原理上讲，9字腔是在传统8字腔的基础上，将次环打开，形状非常像阿拉伯数字"9"，故称为9字腔激光器。利用反射镜将透射光反射到主环中，仍属于非线性环形镜的结构。相较8字腔，9字腔的腔长更短，表明脉冲重频会得到提升，同时移除了环形器或者隔离器等器件，减少了谐振腔内的插入损耗，激光器稳定性得到优化。但是随着腔长的减少，非线性相移积累不足会更加明显，激光器难以自启动锁模，需要采取其他手段进一步增加初始相移。

为了满足高重复频率的应用，目前最直接的方法为缩短腔长。2015年，天津大学胡明列团队在如图2-19(a)所示的全保偏改进8字腔中加入了四分之一波片以及法拉第旋光器作为非互易性元件实现了22.6MHz重复频率下的孤子锁模激光输出，输出平均功率为23.6mW，直接输出脉宽为308fs。由于全保偏8字腔中保偏熔接机在熔接两段保偏光纤时对尾纤的长度存在一定的要求，所以很难缩短全保偏8字腔中保偏光纤的长度，限制其重复频率的提高。为了解决这个问题，该团队搭建了非全保偏9字腔激光器，并将法拉第旋光器置于两个四分之一波片之间使其可以提供一个初始相移。同时用70∶30的光纤耦合器替代2×2的光纤耦合器，进一步保证了非线性相移的积累，实验装置如图2-19(b)所示。在泵浦功率为600mW时，得到了中心波长为1564nm、3-dB带宽为30nm、重复频率为80MHz的脉冲输出。

2016年，北京大学张志刚团队构建了全保偏9字腔锁模激光器，腔内的非互易器件能够引入$\pi/2$相移，有效地降低了激光器锁模阈值。在80mW泵浦功率下，实现了去啁啾后脉冲宽度538fs的超短脉冲输出。2018年，该团队引入部分空间器件，实现了更紧凑的9字腔设计，如图2-20所示。为了尽可能缩短腔长，整个激光器只采用了一段长度为90mm的非保偏高掺增益光纤，其他均为空间器件。此外，弯曲增益光纤的曲率半径为22mm，引入了0.39dB的损耗，对弯曲增益光纤进行偏振度测试，其偏振度保持在近 99%。该团队认为这种弯曲的增益光纤可以作为保偏光纤。最终，在 710mW 的泵浦功率下得到重复频率为 700MHz、脉冲宽度为 215fs 的锁模脉冲。

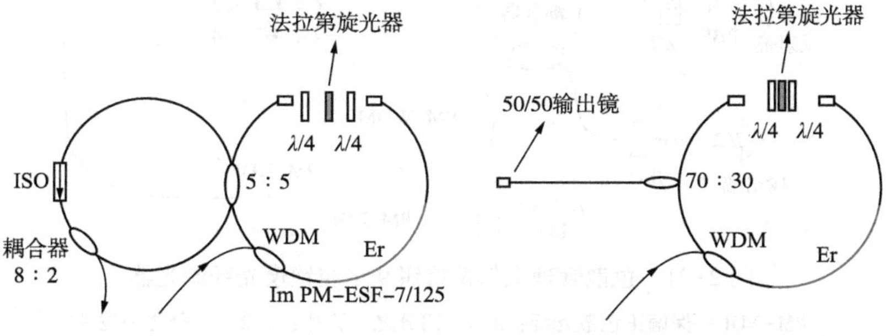

(a)全保偏改进8字腔实验装置图　　(b)非全保偏改进9字腔实验装置图

图 2-19　全保偏 8 字腔和非全保偏 9 字腔实验装置

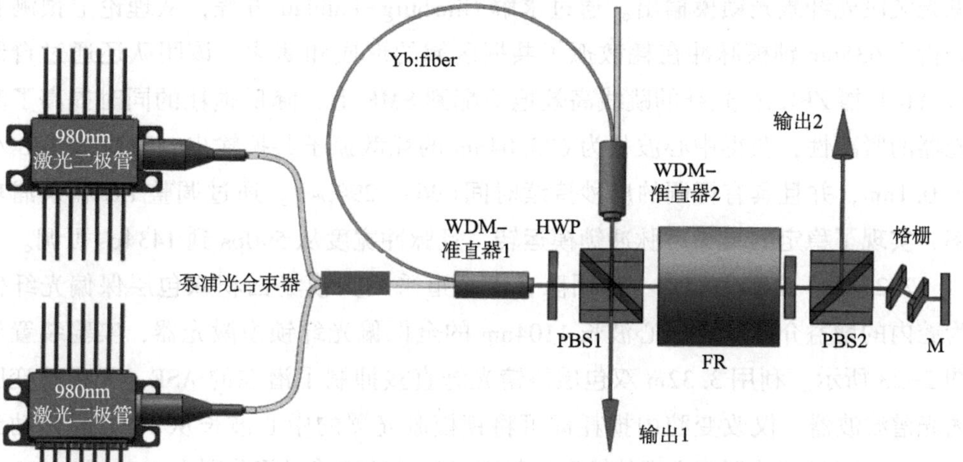

图 2-20　9 字腔锁模光纤激光器的实验装置

FR—法拉第旋光器；λ/6—六分之一波片；M—反射镜

2019 年，日本名古屋大学 Nishizawa 等首次研究了色散管理全保偏掺铒 9 字腔锁模光纤激光器(图 2-21)，工作中系统研究了不同色散下 9 字腔输出特性，得益于 9 字腔响应时间快，调制深度大，得到了稳定的孤子，展宽脉冲以及耗散孤子。特别地，展宽脉冲输出最窄脉宽为 132fs，光谱带宽 46nm。

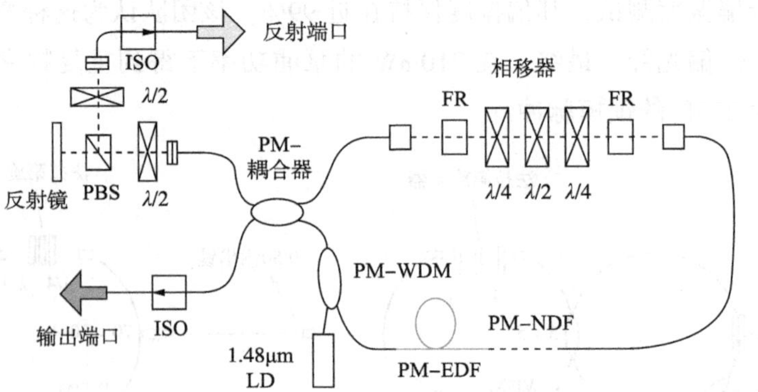

图 2-21　色散管理全保偏掺铒 9 字腔锁模光纤激光器

PM-NDF—保偏正色散光纤；λ/4—四分之一波片；λ/2—二分之一波片

2020 年，厦门大学罗正钱团队搭建了如图 2-22 所示的 635nm 全光纤可见波长被动锁模皮秒激光器，采用共掺 ZBLAN 光纤作为可见增益介质，首次实现可见光波段光纤激光锁模输出。通过求解 Ginzburg-Landau 方程，从理论上预测和分析了 635nm 锁模脉冲在耗散孤子共振区域的形成和演化。该团队还通过自制 Pr/Yb 共掺 ZBLAN 光纤的跳线高效地适配到 SMF 上，降低损耗的同时提高了激光器的紧凑性，获得中心波长为 635. 04nm 的耗散孤子共振输出，对应的 3dB 小于 0. 1nm，并且具有可调的皮秒持续时间（96～1298ps）。通过调整 PC 和泵浦功率，实现了稳定的类噪声脉冲锁模运转，且脉冲宽度从 590ps 到 1434ps 可调。

2022 年，山东大学刘一州团队首次报道采用大模场面积双包层保偏光纤作为腔内的增益介质实现中心波长 1104nm 的全保偏光纤锁模激光器，实验装置如图 2-23 所示。利用 3. 32m 双包层掺镱光纤直接抑制了潜在的 ASE，无须改变腔内光谱滤波器，仅改变腔内损耗即可将锁模激光器的中心波长从 1034nm 移动到 1104nm。通过腔外压缩实现传输和反射端口的脉冲持续时间分别为 192fs 和 187fs。

NOLM 和 NALM 已经被广泛地用作可饱和吸收体，因其较高的损伤阈值、易启动、高环境稳定性等优点，被大量地应用在锁模光纤激光器中。但 NOLM 锁模方式对腔内非线性相移的积累量要求较高，因此这类锁模光纤激光器的重复频率普遍较低。近几年，科研人员通过进一步的研究，采用不同手段来增加初始相移并提高激光器的重复频率，满足工业生活中对高重复频率这个特性的需求。此外，随着改进全保偏 8 字腔和 9 字腔的提出，使其环境稳定性和重复频率得到极大的提升，扩展了 NOLM 锁模光纤激光器的应用空间。

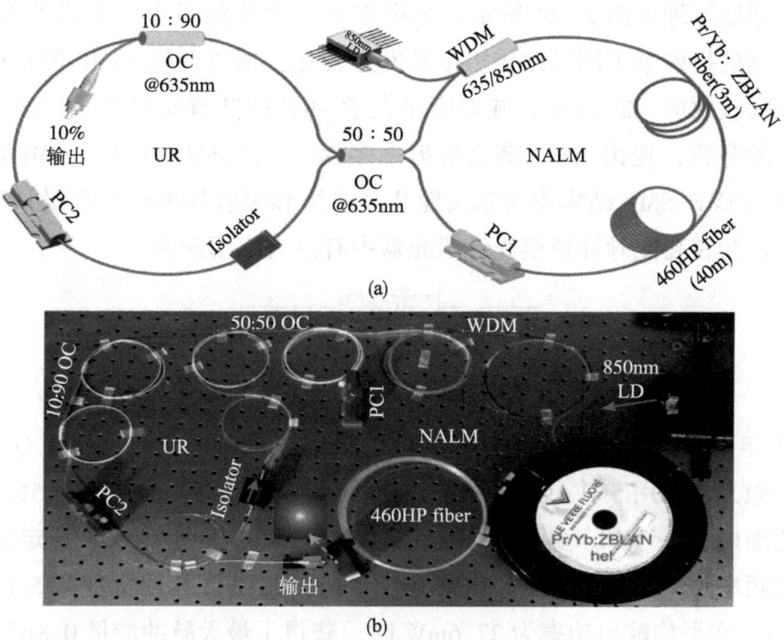

图 2-22　可见光被动锁模光纤激光器的实验装置

UR—单向环；NALM—非线性放大环镜；

Pr/Yb：ZBLAN fiber—镨镱共掺氟化物光纤

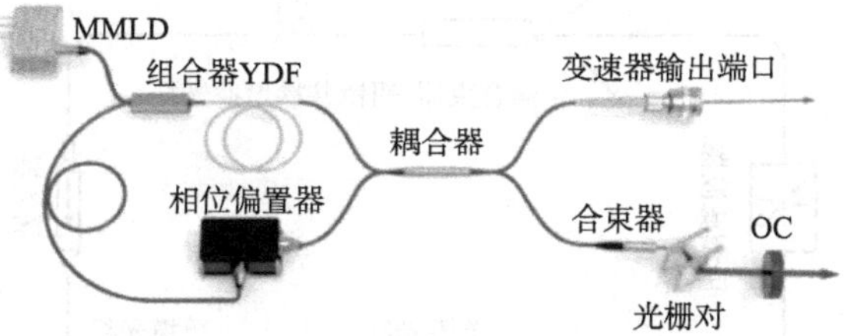

图 2-23　全保偏光纤锁模激光器装置

2.2.4　非线性多模干涉锁模技术

近年来，多模光纤由于其损伤阈值高、价格低廉、性能稳定等优势，引起了其作为可饱和吸收体的研究。多模光纤中，梯度折射率多模光纤(Graded Index Multimode Fiber，GIMF)与传统的多模光纤不同，GIMF 中的所有导模可以在特定波长下以几乎相同的群速度传播。这种几何结构的主要优点与非线性偏振旋转、非线性环形镜、碳纳米管等可饱和吸收体相比，它的插入损耗较小。基于非线性多模干涉锁模原理如图 2-24 所示。光束在光纤中传输时由于非线性效应存在，不同光功率的折射率不同导致传输拍长发生变化，通过调整 GIMF 的长度可以影响可饱和吸收效应。2013 年，威斯康星大学 Mafi 团队首次对非线性多模干涉进行了详细的分析，提出单模-渐变折射率多模-单模(SMF-GIMF-SMF)的结构，并对 SMF-GIMF-SMF 结构作为非线性开关或饱和吸收体的可行性设计进行详细分析，被认为在高能脉冲锁模光纤激光器中有巨大应用潜力。

图 2-24　基于非线性多模干涉锁模原理

2015 年，天津大学史伟团队报道了如图 2-25 所示的新型被动调 Q 全光纤激光器，该激光器采用 SMF-GIMF-SMF 作为可饱和吸收体。在 190～510mW 的泵浦功率范围内，Er^{3+}/Yb^{3+} 共掺光纤激光器在 1559.5nm 处实现了稳定的调 Q 工作，重复频率随泵浦功率从 14.1kHz 改变到 35.2kHz，脉冲宽度从 5.69μs 减小到 3.86μs。在平均输出功率为 27.6mW 时，获得了最大脉冲能量 0.8μJ。这为实现调 Q 全光纤激光源提供了一种新的调制机制。

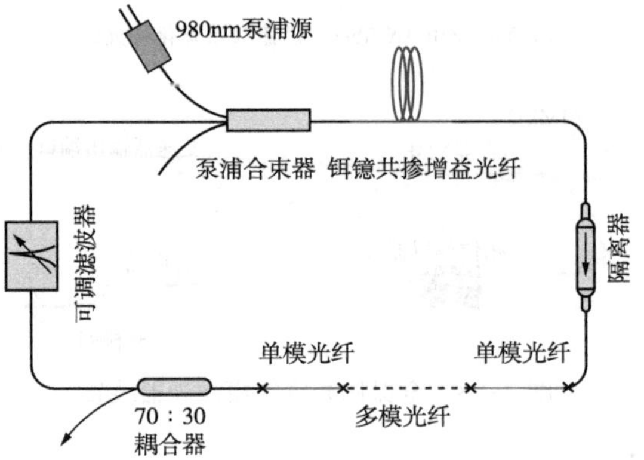

图 2-25　基于单模-多模-单模结构调 Q 光纤激光器

2016 年，韩国光州科学技术研究院 Shin W 团队首次用碲化铋沉积的空芯光纤制备了可饱和吸收体，如图 2-26 所示。该可饱和吸收体除了作为锁模器件，同时也起到带通滤波器的作用，最终实现了 2μm 波段被动锁模光纤激光器，在重频为 8.58MHz 的情况下，得到输出波长为 1958nm、脉宽为 46ps 的稳定脉冲输出。

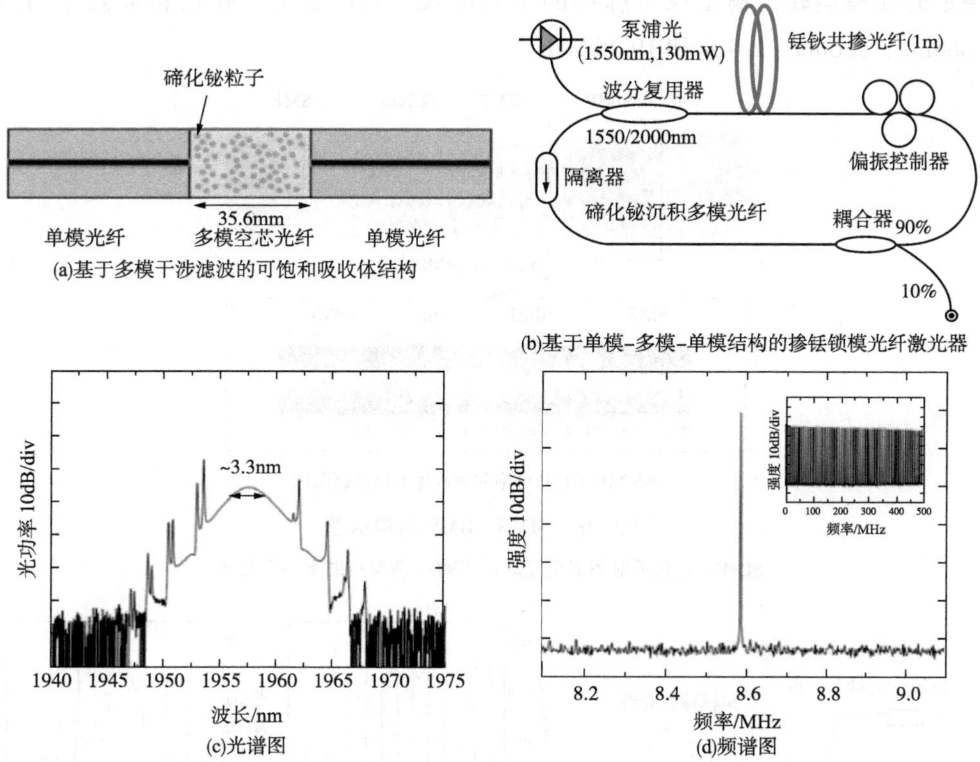

(a)基于多模干涉滤波的可饱和吸收体结构

(b)基于单模-多模-单模结构的掺铥锁模光纤激光器

(c)光谱图

(d)频谱图

图 2-26 基于 SMF-NCF-SMF 结构的掺铥锁模光纤激光器

2017 年，中国计量大学王兆坤等提出并演示了一种由 SMF-SIMF-GIMF-SMF 结构组成可饱和吸收体的锁模激光器，实验装置如图 2-27 所示。图 2-28 所示为 SIMF-GIMF 结构示意。与理论上提出的 SMF-GIMF-SMF 结构相比，SIMF 的引入消除了 GIMF 长度的限制，并提供了一种更灵活的基于非线性多模干涉效应的可饱和吸收体制作方法。将器件弯曲到一定状态，可饱和吸收体的调制深度为 3.16%。锁模激光输出脉宽为 446fs，3dB 带宽为 4.48nm，重频为 11.73MHz。

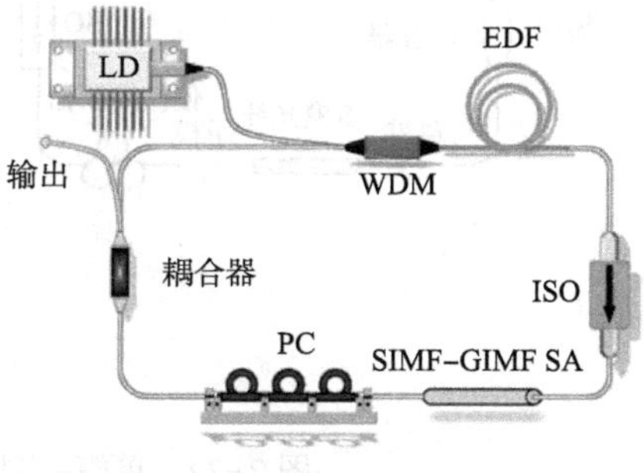

图 2-27 SMF-SIMF-GIMF-SMF 结构的掺铒锁模光纤激光器

同年，中国计量大学徐时清团队采用类似的可饱和吸收体结构，首次实现了 2μm 全光纤锁模激光器，实验装置如图 2-29 所示。180mW 的泵浦阈值下实现了稳定的锁模运转，输出孤子脉冲的中心波长、光谱宽度、脉宽和重频分别为 1888nm、3.6nm、1.4ps 和 19.82MHz。

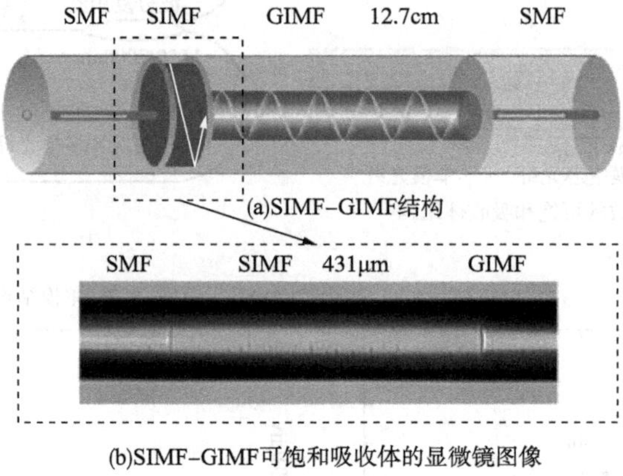

图 2-28　SIMF-GIMF 结构示意

SIMF—阶跃折射率多模光纤；GIMF—渐变折射率多模光纤

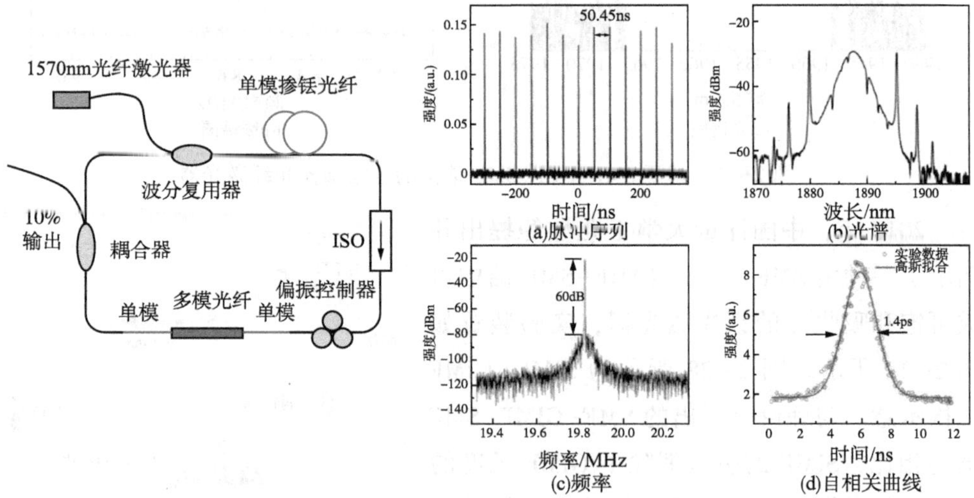

图 2-29　单模-多模-单模结构锁模掺 Tm 光纤激光器

2018 年，中国计量大学王兆坤团队利用 GIMF 纤芯和包层的腐蚀特性不同，使用氢氟酸腐蚀光纤端面，在腐蚀端面上形成微孔，并将其两端与 SMF 熔接构建如图 2-30 所示的可饱和吸收体。在这种情况下，GIMF 的长度没有限制，说明带有内部微腔的 SMF-GIMF-SMF 结构可以提供一种灵活的方式来产生超短脉冲。

将 SMF-GIMF-SMF 结构弯曲到一定状态时，可饱和吸收体的调制深度为 1.9%，把该结构引入如图 2-31 所示的环形掺铒光纤激光器中，产生了重频为 14.34MHz、脉宽为 528fs 的超短脉冲。

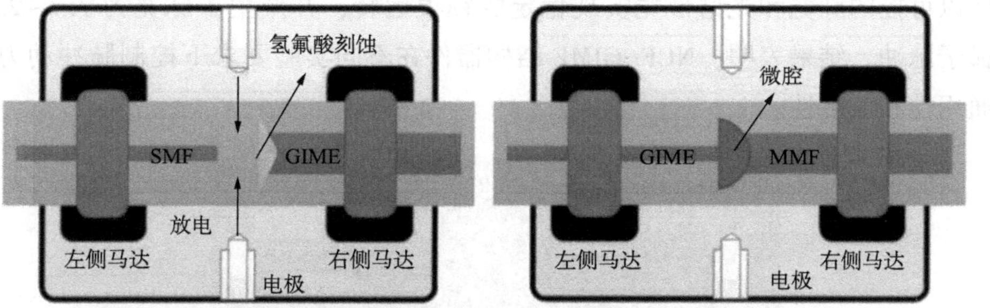

(a)和(b)器件制造的示意图,氢氟酸刻蚀多模光纤断面,与单模光纤熔接形成微腔

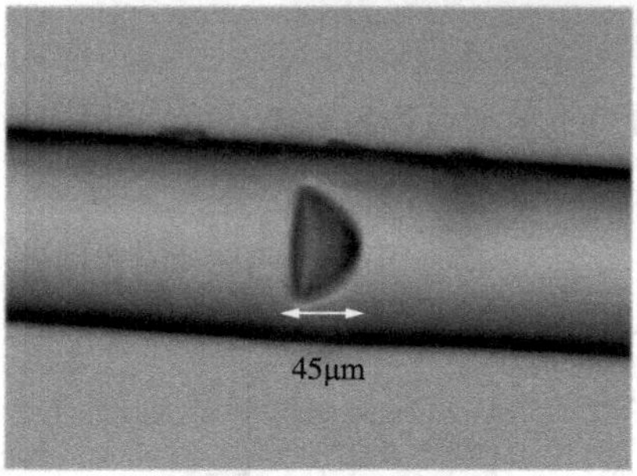

(c)设备样品的显微镜图像

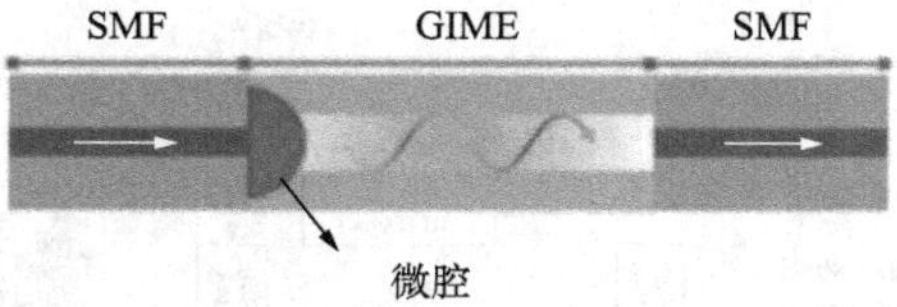

(d)SMF-GIMF-SMF结构示意

图 2-30　环形掺铒光纤激光器

同年，中国计量大学王东宁团队首次提出了拉伸 GIMF 结构作为掺铒锁模光纤激光器的可饱和吸收体，如图 2-32 所示。该工作详细阐述了 GIMF 可饱和吸收体的物理机制，将 GIMF 拉伸到 23.5cm，调制深度可控(10.37%~22.27%)，插入损耗小于 2.2dB。此外，还可以通过拉伸 GIMF 来调整传输峰值。在此基础上，实现了波长可切换掺铒全光纤锁模激光器，获得了脉冲能量大于 90pJ 的亚皮秒脉冲。

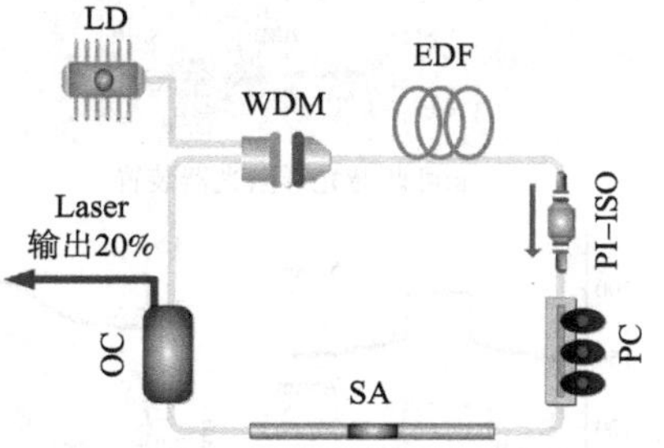

图 2-31　环形掺铒光纤激光器的实验装置

2019 年，中国计量大学王东宁团队将一种无芯光纤(No-core fibe，NCF)引

入 GIMF 结构中，同时作为可饱和吸收体和高精度可调谐滤波器。基于 NCF-GIMF 的可饱和吸收体调制深度为 4.7%，饱和强度为 0.14μJ/cm²。利用该器件，在如图 2-33 所示的掺铒锁模光纤激光器中仅通过拉伸光纤器件，就可在正常色散区以可控的脉宽和光谱带宽实现稳定的锁模运转，并产生了脉宽为 7.7～23ps 的孤子脉冲。结果表明，NCF-GIMF 结构器件在不同实验要求下控制脉冲动力学的通用性和灵活性。

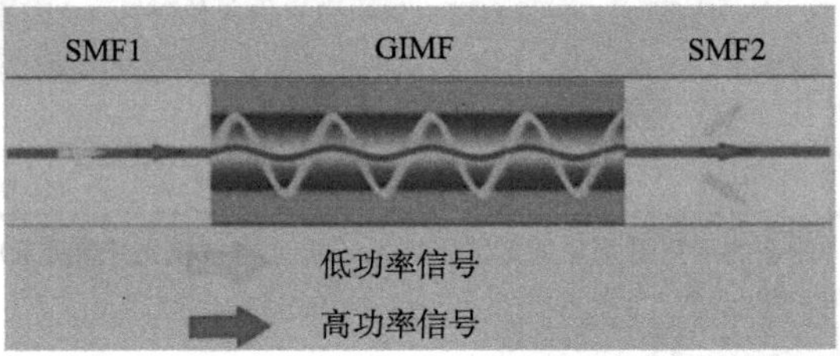

图 2-32　基于 SMF-GIMF-SMF 可饱和吸收体的示意

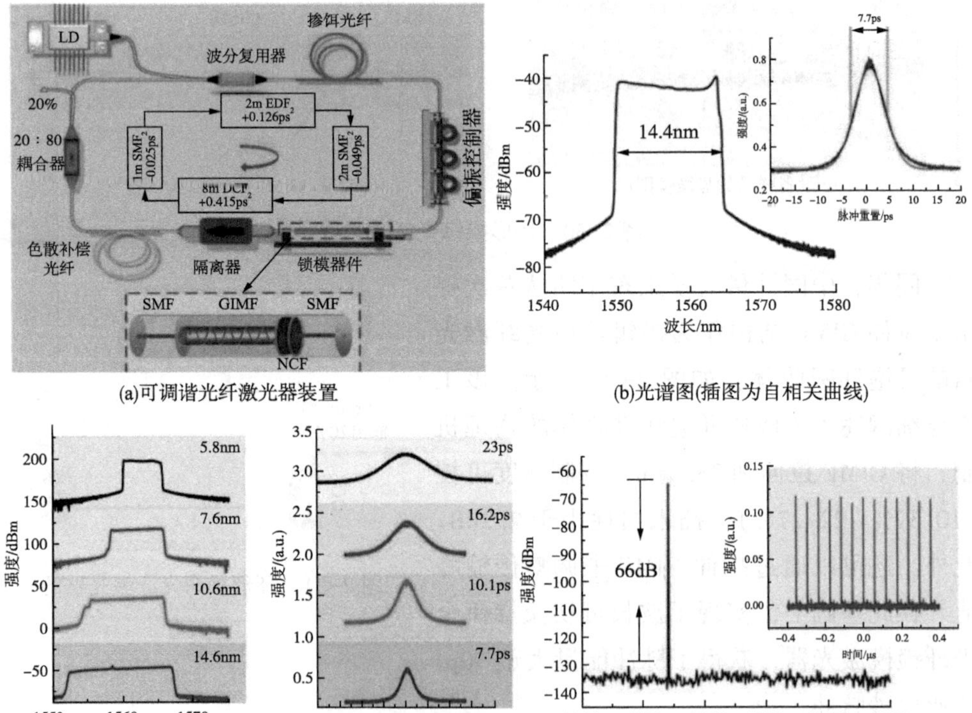

图 2-33　可调谐激光器装置

2020 年，中国科学技术大学许立新团队将一段 3cm GIMF 与 7cm GIMF 进行错位熔接，GIMF 的芯径分别为 62.5μm、50μm，得到如图 2-34 所示的 SMF-GIMF-SMF 结构，并将其作为可饱和吸收体与 NPR 技术相结合实现混合锁模。通过同时采用两种不同的锁模机制，激光器可以输出更短的脉冲，具有高信噪比和低噪声抖动等优点。在 110mW 的泵浦功率下，产生了脉冲持续时间为 1.8ps、重复频率为 49.80MHz 的锁模脉冲序列。

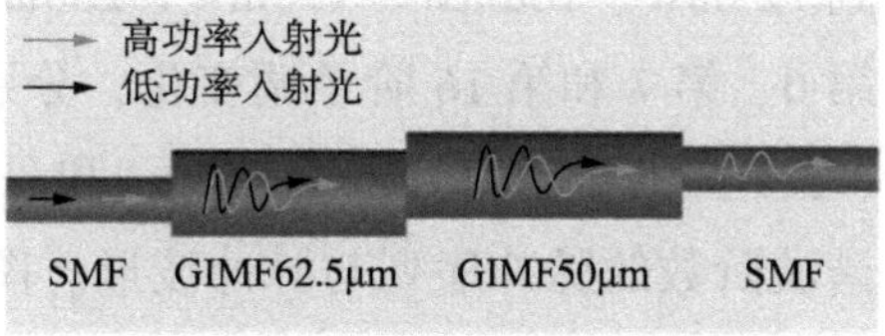

图 2-34　SMF-GIMF-SMF 的 SA 示意

2021 年，该团队又报道了一种基于非线性多模干涉效应的可切换单波长和双波长全光纤超快锁模激光器。可饱和吸收体结构如图 2-35 所示，由锥形光纤与 GIMF 锥形光纤组成。锥形光纤的使用不仅减少了对 GIMF 长度的依赖，而且简化了可饱和吸收体的制备。可饱和吸收体的调制深度为 9%。通过适当调整腔内损耗和 PC 以实现稳定的可切换单波长和双波长锁模。同时，可以观察到单波长谐波锁模，具有相同调制周期的中心波长在 1531～1558nm 切换。

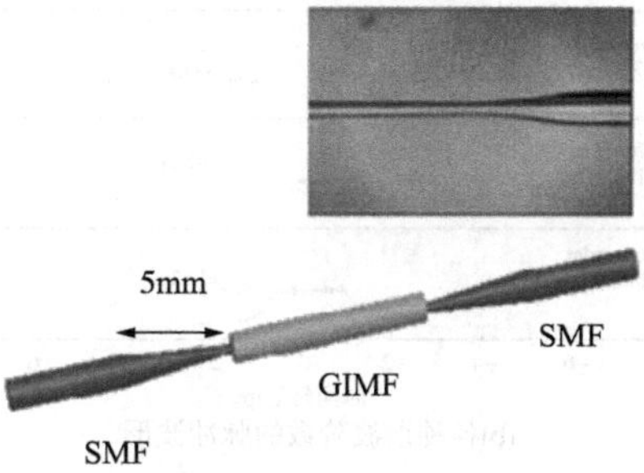

(a)可饱和吸收体的结构(插图是锥形光纤和多模锥形光纤之间拼接点的显微图像)

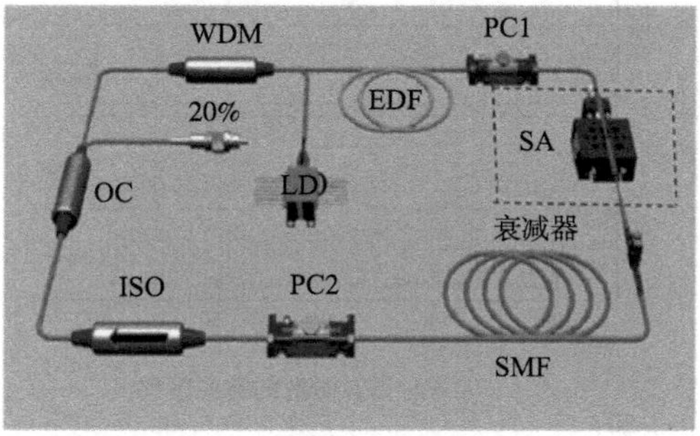

(b)实验装置方案

图 2-35　单双波长可切换锁模光纤激光器

2022 年，长春大学金亮团队提出了一种锥形 SMF-GIMF-SMF 的谐波锁模新方法。将 GIMF 和 SMF 之间的熔接点进行锥形化，不仅缩短了自成像点的周期，消除了非线性多模干涉锁模对多模长度的依赖，而且放宽了锁模对光纤长度精确要求的限制。在掺铒光纤激光器中引入如图 2-36 所示直径为 15μm 的锥形 SMF-GIMF-SMF 作为光开关，以实现中心波长为 1558.38nm，脉宽为 1.52ps，最大可达 16 阶谐波锁模，相应的重频为 285MHz 的稳定谐波锁模。随着泵浦功率增加到125mW、160mW、190mW、230mW和300mW，谐波阶数从基波到第2、第4、第6、第7和第16阶单调变化，分别对应36MHz、72MHz、104MHz、127MHz和285MHz的重复率。图2-37(a)和(b)所示为四种不同的谐波阶数和对应于每个谐波阶数的脉冲序列与脉冲波形。图2-37(c)为锥区SMS的直径为15μm时，第16阶谐波锁模的信噪比可以稳定在51dB左右。图2-37(d)为在不同时间观察到的第16阶谐波锁模的重复率，这验证了谐波锁模的稳定性。这种基于锥形单模光纤的谐波锁模方式为全光纤谐波锁模激光器的应用提供了新的思路。

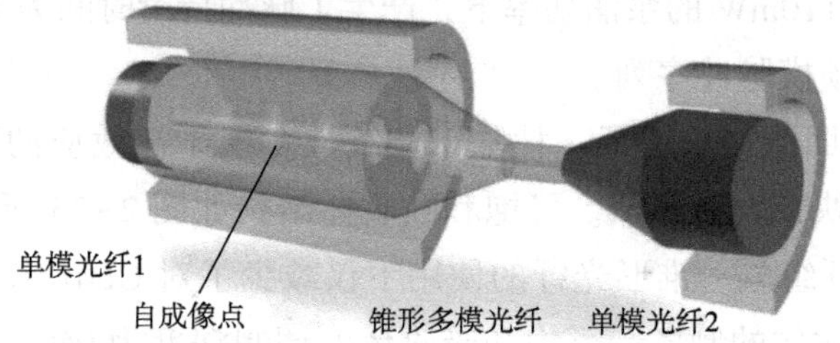

图2-36 锥形SMF-GIMF-SMF结构示意

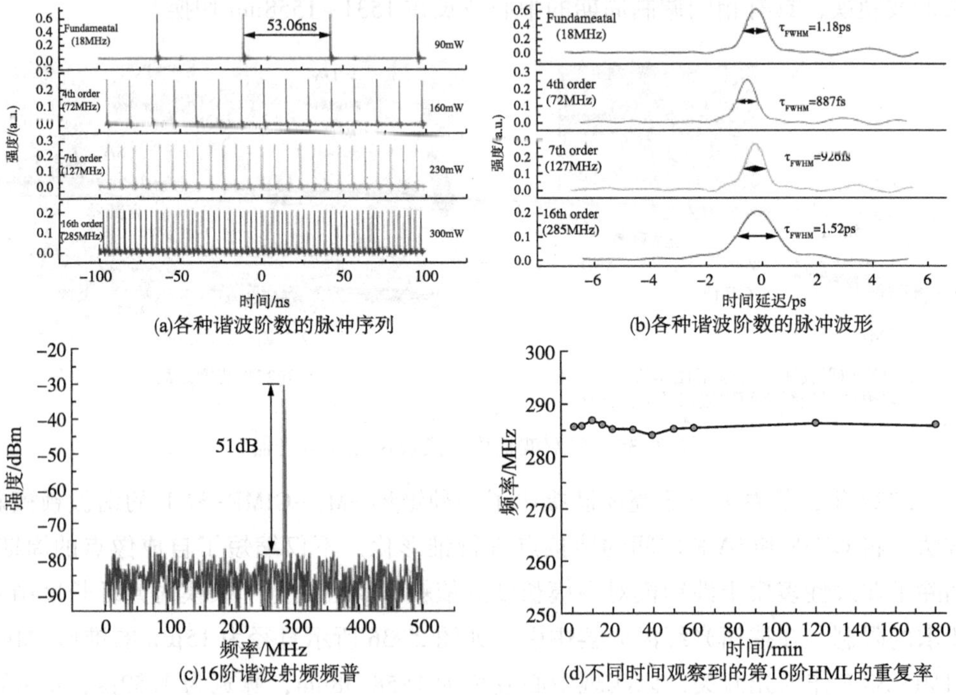

图2-37 全光纤谐波锁模激光器输出特征曲线

相较其他的锁模方式而言，多模光纤可饱和吸收体具有全光纤集成、性能稳定、价格低、调制深度可控以及波长可调谐等优点，这种全光纤结构的锁模光纤激光器为高功率、轻便化的锁模光纤激光器提供一种新的解决办法以及更广阔的应用前景。因此，深入研究多模光纤锁模光纤激光器具有重要意义。

2.2.5 纳米材料可饱和吸收体锁模技术

基于低维纳米材料可饱和吸收体的被动锁模光纤激光器结构简单，成本低，可产生飞秒量级超短脉冲，是目前锁模光纤激光器研究的热点方向之一。低维纳米材料可饱和吸收体的工作原理示意如图 2-38 所示。材料对入射光的吸收能力取决于入射光的强度。若入射光强度较低，材料未达到饱和状态则吸收光子，此时光透过率降低。随着入射光功率的增加，材料的吸收逐渐达到饱和状态，这表明材料被漂白不再吸收光子，光透过率达到最大值。具有良好光学性能的材料可饱和吸收体作为锁模器件，是输出超短脉冲的有力保障。

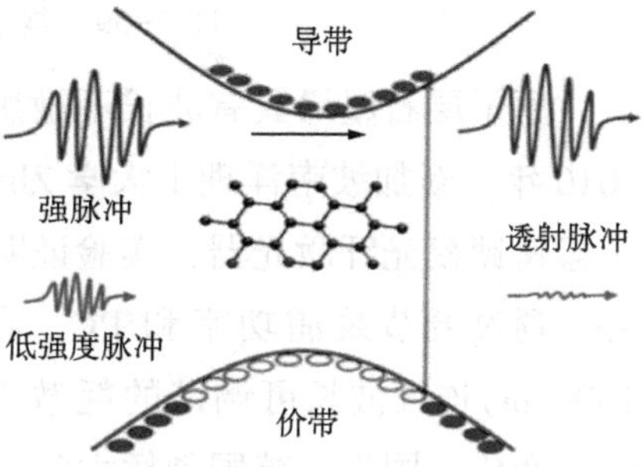

图 2-38 低维纳米材料可饱和吸收体的工作原理

随着研究的不断深入，越来越多种类的纳米材料被证明拥有良好的物理光学特性，可以用来作为新型可饱和吸收体，例如碳纳米管、石墨烯、拓扑绝缘体、过渡金属硫化物、黑磷和一些金属氧化物等新型材料相继被用于被动锁模光纤激光器。低维纳米材料被引入光纤激光器中作为锁模器件最早可追溯到 2003 年，日本科学家 Set S 等首次将单壁碳纳米管作为可饱和吸收体分别在环形和线形腔中实现了锁模脉冲输出，最短脉宽达到 318fs。这种技术的发展，极大地拓宽了超快光纤激光器的锁模器件选择范围，越来越多的低维纳米材料被应用于光纤激光器中实现超短脉冲输出。

2004 年，英国曼彻斯特大学的科学家 Novoselov 等首次从石墨薄片中成功地剥离出石墨烯。石墨烯是一种零带隙结构材料，也正是因为这种结构的特殊性，使得它表现出独特的光饱和吸收特性，从而促进了其在锁模领域的发展。2009 年，新加坡国立大学鲍桥梁等首次证明石墨烯可以作为可饱和吸收体实现稳定锁模，并且得到了脉冲宽度为 756fs 的超短脉冲，实验装置如图 2-39 所示。

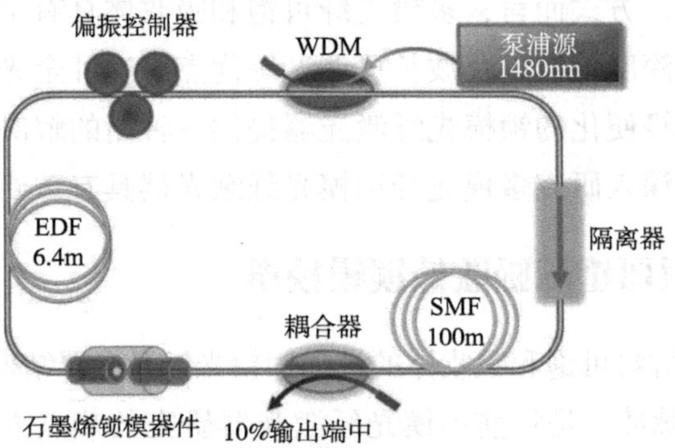

图 2-39　基于石墨烯锁模光纤激光器装置

原子层石墨烯具有波长不敏感的超快饱和吸收，可以作为全波段锁模器件。2010 年，新加坡南洋理工大学 Zhang 等利用石墨烯的宽带可饱和吸收特性，搭建了掺铒锁模光纤激光器，实验证明了原子层厚度的石墨烯可以作为理想的锁模器件。通过调节泵浦功率和 PC，在掺铒光纤激光器中可以形成宽范围（1570～1600nm）连续波长可调谐的耗散孤子，脉宽从 40～140ps 可调，光谱带宽在 3～9nm 变化。同年，英国剑桥大学 Popa 等利用石墨烯搭建了一台色散管理锁模光纤激光器，产生了信噪比超过 87dB、脉宽 174fs 的超短脉冲。2015 年，波兰弗罗茨瓦夫理工大学 Sotor J 团队利用石墨烯在掺铒光纤激光器中产生了脉宽 88fs 的锁模脉冲输出，这是当时基于石墨烯锁模光纤激光器中产生的最短脉宽。2019 年，北京航空航天大学付博团队在基于石墨烯锁模光纤激光器中观察到了稳定的 720fs，最高 26 阶谐波锁模脉冲。除了石墨烯，石墨烯材料衍生物（包括氧化石墨烯、还原氧化石墨烯、功能化石墨烯等）也被广泛研究应用于锁模光纤激光器中。2021 年，我们团队首次在单模掺铒光纤激光器中使用羧基氧化石墨烯获得了可切换的单波长和双波长飞秒孤子。通过适当调整泵浦功率，可以在反常色散区灵活地获得单波长和双波长飞秒脉冲。光纤激光器在 1560. 1nm 处产生了稳定的单波长传统孤子，脉冲宽度为 548. 1fs。通过调节泵浦功率，可以获得 1531. 9nm 和 1555. 2nm、间距约为 23nm 的双波长脉冲输出。2022 年，我们团队设计了一种基于羧基氧化石墨烯的新型无边带光纤激光器，实现了单波长和双波长的切换和调谐，实验光路如图 2-40 所示。在同一谐振腔中利用两种不同机制实现了双波长脉冲产生。其中，基于自发辐射峰双波长脉冲表现出良好的稳定性。双波长的波长差可以在 5～13nm 变化，其相应双波长的重频差可以从 444Hz 增加到 1019Hz。

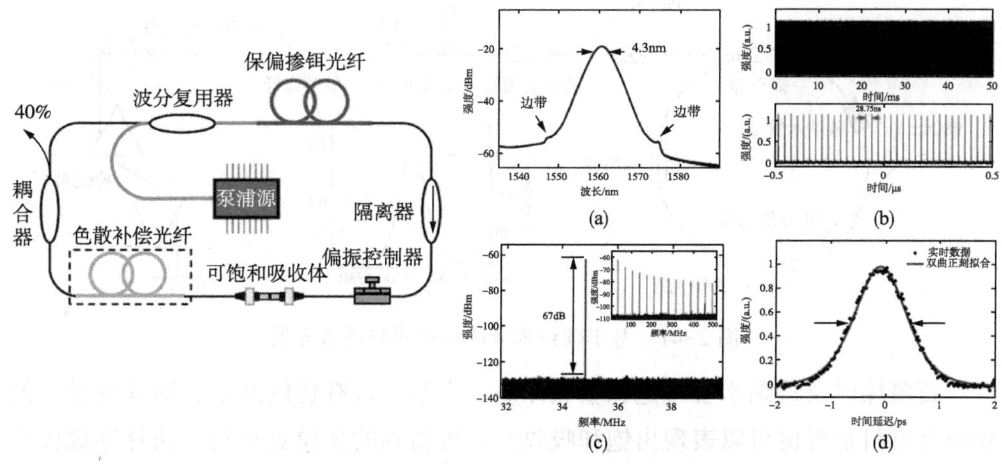

图 2-40　基于羧基氧化石墨烯光纤激光器实验装置示意

碳纳米管和石墨烯类似，都是最早被研究的纳米材料，碳纳米管有十分优异的物理光学性质，如尺寸小、柔韧性强、导电性能优异的物理性质以及对宽带光谱具有与偏振无关的吸收作用，超快的恢复时间等光学性质。2003 年，碳纳米管首次被成功应用于锁模光纤激光器中，近些年对于碳纳米管的研究一直持续。2010 年，亚利桑那大学 Kieu 等报道了迄今为止碳纳米管可饱和吸收体在光纤激光器中的最窄脉冲宽度输出，结构如图 2-41 所示。激光器内的色散由包含正负色散的光纤补偿至近零色散区域，直接输出脉冲宽度为 220fs。之后输出的超短脉冲经过一级光纤放大以及高非线性光纤拓宽光谱后得到 1000～1750nm 的超宽光谱，最终采用棱镜对精确补偿三阶色散，实现了 17fs 的脉冲输出。2015 年，波兰弗罗茨瓦夫理工大学 Sotor J 团队利用碳纳米管作为可饱和吸收体，在全保偏掺铒光纤激光器中通过调节光纤长度实现了重频高达 358. 6MHz、脉宽 240fs 的超短脉冲输出。2018 年，深圳大学阮双琛团队利用调制深度可控的碳纳米管（4. 5%～14. 5%），在掺铒光纤激光器中分别实现了调 Q、锁模，以及孤子分子等不同状态。2019 年，我们团队首次用反射光栅实现了基于单壁碳纳米管全正色散可调谐掺镱锁模光纤激光器。可调谐波长覆盖 1004～1059nm，整个调谐范围内光谱的半高宽为 1. 6nm。同年，上海大学刘奂奂等利用碳纳米管，实现了 L 波段波长可切换锁模光纤激光器。中心波长可以在 1572. 9nm 和 1596. 6nm 之间切换，脉宽均为 1. 8ps。

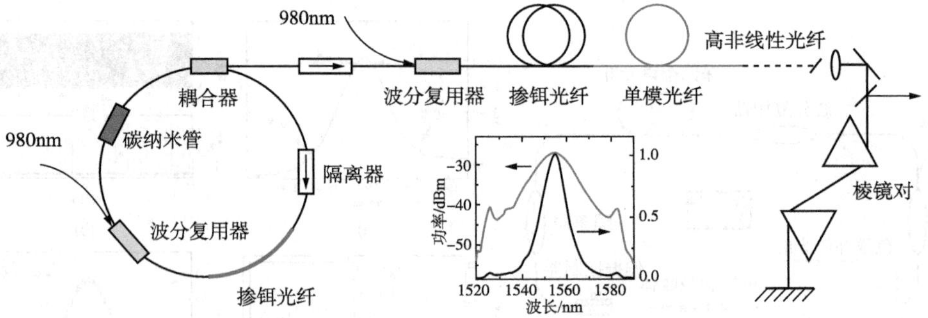

图 2-41　基于碳纳米管掺铒锁模光纤激光器

石墨烯以及碳纳米管可饱和吸收体是一个基本且有趣的问题，即其他类型的狄拉克材料是否也可以表现出饱和吸收？一种新兴的狄拉克材料：拓扑绝缘体在凝聚态物质中得到了深入的研究，与石墨烯相比，拓扑绝缘体不仅具有宽带可饱和吸收特性，还兼具高调制深度和高损伤阈值等特点，这表明拓扑绝缘体可以成为一种比较理想的可饱和吸收体。2012 年，拓扑绝缘体被证明在通信波段有饱和吸收特性。同年，湖南大学文双春团队首次利用 Bi_2Te_3 可饱和吸收体在掺铒锁模光纤激光器中实现了超短脉冲输出，其装置如图 2-42 所示。其中，Bi_2Te_3 可饱和吸收体具有非常高的调制深度(高达 95.3%)，激光器输出脉冲的中心波长为 1558.4nm，光谱带宽为 2.69nm，脉宽为 1.86ps。随后，Sb_2Te_3、Bi_2Se_3 等被相继应用于锁模光纤激光器。

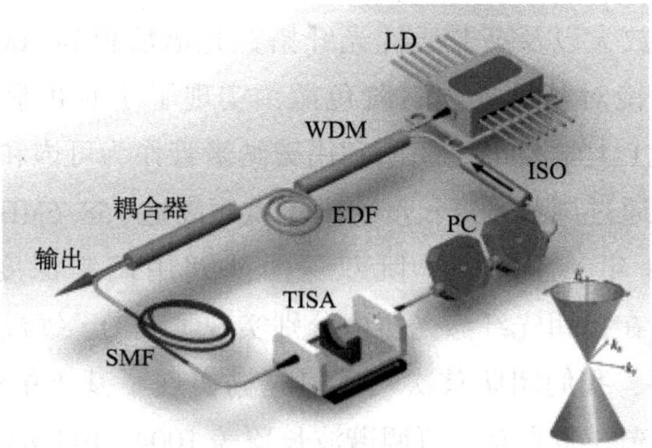

图 2-42　基于 Bi_2Te_3 掺铒锁模光纤激光器

TISA—拓扑绝缘体可饱和吸收体

除了石墨烯和拓扑绝缘体，过渡金属硫化物也是受到研究人员广泛关注的新型材料。这类材料具有较大的带隙可调性，其能带结构随层数的变化而发生改变，同样可通过改变层数厚度来实现。正因为这些优点，使得过渡金属硫化物可以作为性能优异的可饱和吸收体应用于被动锁模光纤激光器中。2014 年，新加坡国立大学 Loh K. P. 团队首次制作了一种新型的 MoS_2饱和吸收器件，该器件被成功运用到掺镱锁模光纤激光器中，并在实验上实现了中心波长 1054nm、脉冲宽度 800ps 的耗散孤子脉冲，实验装置如图 2-43 所示。该工作表明 MoS_2可饱和吸收体有在近红外波段作为锁模器件的潜力。

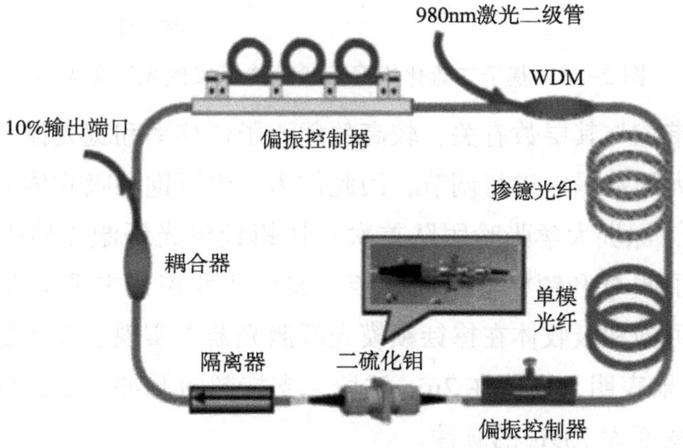

图 2-43　基于二硫化钼掺镱锁模光纤激光器

2017 年，麦肯锡长老会大学 Aiub 等将 MoS_2薄片沉积到聚乙烯醇和聚甲基丙烯酸甲酯的叠层上，然后直接转移到侧面抛光的 D 型光纤上耦合进谐振腔内，实验装置如图 2-44 所示，在掺铒光纤激光器中产生了脉冲宽度为 200fs 的超短脉冲。随后基于 WS_2、$MoSe_2$、WSe_2等材料用于被动锁模被相继报道。在过去两年中，二维过渡金属硫化物作为可饱和吸收体的研究已扩展到第 10 组元素，尤其是铂和钯过渡金属硫化物（PtS_2、$PtSe_2$、$PtTe_2$和 PdS_2）。2020 年，香港理工大学深圳研究院 Cheng P. K. 团队用新型的二维层状 $PdSe_2$材料作为掺铒锁模光纤激光器的可饱和吸收体，其中 $PdSe_2$的调制深度为 7.01%。激光脉冲产生阈值在 63.1mW 到最大泵浦功率 230.4mW，实现的脉冲持续时间为 766fs，对应的中心波长和光谱带宽分别为 1566nm 和 4.16nm。2022 年，湖南大学赵楚军团队利用 VSe_2纳米片可饱和吸收体，从掺铒锁模光纤激光器中获得了脉宽为 714fs、中心波长为 1565.8nm、3dB 带宽为 4.3nm、信噪比为 78.44dB 的传统孤子。

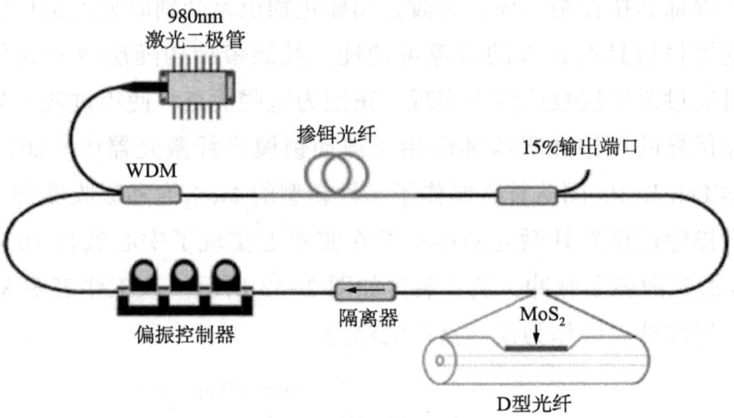

图 2-44　基于二硫化钼聚乙烯醇掺铒锁模光纤激光器

黑磷具有带隙与其层数有关、较高的载流子迁移率和宽光谱响应等优点，且带隙可以在较大的范围内进行调节，因此作为宽带可饱和吸收体应用于光纤激光器中。2015 年，深圳大学张晗团队首次在掺铒锁模光纤激光器中采用黑磷可饱和吸收体实现了调 Q 和锁模输出。同年，波兰弗罗茨瓦夫理工大学 Sotor J 团队首次利用黑磷可饱和吸收体在掺铥锁模光纤激光器中实现了超短脉冲输出，如图 2-45 所示。结果表明，黑磷在 2μm 波段，支持超短脉冲生成，输出中心波长为 1910nm、脉冲宽度为 739fs 的脉冲。

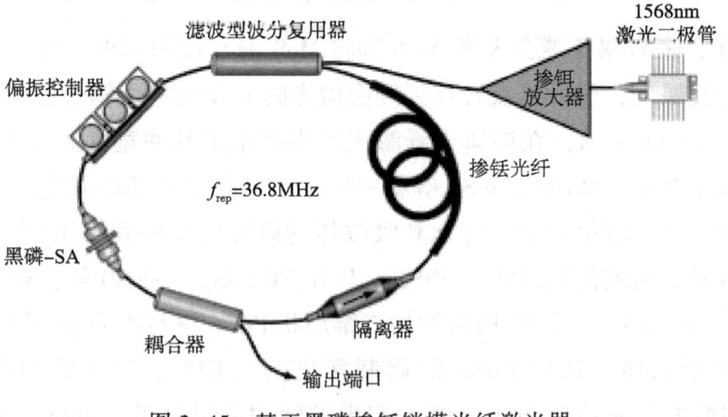

图 2-45　基于黑磷掺铥锁模光纤激光器

紧接着上海交通大学钱列加团队通过将机械剥离的黑磷转移到镀金反射镜上，成功地制备了中红外黑磷可饱和吸收镜，首次证明了输出波长为 2. 8μm 的中红外黑磷被动锁模光纤激光器的可行性，其最大平均输出功率为613mW，重复频率为24MHz，脉冲持续时间为42ps。除上述几种可饱和吸收体外，在最近的研究中发现MXene、钙钛矿、锑烯、铋烯等越来越多的新型材料可以被作为可饱和吸收体使用。2017年韩国首尔大学Jhon Y I团队在实验中证明Tl_3CN可以作为一种优良的锁模可饱和吸收体，并在光纤激光器中产生稳定的超短脉冲，获得重复频率为15.4MHz、中心波长为1557nm和脉冲宽度为660fs的激光脉冲。2020年，陕西师范大学李晓辉团队基于少层铋烯，提出了一种具有谐波锁模和双波长锁模共存的光纤激光器，实验装置如图2-46所示。结果表明，基于少层铋烯的超短脉冲激光可以应用于泵浦探针实验和可调谐太赫兹辐射产生。随后2021年深圳大学张晗团队运用Nb_2CMXene可饱和吸收体产生中心波长1882nm、重复频率为411MHz的69阶谐波锁模脉冲。

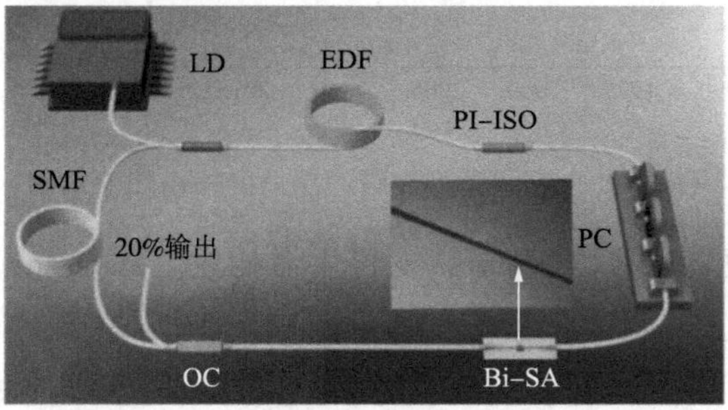

图2-46　基于铋烯掺铒锁模光纤激光器

Bi-SA—铋烯可饱和吸收体

二维材料具有宽光谱吸收和环境稳定性高等优点，其对于被动锁模光纤激光器的稳定输出有着重要的作用。因此，研究新型非线性吸收特性更佳的二维材料对促进被动锁模光纤激光器的发展有着一定的研究价值。此外，如何提高损伤阈值、降低制造成本以及延长二维材料作为可饱和吸收体的使用寿命也值得科研人员进一步探究。

2.2.6　Mamyshev光纤振荡器锁模技术

由于光纤中存在的非线性效应，即使通过控制光纤振荡器腔内色散和非线性产生的高能量脉冲在高泵浦功率下依然会发生分裂。为了获得与固态激光器性能指标可比拟的、更加稳定、更高的单脉冲能量和高峰值功率的超短脉冲输出，科研人员也不断努力提高光纤振荡器的峰值功率。图 2-47 所示为 1990~2020 年不同类型光纤振荡器的输出峰值功率，其中加入了成熟商用的掺钛蓝宝石振荡器输出峰值功率用于对比。可以看出，目前输出峰值功率最高的光纤振荡器为 Mamyshev 振荡器，其最高输出达到兆瓦量级，已经可以和商用的钛宝石固态激光器相比拟，Mamyshev 振荡器的提出极大地推动了高功率光纤振荡器的发展。

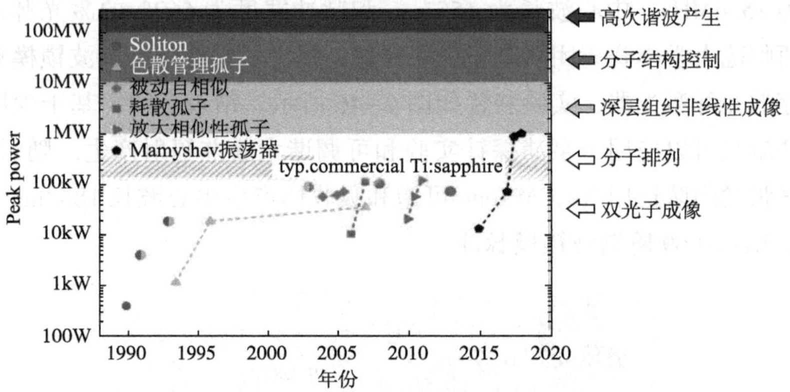

图 2-47　不同类型光纤振荡器的输出峰值功率

Mamyshev 振荡器主要由 Mamyshev 再生器构成。Mamyshev 再生器于 1998 年在欧洲光通信会议上由贝尔实验室的 Mamyshev 提出，主要内容是基于光信号在非线性介质中的自相位调制效应以及采用光谱滤波应用于数据信号全光再生。Mamyshev 再生器原理示意如图 2-48 所示。假设入射脉冲的光谱带宽为 $\Delta\omega_0 \sim 1/\tau$（$\tau$ 表示脉冲宽度），由于自相位调制效应的作用，入射脉冲经过展宽后其光谱带宽可由式(2-2)表示：

$$\Delta\omega_{SPM} = \Delta\omega_0 (2\pi/\lambda) n_2 I_P L \tag{2-2}$$

式中　I_P——脉冲强度；

n_2——非线性折射率；

λ——波长；

L——非线性介质（光纤）的长度。

当脉冲通过非线性介质后，它的中心频率 ω_f 会相对于入射信号载波频率有一定的偏移：

$$\omega_f = \omega_0 + \Delta\omega_{shift} \tag{2-3}$$

如果入射脉冲经过光纤后光谱展宽量太小，即：

$$\omega_{SPM}/2<\Delta\omega_{shift} \tag{2-4}$$

则脉冲无法通过滤波器，这种情况会发生在脉冲强度 I_P 非常小的时候。如果脉冲强度足够大以至于可满足：

$$\omega_{SPM}/2\geqslant\Delta\omega_{shift} \tag{2-5}$$

则受到自相位调制效应展宽的光谱会有部分通过滤波器。经过滤波后的脉冲其光谱带宽决定于滤波器的带宽 $\Delta\omega_f$，并且在时域上经过滤波的脉冲接近变换极限脉冲。通过改变滤波器的带宽进而可以改变输出脉冲宽度。特别地，若滤波带宽与入射脉冲谱宽相同，则输出脉冲宽度等于入射脉冲宽度。输出脉冲强度与非线性介质出射端经自相位调制展宽光谱的光谱强度成正比，$I_\omega\equiv dI/d\omega$。根据式(2-2)，可估算：

$$I_\omega\sim I_P/\Delta\omega_{SPM}=\lambda/(\Delta\omega_0 2\pi n_2 L) \tag{2-6}$$

从式(2-6)中可以看出，输出脉冲强度 I_ω 与入射脉冲强度无关，因此再生器的脉冲传递函数可用式(2-7)和式(2-8)来表示：

$$I_{out}=0,\ if\quad I_P<I_{CR} \tag{2-7}$$

$$I_{out}=c,\ if\quad I_P>I_{CR} \tag{2-8}$$

式中，临界脉冲强度 I_{CR} 由 $\Delta\omega_{SPM}(I_{CR})=\Delta\omega_{shift}$ 决定，则

$$I_{CR}=\frac{2\Delta\omega_{shift}}{\Delta\omega_0(2\pi/\lambda)n_2 L} \tag{2-9}$$

对于再生器而言，式(2-7)和式(2-8)是非常理想的传递函数，移除了噪声的同时振幅抖动也被抑制。

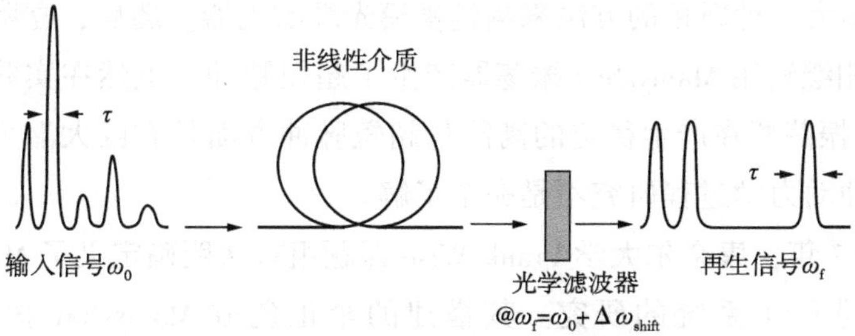

图 2-48　Mamyshev 再生器原理示意

通过串联两个 Mamyshev 再生器作为两臂即可构成 Mamyshev 振荡器，其典型结构如图 2-49 所示。每一个再生器都由一段增益、带通滤波器以及输出耦合器组成，为避免连续光起振，两个滤波器的中心波长有一定的偏移。当光脉冲通过

Mamyshev 振荡器其中一臂时，由于自相位调制左右导致光谱展宽。若脉冲强度较低，光谱展宽量不够，则无法通过下一臂中的滤波器而逐渐消失。若脉冲强度足够，则展宽的光谱足够覆盖两臂中滤波器的光谱缝隙，则可以通过下一臂中的滤波器继续在腔内循环不断放大和窄化。这个工作机制可等效为饱和吸收效应，通过两臂不对称的滤波器可以使得脉宽持续窄化实现锁模，最终得到稳定的超短脉冲输出。基于 Mamyshev 再生器的优势，Mamyshev 振荡器拥有极大的调制深度，可以很好地抑制噪声得到非常稳定的超短脉冲。

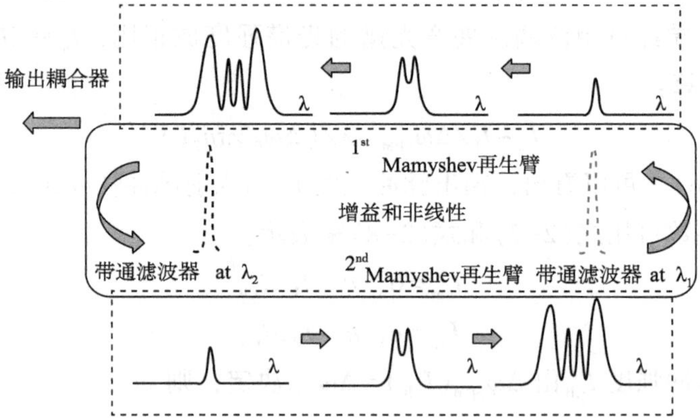

图 2-49　Mamyshev 振荡器原理示意

Mamyshev 再生器被广泛应用于光通信领域。2008 年，加拿大麦吉尔大学研究小组首次利用 Mamyshev 振荡器实现了脉冲源运转，并指出 Mamyshev 振荡器拥有很大潜力作为一种新颖的方法来构建锁模光纤激光器。随后，立陶宛研究小组和 IPG 公司相继利用 Mamyshev 振荡器产生了超短脉冲。虽然在实验上已经验证了 Mamyshev 振荡器在产生稳定的高能量超短脉冲方面具有巨大潜力，但是对其机制以及脉冲动力学过程研究不是完全了解。

直到 2017 年，康奈尔大学 Frank Wise 课题组首次明确定义了 Mamyshev 振荡器的概念并进行了系统的研究。其搭建的全正色散 Mamyshev 振荡器光路如图 2-50所示，用全保偏的掺镱光纤作为增益介质。利用反射式光纤光栅配合光纤准直器构成 4nm 带宽高斯型滤波器，两臂滤波器的反射波长分别为 1040nm 和 1030nm，不同于掺镱光纤增益谱峰值 1035nm。通过数值模拟，作者认为 Mamyshev 振荡器能产生无分裂的高能脉冲是由于突破了非线性效应的限制，通过有效管理腔内非线性产生了抛物线型脉冲，因而能容忍更大的非线性相移在腔内实现自相似放大。数值模拟结果显示，普通单模光纤构成的 Mamyshev 振荡器可支持峰值功率超过 10MW 的超短脉冲。实验中，得到了峰值功率 1MW、重频 17MHz、脉冲能量 50nJ、压缩后 40fs 的超短脉冲。相较用单模光纤构建的锁模光纤激光器，输出脉冲峰值功率提高了约一个量级。作者将这种优异性能输出归因于 Mamyshev 振荡器起到类阶梯型饱和吸收体的作用，极大的调制深度有利于 Mamyshev 振荡器产生高能量脉冲。

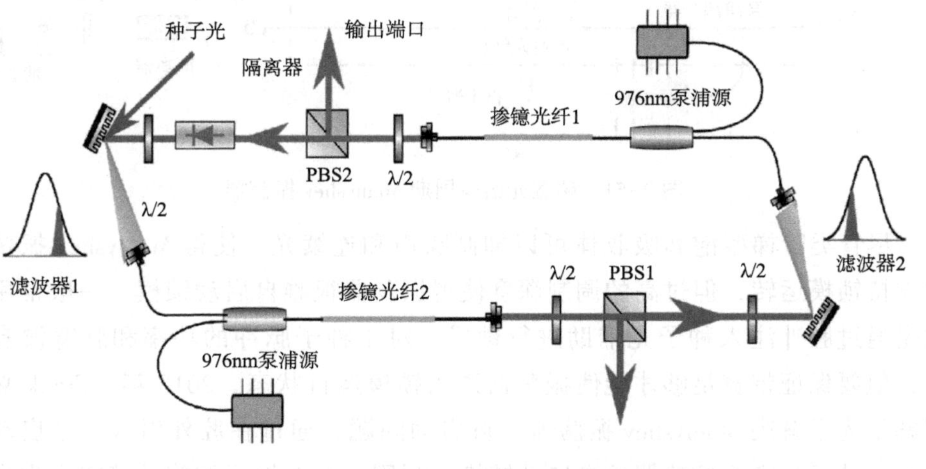

图 2-50　全正色散 Mamyshev 振荡器光路

Frank Wise 课题组的研究，展示了 Mamyshev 振荡器在产生高能量超短脉冲方面的巨大优势，掀起了对 Mamyshev 振荡器的研究热潮。各个课题组也在不断地探索和提升 Mamyshev 振荡器的输出性能，脉冲输出峰值功率也逐渐增加，从 1MW 到 1.15MW、3MW、5.6MW，直到目前世界最高纪录的 13MW。2019 年，天津大学胡明列课题组利用全保偏大模场光子晶体光纤作为增益介质，实现了平均输出功率 9W、脉冲能量超过 1μJ、压缩后脉宽 41fs、峰值功率 13MW 高能量超短脉冲输出，这是目前从锁模光纤振荡器中直接产生的最高脉冲能量和最大峰值功率。2020 年，吉林大学 Ma 等通过在腔内插入高非线性光子晶体光纤以及色散延迟线，成功得到了超宽光谱范围的少周期脉冲，实验装置如图 2-51 所示。-20dB的光谱宽度达到 400nm，最窄脉宽 17fs，这是目前直接从光纤振荡器产生的最宽光谱和最窄脉宽输出。数值模拟揭示，调节合适的增益系数，可以得到倍频程光谱输出(-20dB 带宽 632nm),可支持最窄一个光学周期(5fs)的脉冲产生。

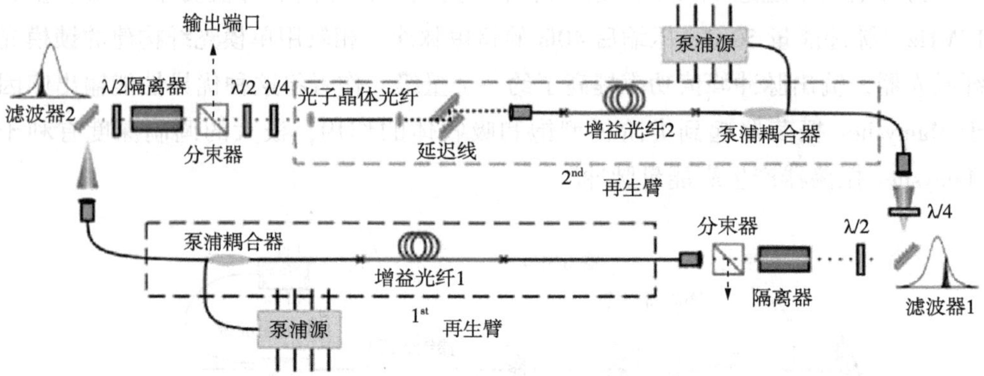

图 2-51 超宽光谱少周期 Mamyshev 振荡器

尽管类阶梯型饱和吸收体可以抑制噪声和连续光,使得 Mamyshev 振荡器仅支持锁模运转,但过高的调制深度使得振荡器很难自启动锁模。一般常用方法是通过腔外注入种子光辅助进行锁模,对于种子脉冲的功率和脉宽没有要求,但要保证带宽足够才能使振荡器进入锁模运行状态。2018 年,Frank Wise 课题组为了解决 Mamyshev 振荡器的自启动问题,通过在腔外引入一个启动臂来产生种子光实现振荡器的自启动锁模。利用一个电控可调旋转镜来产生噪声抖动,并利用一段非全保偏光纤和全保偏器件构成一个等效可饱和吸收体对噪声进行放大来产生种子脉冲启动锁模,最终得到了单脉冲能量 190nJ、脉宽 35fs、峰值功率 3MW 的输出。除了这种方式,在振荡器一臂内引入不同空间器件利用非线性偏振旋转锁模来产生种子光,同样也可以实现振荡器的自启动锁模。2022 年,Frank Wise 课题组提出了一种更为简洁的自启动全保偏光纤 Mamyshev 振荡器,其示意如图 2-52 所示。通过控制光谱滤波器参数(中心波长及带宽)实现泵浦调制来产生种子光,可实现单脉冲能量 80nJ、脉宽 45fs、峰值功率 1.5MW 的输出,比之前输出性能最好的全光纤自启动 Mamyshev 振荡器峰值功率高出 20 倍。

除在 1μm 波段对 Mamyshev 振荡器进行研究外,超快工作者也将其研究推广到其他波段。2019 年,Frank Wise 课题组首次在 1.5μm 波段实现了自启动的锁模 Mamyshev 振荡器,其示意如图 2-53 所示。该工作采用全保偏掺铒光纤作为增益，在最大泵浦功率下实现了脉宽 93fs、单脉冲能量 31.3nJ 的输出。2020 年，日本研究小组构建了一个全光纤线形 Mamyshev 振荡器，实现了脉冲能量 18nJ、脉宽 230fs 的 1550nm 高能超短脉冲输出。同年，加拿大研究小组利用全保偏掺铒光纤，进一步将全光纤线形 Mamyshev 振荡器输出脉冲能量提高到了 21.3nJ，压缩后脉宽最窄为 108fs。2022 年，南京大学研究小组通过控制腔内色散，得到了脉宽 72fs、单脉冲能量 6.2nJ、峰值功率 86kW 的超短脉冲输出，这是目前掺铒锁模 Mamyshev 振荡器中产生的最高峰值功率和最短脉宽输出。近几年，基于掺铥光纤 Mamyshev 振荡器的研究也有一定进展。2019 年，清华大学杨昌喜课题组对 2μm 波段 Mamyshev 振荡器进行了数值模拟，研究了耗散法拉第不稳定性的物理机制。2020 年，德国 Repgen P 课题组首次在实验上实现了锁模掺铥 Mamyshev 振荡器。图 2-54 所示为实验装置。该装置利用正色散光纤调节腔内色散，实现了重频 15MHz、单脉冲能量 3.55nJ、脉宽 208fs 的超短脉冲输出。

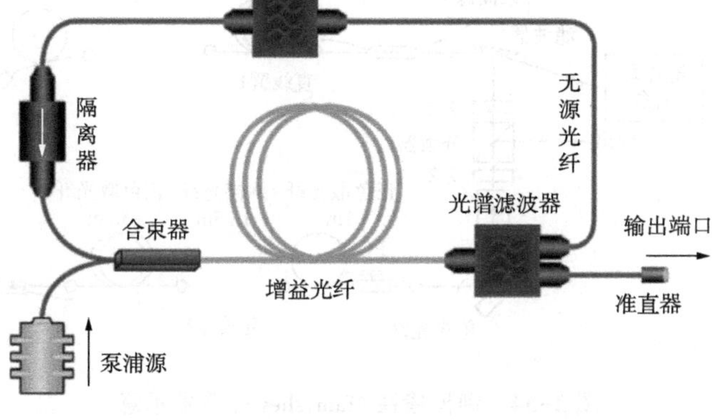

图 2-52　自启动全保偏光纤 Mamyshev 振荡器示意

Mamyshev 振荡器由于其在产生超短高能脉冲方面的巨大潜力，吸引了越来越多的科研工作者，其因结构简单，输出稳定性高，环境鲁棒性等特点，可作为传统钛宝石激光器的替代。Mamyshev 振荡器未来发展可进一步优化结构，产生相干，倍频程的高能脉冲用于产生相位稳定的频率梳；更进一步拓展 Mamyshev 振荡器的运行波段，提高输出脉冲能量和峰值功率；作为一个理想的研究平台，力争发现更多非线性现象。

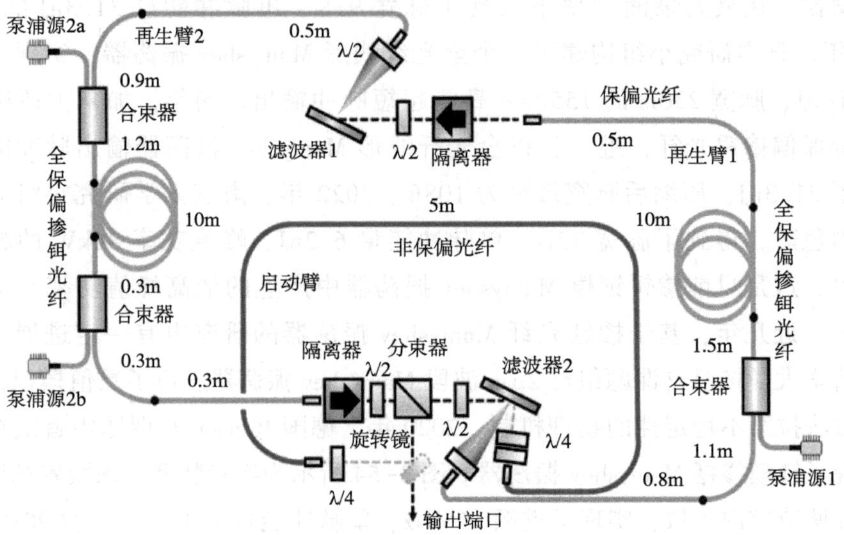

图 2-53　自启动的锁模 Mamyshev 振荡器示意

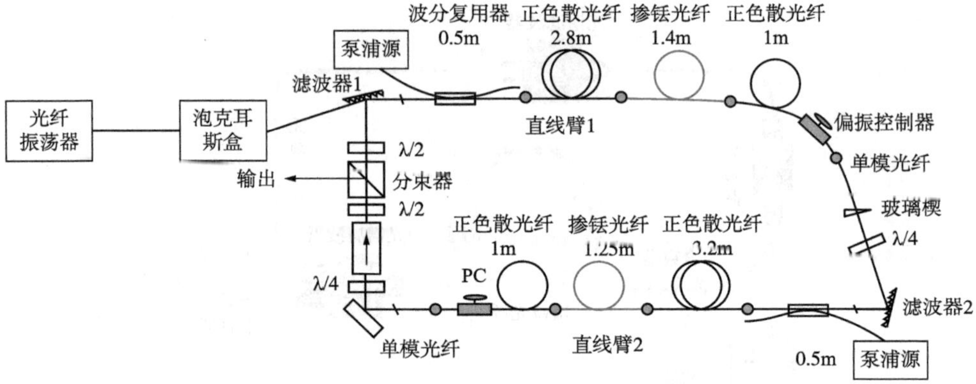

图 2-54　锁模掺铥 Mamyshev 振荡器示意

2.2.7　时空锁模技术

相较单模光纤，多模光纤中存在的复杂非线性效应对于研究人员而言是一个极大的挑战，导致其在超快光纤激光器研究中应用有限。一般而言，激光的模式可分为横模和纵模，锁模激光器主要原理是基于单一横模场的多纵模相位锁定，而对于同一激光器中的横模和纵模的相干叠加方面很少有研究。如果这些横模和纵模各自通过某种机制产生固定相位关系，则该种锁模可称为时空锁模。时空锁模近几年成为超快光纤激光器热门研究方向。

2017 年，康奈尔大学 Wright 等首次提出，利用多模光纤来构建激光器，可以实现多个横模和纵模同时锁定来产生超短脉冲，即时空锁模。在该工作中，Wright 等首先构建了理论模型，证明实现时空锁模主要利用了少模光纤(10μm 芯径，支持 3 种横模)以及折射率渐变多模光纤(支持 100 种横模)。少模光纤主要提供空间滤波并消除增益的相互作用，折射率渐变多模光纤使得腔内的模式色散降低，使其总量和色度色散在一个量级，这是实现时空锁模的关键。同时，这两种光纤通过错位熔接来激发不同的高阶横模。通过数值模拟指导，他们搭建了两种典型的时空锁模光纤激光器。第一个实验装置如图 2-55 所示，这是由空间器件和光纤构成的环形腔，其中利用非线性偏振旋转机制作为饱和吸收体。折射率渐变多模光纤和少模增益光纤错位熔接，利用空间滤波和频谱滤波来建立满足时空边界条件的三维稳态锁模脉冲。图 2-56 所示为模拟和实验观测到的时空锁模结果。第二个实验装置与第一个类似，仅仅是为了判断在存在横向增益相互作用时是否也能建立时空锁模，因此采用折射率渐变多模光纤作为增益，如图 2-57 所示。结果表明，在这种情况下依然可以实现稳定的时空锁模。

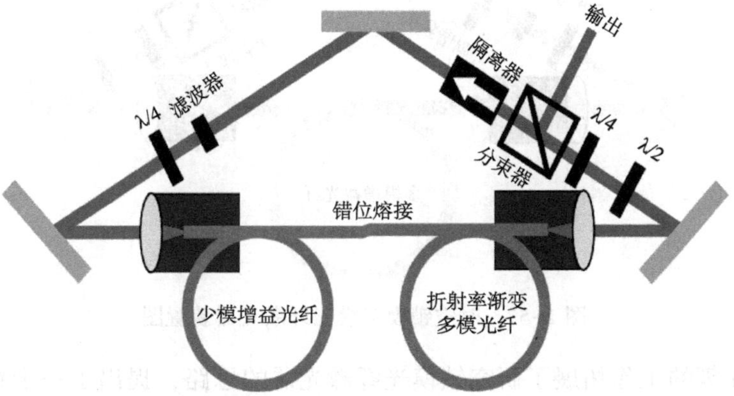

图 2-55　时空锁模光纤激光器装置

由于在腔内采用周期性空间和频谱滤波，同时考虑多模光纤腔内的色散，作者认为多模光纤中三维稳态脉冲形成类似于单模光纤中的一维耗散孤子和自相似孤子。在单模光纤激光器中，正色散和非线性相位调制会产生脉宽和带宽在腔内增加的啁啾脉冲，光谱滤波会抑制脉宽和带宽的增加使得啁啾脉冲满足激光器周期边界条件达到稳态。类似地，在多模光纤激光器中，空间和光谱滤波有利于建立满足时空周期边界条件的三维稳态脉冲。在多模光纤中，横模模式色散与色度色散量级接近，不同模式之间都是强耦合，这就保证了多种模式都可以实现锁定。

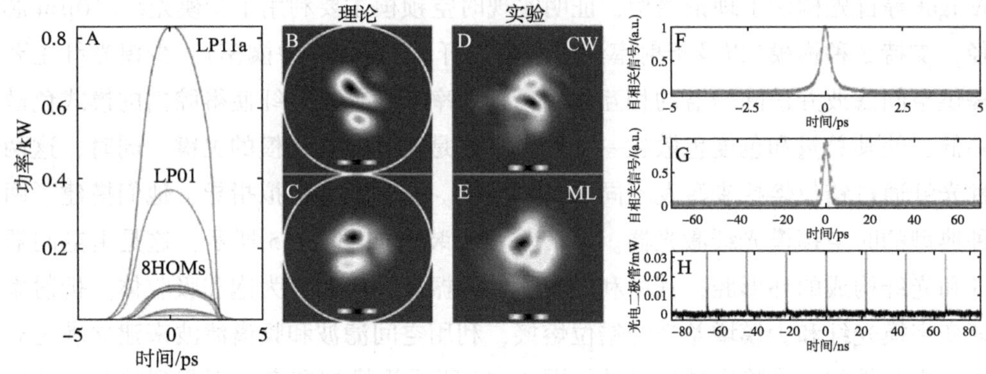

图 2-56　时空锁模特征曲线

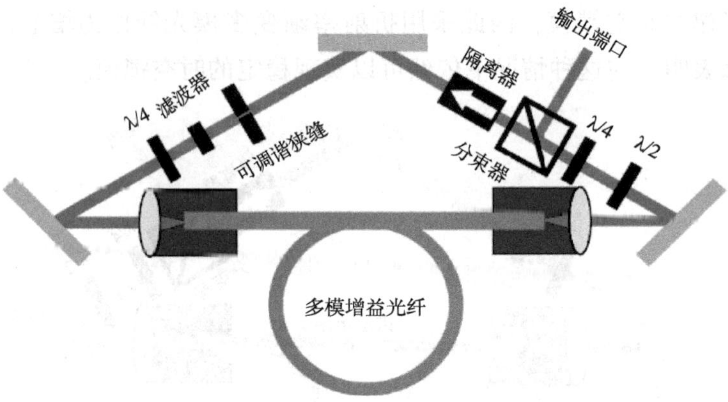

图 2-57　时空锁模多模光纤激光器装置图

Wright 等的工作拓展了研究锁模光纤激光器的思路，提出了一个新的研究方向。随后，一系列关于时空锁模光纤激光器的工作被相继报道，包括孤子分子时空锁模、自相似孤子时空锁模、多脉冲时空锁模、波长可调谐时空锁模、色散管理孤子锁模等。不仅如此，在全光纤结构的激光器中也实现了稳定的时空锁模。2020 年，瑞士 Tegin U 课题组首次证明了 1μm 全光纤多模时空锁模，实验装置和结果如图 2-58 所示。在该工作中谐振腔内包括 50μm 芯径的折射率渐变多模光纤、10μm 芯径的折射率阶跃多模光纤以及 10μm 芯径的掺镱光纤。最终得到了中心波长 1036nm、脉宽 6. 24ps、脉冲能量 0. 5nJ 的时空锁模脉冲输出，相较全正色散单模锁模激光器脉冲能量提高了 4 倍。2021 年，华南师范大学罗爱平课题组首次报道了全少模光纤时空锁模激光器。与多模光纤相比，少模光纤由于支持的横模数量更少更容易实现时空锁模，实验结果对于理解时空锁模的非线性特性有一定的参考意义。2022 年，长春理工大学 Jin 等实现了高功率全光纤时空锁模。在该工作中通过精确控制优化少模光纤中由多模干涉滤波造成的自成像效应，提高了折射率渐变多模光纤和少模光纤的耦合效率，进而提高了激光器的输出功率。实验得到了 215mW 的平均输出功率以及 6nJ 的脉冲能量，这是目前全光纤掺镱时空锁模激光器中脉冲能量和平均输出功率的最高纪录。

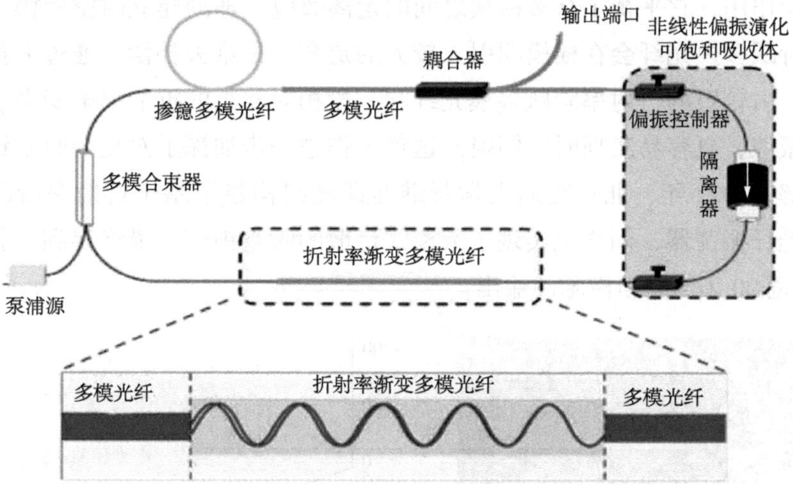

图 2-58　1μm 全光纤多模时空锁模激光器

除了 1μm 波段，其他波段也有时空锁模相关研究。2021 年，华南师范大学罗爱平课题组首次报道了 1. 55μm 可调谐时空锁模激光器。利用多模干涉滤波效应，仅通过调节 PC 即可实现中心波长 1557~1567nm 的连续可调。这项工作首次将时空锁模激光器的运行波长拓展到了 1. 5μm。2022 年，中国计量大学王兆坤课题组报道了 1. 5μm 部分多模光纤时空锁模激光器。增益介质为单模掺铒光纤，采用单模光纤-多模光纤-单模光纤结构作为可饱和吸收体同时提供空间滤波。最终得到了脉宽 687fs、重频 24. 75MHz 的多模传统孤子输出。值得一提的是，2022 年，厦门大学罗正钱课题组首次在可见光波段实现了中心波长 635nm 的时空锁模，最终得到了脉宽 9ps、脉冲能量 4nJ 的优良输出性能。

考虑之前的时空锁模激光器大多是使用折射率渐变多模光纤使腔内有较低的模式色散，由于较小的色散易于平衡，这是在这类激光器中实现时空锁模的关键。如果多模光纤拥有较大的模式色散，是否可以实现时空锁模？2021 年，清华大学杨昌喜课题组对这个问题进行了研究。通过数值模拟，构建了空间器件加光纤的环形腔，采用了拥有较大模式色散的折射率阶跃多模光纤作为增益，与一段无源折射率渐变多模光纤错位熔接。非线性偏振旋转机制作为可饱和吸收体，如图 2-59 所示。在该工作中，通过设置适当的参数，实验上可以观测到稳定的时空锁模，证实了在拥有大模式色散的腔型结构中也可以实现三维稳态脉冲产生。作者将这种时空锁模的建立归因于腔内饱和吸收体在补偿大的模式色散方面起到关键作用，它平衡了众多横模之间的走离效应，辅助建立时空锁模。较长的折射率阶跃多模光纤会在横模间引入较大的走离，很难去补偿。通过大量对比实验证明，由较短的折射率阶跃多模光纤和一段相对较长的折射率渐变多模光纤构成的谐振腔，更容易实现时空锁模。这项工作进一步加深了对复杂时空锁模动力学的理解。2022 年，北京交通大学彭继迎课题组构建了基于折射率阶跃多模光纤的全光纤振荡器，同样也实现了大模式色散的时空锁模，最终得到了脉冲能量 8nJ、脉宽 20. 1ps 的锁模脉冲输出。

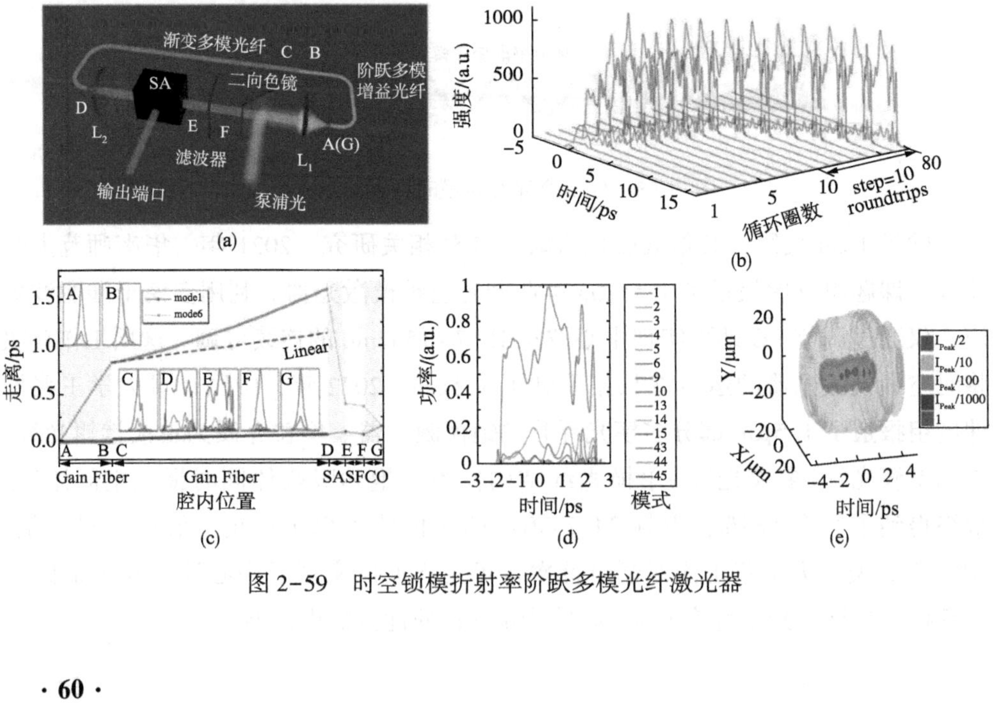

图 2-59　时空锁模折射率阶跃多模光纤激光器

基于多模光纤的时空锁模激光器的研究目前处于起步阶段，其中许多问题都亟待解决，但不可否认的是，这项技术拥有巨大的潜力和优势，和 Mamyshev 振荡器研究类似，都开辟了高能量超快光纤激光器的新方向，是未来超短脉冲光纤激光器领域的最前沿。

2.3 本章小结

本章介绍了超短脉冲的形成机制并分析了近几年基于不同可饱和吸收体的被动锁模技术，梳理了相关的研究进展和发展现状，包括非线性光纤环形镜、非线性偏振旋转、低维纳米材料饱和吸收体、非线性多模干涉，以及最近出现的 Mamyshev 振荡器和时空锁模等。非线性光纤环形镜响应时间短，损伤阈值高，稳定性好，但激光器存在难以自启动问题；非线性偏振旋转易于调谐，调制深度大，但环境抗干扰能力差，最近出现的基于保偏光纤的非线性偏振旋转可以提高激光器的稳定性；基于低维纳米材料的超短脉冲激光器结构简单、紧凑，但受限于材料本身的性质以及较低的损伤阈值，难以获得长期稳定的高能量脉冲；非线性多模干涉易于构成全光纤结构，光纤兼容性好，但增加了损耗，参数可调性差；Mamyshev 振荡器在产生高峰值功率方面有巨大的潜力，但过高的调制深度使激光器无法自启动，需要外部种子光辅助，目前已有相应的解决方法，但整体研究仍处于起步阶段；时空锁模能同时锁定横模与纵模，开辟了高能量超快光纤激光器的新方向，但目前的研究仍不够充分，有许多问题亟待解决，且输出性能还无法与其他锁模技术进行比较。上述被动锁模技术有各自的优缺点，不同技术的共同发展提高了超短脉冲光纤激光器的应用价值，拓宽了超短脉冲光纤激光器的应用领域，极大地推动了超快光纤光源实用化发展。

参 考 文 献

[1] TENG H, YUN C X, HE X K, et al. Observation of non-odd order harmonics by sub-2-cycle laser pulses[J]. Optics Express, 2011, 19(18): 17408-17412.

[2] ZHONG S Y, HE X K, PENG Y, et al. Effects of driving laser jitter on the attosecond streaking measurement[J]. Optics Express, 2013, 21(15): 17498-17504.

[3] ZHAN M J, YE P, TENG H. Generation and measurement of isolated 160-attosecond xuv laser pulses at 82eV[J]. Chinese Physics Letters, 2013, 30(9): 093201.

[4] 周胜鹏，刘爱华．探索亚原子世界的利器：阿秒光脉冲[J]．现代物理知识，2019(3)：50-55.

[5] 田来科，白晋涛，田东涛．激光原理[M]．西安：科学技术出版社，2004.

[6] XU Z W，L X，YANG L Y，et al. Passively Q-switched Yb-doped all-fiber ring laser based on SBS feedback[J]．Applied Optics，2017，56(17)：4971-4974.

[7] HARGROVE L E，FORK R L，POLLACK M A. Locking of He-Ne laser modes induced by synchronous intracavity modulation[J]．Applied Physics Letters，1964，5(1)：4-5.

[8] WANG R，DAI Y，YAN L，et al. Dissipative soliton in actively mode-locked fiber laser[J]．Optics Express，2012，20(6)：6406-6411.

[9] KELLER U. Recent developments in compact ultrafast lasers[J]．Nature，2003，424(6950)：831-838.

[10] MOCKER H W，COLLINS R J. Mode competition and self-locking effects in a q-switched ruby laser[J]．Applied Physics Letters，1965，7(10)：270-273.

[11] HAN J D，MALEK O，VLEUGELS J，et al. Ultrafast laser selective phase removal for surface modification of nanocomposite materials[J]．Optics Express，2021，29(16)：24834-24845.

[12] HE J R，SONG R，YANG W Q，et al. High-efficiency ultra-compact near-infrared supercontinuum generated in an ultrashort cavity configuration[J]．Optics Express，2021，29(12)：19140-19146.

[13] GATTASS R R，MAZUR E. Femtosecond laser micromachining in transparent materials[J]．Nature Photonics，2008，2(4)：219-225.

[14] KARVONEN L，SÄYNÄTJOKI A，MEHRAVAR S，et al. Investigation of second- and third-harmonic generation in few-layer gallium selenide by multiphoton microscopy[J]．Scientific Reports，2015，5：10334.

[15] WASHBURN B R. Phase-locked，erbium-fiber-laser-based frequency comb in the near infrared[J]．Optics Letters，2004，29(3)：250-252.

[16] HOFFMANN M C，YEH K L，HWANG H Y，et al. Fiber laser pumped high average power single-cycle terahertz pulse source[J]．Applied Physics Letters，2008，93(14)：141107.

[17] GUO Y X，LI X H，GUO P L，et al. Supercontinuum generation in an Er-doped figure-eight passively mode-locked fiber laser[J]．Optics Express，2018，26(8)：9893-9900.

[18] WU Y，POURBEYRAM H，CHRISTODOULIDES D，et al. Weak beam self-cleaning of femtosecond pulses in the anomalous dispersion regime[J]．Optics Letters，2021，46(13)：3312-3315.

[19] KELLER U. Ultrafast solid-state laser oscillators：a success story for the last 20 years with no

end in sight[J]. Applied Physics B, 2010, 100(1): 15-28.

[20] HAUS H A. Theory of mode locking with a fast saturable absorber[J]. Journal of Applied Physics, 1975, 46(7): 3049-3058.

[21] HAUS H. Theory of mode locking with a slow saturable absorber[J]. IEEE Journal of Quantum Electronics, 1975, 11(9): 736-746.

[22] IPPEN E P. Principles of passive mode locking[J]. Applied Physics B, 1994, 58(3): 159-170.

[23] 张志刚. 飞秒激光技术[M]. 北京：科学出版社，2011.

[24] KRAUSZ F, IVANOV M. Attosecond physics[J]. Reviews of Modern Physics, 2009, 81(1): 163-234.

[25] GATTASS R R, MAZUR E. Femtosecond laser micromachining in transparent materials[J]. Nature Photonics, 2008, 2: 219-225.

[26] LEE J, KIM Y J, LEE K, et al. Time-of-flight measurement with femtosecond light pulses [J]. Nature Photonics, 2010, 4: 716-720.

[27] FU W, WRIGHT L G, SIDORENKO P, et al. Several new directions for ultrafast fiber Lasers [J]. Optics Express, 2018, 26(8): 9432-9463.

[28] KELLER U. Recent developments in compact ultrafast lasers[J]. Nature, 2003, 424(6950): 831-838.

[29] WOODWARD R I. Dispersion engineering of mode-locked fiber lasers[J]. Journal of Optics, 2018, 20: 033002.

[30] SONG Y Q, JIA X Z, LIN Q M, et al. Tunable all-normal-dispersion femtosecond Yb: fiber laser with biased nonlinear amplifying loop mirror[J]. Applied Physics Express, 2021, 14: 102002.

[31] LIN Q M, HOU L, HE X, et al. Observation of 115 GHz high-order harmonic noise-like pulse in Er/Yb-doped fiber laser[J]. Laser Physics Letters, 2017, 14: 075102.

[32] LIN Q M, YAN L, SONG Y Q, et al. Switchable single- and dual-wavelength femtosecond mode-locked Er-doped fiber laser based on carboxyl-functionalized graphene oxide saturable absorber[J]. Chinese Optics Letters, 2021, 19(11): 111405.

[33] GUO B, WANG S H, WU Z X, et al. Sub-200 fs soliton mode-locked fiber laser based on bismuthene saturable absorber[J]. Optics Express, 2018, 26(18): 22750-22760.

[34] ZHOU Y, LIN W, CHENG H H, et al. Composite filtering effect in a SESAM mode-locked fiber laser with a 3. 2-GHz fundamental repetition rate: switchable states from single soliton to pulse bunch: erratum[J]. Optics Express, 2018, 26(8): 10842-10857.

[35] THULASI S, SIVABALAN S. All-Fiber Femtosecond mode-locked yb-laser with few-mode fiber as a saturable absorber [J]. IEEE Photonics Technology Letters, 2021, 33 (5): 223-226.

[36] PIZZURRO S, GOTTI R, CARRA L, et al. Femtosecond mamyshev fiber oscillator started by a passively Q-switched microchip laser[J]. Optics Letters, 2022, 47(8): 1960-1963.

[37] LONG J A, GAO Y X, LIN W, et al. Switchable and spacing tunable dual-wavelength spatiotemporal mode-locked fiber laser[J]. Optics Letters, 2021, 46(3): 588-591.

[38] YAN D, LI X L, ZHANG S M, et al. L-band wavelength-tunable dissipative soliton fiber laser [J]. Optics Express, 2016, 24(2): 739-748.

[39] MATSAS V J, NEWSON T P, RICHAEDSON D J, et al. Selfstarting passively mode-locked fibre ring soliton laser exploiting nonlinear polarisation rotation[J]. Electronics Letters, 1992, 28(15): 1391-1393.

[40] OKTEM B, ULGUDUR C, IIDAY F. Soliton-similariton fibre laser[J]. Nature Photonics, 2010, 33(4): 307-311.

[41] MA D, CAI Y, ZHOU C, et al. 37.4 fs pulse generation in an Er: fiber laser at a 225 MHz repetition rate[J]. Optics Letters, 2010, 35(17): 2858-2860.

[42] KREZEMPEK K, SOBON G, KACZMAREK P, et al. A sub-100 fs stretched-pulse 205 MHz repetition rate passively mode-locked Er-doped all-fiber laser[J]. Laser Physics Letters, 2013, 10: 105103.

[43] LI X, ZOU W W, CHEN J P. Passive harmonic hybrid mode-locked fiber laser with extremely broad spectrum[J]. Optics Express, 2015, 23(16): 21424-21433.

[44] HE W B, PANG M, MENYUK C R, et al. Sub-100-fs 1.87 GHz mode-locked fiber laser using stretched-soliton effects[J]. Optica, 2016, 3(12): 1366-1372.

[45] XUN R Q, SONG Y R, DONG Z K, et al. Compact Yb-doped mode-locked fiber laser with only one polarized beam splitter[J]. Applied Optics, 2017, 56(6): 1674-1681.

[46] SHANG X X, GUO L G, GAO J J, et al. 170mW-level mode-locked Er-doped fiber laser oscillator based on nonlinear polarization rotation[J]. Applied Physics B, 2019, 125: 193.

[47] ZHAO Z H, JIN L, SET S Y, et al. Broadband similariton generation in a mode-locked Yb-doped fiber laser[J]. Optics Letters, 2022, 47(9): 2238-2241.

[48] LUO S Y, GU H, TANG X, et al. High-power yellow DSR pulses generated from a mode-locked Dy: ZBLAN fiber laser[J]. Optics Letters, 2022, 47(5): 1157-1160.

[49] FERMANN M E, ANDREJCO M J, SILBERBERG Y, et al. Passive mode locking by using nonlinear polarization evolution in a polarization-maintaining erbium-doped fiber[J]. Optics

Letters, 1993, 18(11): 894-896.

[50] WANG Y Z, ZHANG L Q, ZHUO Z, et al. Cross-splicing method for compensating fiber birefringence in polarization-maintaining fiber ring laser mode locked by nonlinear polarization evolution[J]. Applied Optics, 2016, 55(21): 5766-5770.

[51] SZCZEPANEK J, KARDAS T M, RADZEWICZA C, et al. Ultrafast laser mode-locked using nonlinear polarization evolution in polarization maintaining fibers[J]. Optics Letters, 2017, 42(3): 575-578.

[52] ZHANG W C, LIU Y, WANG C, et al. Ultrafast PM fiber ring laser mode-locked by nonlinear polarization evolution with short NPR section segments[J]. Optics Express, 2018, 26(7): 7934-7941.

[53] HELLWIG T, WALBAUM T, GRO P, et al. Automated characterization and alignment of passively mode-locked fiber lasers based on nonlinear polarization rotation[J]. Applied Physics B, 2010, 101(3): 565-570.

[54] SHEN X L, LI W X, YAN M, et al. Electronic control of nonlinear-polarization-rotation mode locking in Yb-doped fiber lasers[J]. Optics Letters, 2012, 37(16): 3426-3428.

[55] LI S, XU J, CHEN G L, et al. An automatic mode-locked system for passively mode-locked fiber laser[C]. International Conference on Optical Instruments and Technology: Optoelectronic Devices and Optical Signal Processing. CA, USA: SPIE, 2013, 9043: 282-288.

[56] BRUNTON S L, FU X, KUTZ J N. Extremum-seeking control of a mode-locked laser[J]. IEEE Journal of Quantum Electronics, 2013, 49(10): 852-861.

[57] FU X, BRUNTON S L, KUTZ J N. Classification of birefringence in mode-locked fiber lasers using machine learning and sparse representation [J]. Optics Express, 2014, 22(7): 8585-8597.

[58] BRUNTON S L, FU X, KUTZ J N. Self-tuning fiber lasers[J]. IEEE Journal of Selected Topics in Quantum Electronics, 2014, 20(5): 464-471.

[59] BAUMEISTER T, BRUNTON S L, KUTZ J N. Deep learning and model predictive control for self-tuning mode-locked lasers[J]. Journal of the Optical Society of America B, 2018, 35(3): 617-626.

[60] FU X, KUTZ J N. High-energy mode-locked fiber lasers using multiple transmission filters and a genetic algorithm[J]. Optics Express, 2013, 21(5): 6526-6537.

[61] ANDRAL U, SI FODIL R, AMRANI F, et al. Fiber laser mode locked through an evolutionary algorithm[J]. Optica, 2015, 2(4): 275-278.

[62] ANDRAL U, BUGUET J, SI FODIL R, et al. Toward an autosetting mode-locked fiber laser

cavity[J]. Journal of the Optical Society of America B, 2016, 33(5): 825-833.

[63] WOODWARD R I, KELLEHER E J R. Towards"smart lasers": self-optimisation of an ultrafast pulse source using a genetic algorithm[J]. Scientific Reports, 2016, 6: 37616.

[64] WOODWARD R I, KELLEHER E J R. Genetic algorithm-based control of birefringent filtering for self-tuning, self-pulsing fiber lasers[J]. Optics Letters, 2017, 42(15): 2952-2955.

[65] WINTERS D G, KIRCHNER M S, BACKUS S J, et al. Electronic initiation and optimization of nonlinear polarization evolution mode-locking in a fiber laser[J]. Optics Express, 2017, 25(26): 33216-33225.

[66] RYSER M, BACHE R C, LATT C, et al. Self-optimizing additive pulse mode-locked fiber laser: wavelength tuning and selective operation in continuous-wave or mode-locked regime[C]//Fiber Lasers XV: Technology and Systems. International Society for Optics and Photonics. CA, USA: SPIE, 2018.

[67] PU G Q, YI L L, ZHANG L, et al. Intelligent programmable mode-locked fiber laser with a human-like algorithm[J]. Optica, 2019, 6(3): 362-369.

[68] PU G Q, YI L L, ZHANG L, et al. Genetic algorithm-based fast real-time automatic mode-locked fiber laser[J]. IEEE Photonics Technology Letters, 2020, 32(1): 7-10.

[69] ZHONG J Q, PAN W W, ZHANG L, et al. Research progress on nonlinear loop mirror mode-locked fiber lasers[J]. Chinese Journal of Lasers, 2019, 46(5): 0508013.

[70] DORAN N J, WOOD D. Nonlinear-optical loop mirror[J]. Optics Letters, 1988, 13(1): 56-58.

[71] DULING Ⅲ I N. All-fiber ring soliton laser mode locked with a nonlinear mirror[J]. Optics Letters, 1991, 16(8): 539-541.

[72] ZHAO W, MA H Q, ZHANG W, et al. Environmentally stable ytterbium figure-of-eight fiber laser producing 177-fs pulses[J]. Optics Communications, 2007, 273, 242-245.

[73] IBARRA-ESCAMILLA B, POTTIEZ O, KUZIN E A, et al. Experimental investigation of self-starting operation in a F8L based on a symmetrical NOLM[J]. Optics Communications, 2008, 281, 1226-1232.

[74] LI J F, ZHANG Z X, SUN Z Y, et al. All-fiber passively mode-locked Tm-doped NOLM-based oscillator operating at 2-μm in both soliton and noisy-pulse regimes[J]. Optics Express, 2014, 22(7): 7875-7882.

[75] ZHAN G K, CHEN H J, LIU H Z, et al. Coexistence of rectangular and Gaussian-shape noise-like pulses in a figure-eight fiber laser[J]. Optics Express, 2018, 26(14): 17804-17813.

[76] OU S M, LIU G Y, QIU D L, et al. All-polarization-maintaining, all-normal dispersion mode-locked fiber laser with spectral filtering in a nonlinear optical loop mirror[J]. Optics Express, 2020, 28(16): 23670-23678.

[77] AGUERGARAY C, BRODERICK N G R, ERKINTALO M, et al. Mode-locked femtosecond all-normal all-PM Yb-doped fiber laser using a nonlinear amplifying loop mirror[J]. Optics Express, 2012, 20(10): 10545-10551.

[78] ERKINTALO M, AGUERGARAY C, RUNGE A, et al. Environmentally stable all-PM all-fiber giant chirp oscillator[J]. Optics Express, 2012, 20(20): 22669-22674.

[79] ZHOU X K, SONG Y J, LIAO R Y, et al. Research on modified nonlinear amplifying loop mirror mode-locked lasers[J]. Chinese Journal of Lasers, 2015, 42(12): 120200.

[80] JIANG T X, CUI Y F, LU P, et al. All PM fiber laser mode locked with a compact phase biased amplifier loop mirror[J]. IEEE Photonics Technology Letters, 2016, 28(16): 1786-1789.

[81] LIU G Y, JIANG X H, WANG A M, et al. Robust 700MHz mode-locked Yb: fiber laser with a biased nonlinear amplifying loop mirror[J]. Optics Express, 2018, 26(20): 26003-26009.

[82] NISHIZAWA N, SUGA H, YAMANAKA M. Investigation of dispersion-managed, polarization-maintaining Er-doped figure-nine ultrashort-pulse fiber laser[J]. Optics Express, 2019, 27(14): 19218-19232.

[83] ZOU J H, DONG C C, WANG H J, et al. Towards visible-wavelength passively mode-locked lasers in all-fibre format[J]. Light: Science & Applications, 2020, 9: 61.

[84] GAO K, LIU Y Z, QIAO W C, et al. Wavelength-tunable 1104nm nonlinear amplifier loop mirror laser based on a polarization-maintaining double-cladding fiber[J]. Optics Letters, 2022, 47(1): 5-8.

[85] NAZEMOSADAT E, MAFI A. Nonlinear multimodal interference and saturable absorption using a short graded-index multimode optical fiber[J]. Journal of the Optical Society of America B, 2013, 30(5): 1357-1367.

[86] FU S J, SHENG Q, ZHU X S, et al. Passive Q-switching of an all-fiber laser induced by the Kerr effect of multimode interference[J]. Optics Express, 2015, 23(13): 17255-17262.

[87] JUNG M, SONG W, LEE Y L, et al. A passively mode locked thulium doped fiber laser using bismuth telluride deposited multimode interference[J]. Laser Physics Letters, 2016, 13: 055103.

[88] WANG Z K, WANG D N, YANG F, et al. Er-doped mode-locked fiber laser with a hybrid

structure of a step-index-graded-index multimode fiber as the saturable absorber[J]. Journal of Lightwave Technology, 2017, 35(24): 5280-5285.

[89] LI H H, WANG Z K, LI C, et al. Mode-locked Tm fiber laser using SMF-SIMF-GIMF-SMF fiber structure as a saturable Absorber[J]. Optics Express, 2017, 25(22): 26546-26553.

[90] YANG F, WANG D N, WANG Z K, et al. Saturable absorber based on a single mode fiber - graded index fiber - single mode fiber structure with inner micro-cavity[J]. Optics Express, 2018, 26(2): 927-934.

[91] WANG Z K, WANG D N, YANG F, et al. Stretched graded-index multimode optical fiber as a saturable absorber for erbium-doped fiber laser mode locking[J]. Optics Letters, 2018, 43(9): 2078-2081.

[92] WANG Z K, LI L J, WANG D N, et al. Generation of pulse-width controllable dissipative solitons and bound solitons by using an all fiber saturable absorber[J]. Optics Letters, 2019, 44(3): 570-573.

[93] DONG Z P, LIN J Q, LI H X, et al. Er-doped mode-locked fiber lasers based on nonlinear polarization rotation and nonlinear multimode interference[J]. Optics and Laser Technology, 2020, 130: 106337.

[94] LIN J Q, DONG Z P, DONG T H, et al. Wavelength switchable all-fiber mode-locked laser based on nonlinear multimode interference[J]. Optics and Laser Technology, 2021, 141: 107093.

[95] WANG R T, JIN L, WANG J Z, et al. Harmonic mode-locked fiber laser based on microfiber-assisted nonlinear multimode interference[J]. Chinese Optics Letters, 2022, 20(1): 010601.

[96] GUO B, XIAO Q L, WANG S H, et al. 2D layered materials: synthesis, nonlinear optical properties, and device applications[J]. Laser & Photonics Review, 2019, 13(12): 1800327.

[97] ZHANG B T, LIU J, WANG C, et al. Recent progress in 2d material-based saturable absorbers for all solid-state pulsed bulk lasers[J]. Laser & photonics reviews, 2020, 14(2): 1900240.

[98] SET S Y, YAGUCHI H, TANAKA Y, et al. Laser mode locking using a saturable absorber incorporating carbon nanotubes[J]. Journal of Lightwave Technology, 2004, 22(1): 51-56.

[99] SET S Y, YAGUCHI H, TANAKA Y, et al. Mode-locked fiber lasers based on a saturable absorber incorporating carbon nanotubes[C]. Optical Fiber Communication Conference. Atlanta, Georgia: Optical Society of America, 2003, paper PD44.

[100] NOVOSELOV K S, GEIM A K, MOROZOV S V, et al. Electric field effect in atomically thin carbon films[J]. Science, 2004, 306(5696): 666-669.

[101] BAO Q L, ZHANG H, WANG Y, et al. Atomic layer graphene as saturable absorber for ultrafast pulsed lasers[J]. Advanced Functional Materials, 2009, 19(19): 3077-3083.

[102] ZHANG H, TANG D Y, KNIZE R J, et al. Graphene mode locked, wavelength-tunable, dissipative soliton fiber laser[J]. Applied Physics Letters, 2010, 96(11): 111112.

[103] POPA D, SUN Z, HASAN T, et al. Sub 200 fs pulse generation from agraphene mode-locked fiber laser[J]. Applied Physics Letters, 2010, 97: 203106.

[104] SOTOR J, IWONA P, KRAJEWSKA A, et al. Sub-90 fs a stretched-pulse mode-locked fiber laser based on a graphene saturable absorber[J]. Optics Express, 2015, 23(21): 27503-27508.

[105] FU B, LI J, CAO Z, et al. Bound states of solitons in a harmonic graphene-mode-locked fiber laser[J]. Photonics Research, 2019, 7(2): 116-120.

[106] AHMAD H, SOLTANI S, THAMBIRATNAM K, et al. Highly stable mode-locked fiber laser with graphene oxide-coated side-polished D-shaped fiber saturable absorber[J]. Optical Engineering, 2018, 57(5): 056110.

[107] LIU Z B, HE X Y, WANG D N. Passively mode-locked fiber laser based on a hollow-core photonic crystal fiber filled with few-layered graphene oxide solution[J]. Optics Letters, 2011, 36(16): 3024-3026.

[108] SOBON G, SOTOR J, JAGIELLO J, et al. Graphene oxide vs. reduced graphene oxide as saturable absorbers for er-doped passively mode-locked fiber laser[J]. Optics Express, 2012, 20(17): 19463-19473.

[109] XU J, LIU S D, YANG Q H, et al. Graphene oxide mode-locked femtosecond erbium-doped fiber lasers[J]. Optics Express, 2012, 20(14): 15474-15480.

[110] XU J, WU S D, LIU J, et al. Dissipative soliton generation from a graphene oxide mode-locked Er-doped fiber laser[J]. Optics Express, 2012, 20(21): 23653-23658.

[111] NG E K, LAU K Y, LEE H K, et al. L-band femtosecond fiber laser based on a reduced graphene oxide polymer composite saturable absorber[J]. Optical Materials Express, 2021, 11(1): 59-72.

[112] LIN Q M, YAN L, SONG Y Q, et al. Switchable single-and dual-wavelength femtosecond mode-locked Er-doped fiber laser based on carboxyl-functionalized graphene oxide saturable absorber[J]. Chinese Optics Letters, 2021, 19(11): 111405.

[113] TAO J N, FANG Y, SONG Y Q, et al. Sideband-free tunable and switchable dual-wavelength mode-locked fiber laser based on the Lyot filter and spontaneous radiation peaks[J]. Optics Express, 2022, 30(10): 17465-17475.

[114] SET S Y, YAGUCHI H, TANAKA Y, et al. Mode-locked Fiber Lasers based on a Saturable Absorber Incorporating Carbon Nanotubes [C]//Optical Fiber Communication Conference. Atlanta, Georgia: Optical Society of America, 2003, paper PD44.

[115] KIEU K, JONES J R, PEYGHAMBRIAN N. Generation of sub-20fs pulses from an all-fiber carbon nanotube mode-locked laser system [C]//in Conference on Lasers and Electro-Optics. San Jose, California: Optical Society of America, 2010, paper CTuII2.

[116] SOTOR J, SOBON G, JAGIELLO J, et al. Repetition frequency scaling of an all-polarization maintaining erbium-doped mode-locked fiber laser based on carbon nanotubes saturable absorber[J]. Journal of Applied Physics, 2015, 117: 133103.

[117] XU X T, RUANS C, ZHAI J P, et al. Facile active control of a pulsed erbium-doped fiber laser using modulation depth tunable carbon nanotubes [J]. Photonics Research, 2018, 6 (11): 996-1002.

[118] GUO H Y, HOU L, WANG Y G, et al. Tunable ytterbium-doped mode-locked fiber laser based on single-walled carbon nanotubes[J]. IEEE Journal of Lightwave Technology, 2019, 37(10): 2370-2374.

[119] 刘奂奂，蒋巧，宋伟，等. L 波段可切换双波长被动锁模光纤激光器[J]. 中国激光，2019，46(7)：45-52.

[120] BERNARD F, ZHANG H, GORZA S P. in Nonlinear Photonics, OSA Technical Digest, Colorado, Optical Society of America, 2012, Paper NTh1A.5

[121] ZHAO C J, ZHANG H, XIANG Q, et al. Ultra-short pulse generation by a topological insulator based saturable absorber[J]. Applied Physics Letters, 2012, 101(21): 211106.

[122] LI K X, SONG Y R, YU Z H, et al. L-band femtosecond fibre laser based on Bi_2Se_3 topological insulator[J]. Laser Physics Letters, 2015, 12: 105103.

[123] BOGUSLAWSKI J, SOBON G, ZYBALA R, et al. Investigation on pulse shaping in fiber laser hybrid mode locked by Sb_2Te_3 saturable absorber [J]. Optics Express, 2015, 23 (22): 29014-29023.

[124] SOTOR J, SOBON G, MACHERZYNSKI W, et al. Mode-locking in Er-doped fiber laser based on mechanically exfoliated Sb_2Te_3 saturable Absorber [J]. Optics Materials Express, 2013, 4(1): 1-6.

[125] SOTOR J, SOBON G, ABRAMSKI K M. Harmonically mode-locked Er-doped fiber laser based on a Sb_2Te_3 topological insulator saturable absorber[J]. Laser Physics Letters, 2014, 11: 055102.

[126] SOTOR J, SOBON G, ABRAMSKI K M. Sub-130 fs mode-locked Er-doped fiber laser based

on topological insulator[J]. Optics Express, 2014, 22(11): 13244-13249.

[127] LIU M, ZHAO N, LIU H, et al. Dual-wavelength harmonically mode-locked fiber laser with topological insulator saturable absorber[J]. IEEE Photonics Technology Letters, 2014, 26(10): 983-986.

[128] LIN Y H, YANG C Y, LIN F S, et al. Soliton compression of the erbium-doped fiber laser weakly started mode-locking by nanoscale p-type Bi_2Te_3 topological insulator particles[J]. Laser Physics Letters, 2014, 11: 055107.

[129] ZHAO C J, ZOU Y H, CHENG Y, et al. Wavelength-tunable picosecond soliton fiber laser with Topological Insulator: Bi_2Se_3 as a mode locker[J]. Optics Express, 2012, 20(25): 27888-27895.

[130] ZHANG H, LU S B, ZHENG J, et al. Molybdenum disulfide(MoS_2) as a broadband saturable absorber for ultra-fast photonics[J]. Optics Express, 2014, 22(6): 7249-7260.

[131] AIUB E J, STEINBERG D, DE SOUZA T, et al. 200-fs mode-locked Erbium-doped fiber laserby using mechanically exfoliated MoS_2 saturable absorber onto D-shaped optical fiber[J]. Optics Express, 2017, 25(9): 10546-10552.

[132] CHENG P K, TANG C Y, AHMED S, et al. Utilization of group 10 2D TMDs-$PdSe_2$ as a nonlinear optical material for obtaining switchable laser pulse generation modes[J]. Nanotechnology, 2020, 32(5): 055201.

[133] LI N, HUANG J, DU L, et al. Highly stable soliton and bound soliton generation from a fiber laser mode-locked by VSe_2 nanosheets[J]. Optics Express, 2022, 30(5): 6838-6845.

[134] CHEN Y, JIANG G, CHEN S, et al. Mechanically exfoliated black phosphorus as a new saturable absorber for both Q-switching and mode-locking laser operation[J]. Optics express, 2015, 23(10): 12823-12833.

[135] SOTOR J, SOBON G, KOWALCZYK M, et al. Ultrafast thulium-doped fiber laser mode locked with black phosphorus[J]. Optics letters, 2015, 40(16): 3885-3888.

[136] QIN Z, XIE G, ZHAO C, et al. Mid-infrared mode-locked pulse generation with multilayer black phosphorus as saturable absorber[J]. Optics Letters, 2016, 41(1): 56-59.

[137] JHON Y I, KOO J, ANASORI B, et al. Metallic MXene saturable absorber for femtosecond mode-locked lasers[J]. Advanced Materials, 2017, 29(40): 1702496.

[138] GUO P L, LI X H, FENG T C, et al. Few-layer bismuthene for coexistence of harmonic and dual wavelength in a mode-locked fiber laser[J]. ACS Applied Materials & Interfaces, 2020, 12(28): 31757-31763.

[139] GAO L, MA C, WEI S, et al. Applications of few-layer Nb_2C MXene: narrow-band

photodetectors and femtosecond mode-locked fiber lasers[J]. ACS nano, 2021, 15(1): 954-965.

[140] FERMANN M E, HOFFER M, HABERL F, et al. Femtosecond fibre laser[J]. Electronics Letters, 1990, 26(20), 1737-1738.

[141] HOFER M, FERMANN M E, HABERL F, et al. Mode locking with cross-phase and self-phase modulation[J]. Optics Letters, 1991, 16(7): 502-504.

[142] OBER M H, HOFER M, FERMANN M E. 42-fs pulse generation from a mode-locked fiber laser started with a moving mirror[J]. Optics Letters, 1993, 18(5): 367-369.

[143] TAMURA K, IPPEN E P, HAUS H A, et al. 77-fs pulse generation from a stretched-pulse mode-locked all-fiber ring laser[J]. Optics Letters, 1993, 18(13): 1080-1082.

[144] NELSON L E, FLEISCHER S B, LENZ G, et al. Efficient frequency doubling of a femtosecond fiber laser[J]. Optics Letters, 1996, 21(21): 1759-1761.

[145] ILDAY F Ö, BUCKLEY J R, LIM H, et al. Generation of 50-fs, 5-nJ pulses at 1. 03μm from a wave-breaking-free fiber laser[J]. Optics Letters, 2003, 28(15): 1365-1367.

[146] ILDAY F O, BUCKLEY J R, CLARK W G, et al. Self-Similar evolution of parabolic pulses in a Laser[J]. Physics Review Letters, 2004, 92(21), 213902.

[147] BUCKLEY J R, WISE F W, ILDAY F Ö, et al. Femtosecond fiber lasers with pulse energies above 10nJ[J]. Optics Letters, 2005, 30(14): 1888-1890.

[148] RUEHL A, HUNDERTMARK H, WANDT D, et al. 0. 7W all-fiber Erbium oscillator generating 64 fs wave breaking-free pulses[J]. Optics Express, 2005, 13(16): 6305-6309.

[149] CHONG A, BUCKLEY J R, RENNINGER W H, et al. All-normal-dispersion femtosecond fiber laser[J]. Optics Express, 2006, 14(21): 10095-10100.

[150] TANG D Y, ZHAO L M. Generation of 47-fs pulses directly from an erbium-doped fiber laser[J]. Optics Letters, 2007, 32(1): 41-43.

[151] CHONG A, RENNINGER W H, WISE F W. All-normal-dispersion femtosecond fiber laser with pulse energy above 20nJ[J]. Optics Letter, 2007, 32(16): 2408-2410.

[152] RUEHL A, KUHN V, WANDT D, et al. Normal dispersion erbium-doped fiber laser with pulse energies above 10nJ[J]. Optics Express, 2008, 16(5): 3130-3135.

[153] RENNINGER W H, CHONG A, WISE F W. Self-similar pulse evolution in an all-normal-dispersion laser[J]. Physics Review A, 2010, 82(2): 021805.

[154] NIEB, PESTOV D, WISE F W, et al. Generation of 42-fs and 10-nJ pulses from a fiber laser with self-similar evolution in the gain segment[J]. Optics Express, 2011, 19(13): 12074-12080.

[155] LAN Y, SONG Y J, HU M L, et al. Enhanced spectral breathing for sub-25 fs pulse generation in a Yb-fiber laser[J]. Optics Letters, 2013, 38(8): 1292-1294.

[156] REGELSKIS K, ŽELUDEVICIUS J, VISKONTAS K. Ytterbium-doped fiber ultrashort pulse generator based on self-phase modulation and alternating spectral filtering[J]. Optics Letters, 2015, 40(22): 5255-5258.

[157] SAMARTSEV I, BORDENVUK A, GAPONTSEV V. Environmentally stable seed source for high power ultrafast laser[C]//Proc. SPIE, Francisco, California, United States, 2017, 10085, Components and Packaging for Laser Systems Ⅲ: 100850S.

[158] LIU Z W, ZIEGLER Z M, WRIGHT L G, et al. Megawatt peak power from a Mamyshev oscillator[J]. Optica, 2017, 4(6): 649-654.

[159] MAMYSHEV P. All-optical data regeneration based on self-phase modulation effect[C]// 24th European Conference on Optical Communication. ECOC'98(IEEE Cat. No. 98TH8398), 1998, 1: 475-476.

[160] PITOIS S, FINOT C, PROVOST L, et al. Generation of localized pulses from incoherent wave in optical fiber lines made of concatenated Mamyshev regenerators[J]. Journal of the Optical Society of America B, 2010, 25(9): 1537-1547.

[161] ZELUDEVICIUS J, PETKELIS J, REGELSKIS K, et al. All-fiber picosecond optical pulse generator based on self-phase modulation effect and spectral filtering using narrowband FBG [C]//The European Conference on Lasers and Electro-Optics, 2015: CJ P39.

[162] BYCHKOV I, BARANOV A, ULIANOV I, et al. Mode locked fiber laser based on self-phase modulation and spectral filtering[C]//International Conference Laser Optics (LO), 2016: S1-20.

[163] LIU W, LIAO R Y, ZHAO J, et al. Femtosecond mamyshev oscillator with 10-MW-level peak power[J]. Optica, 2019, 6(2): 194-197.

[164] SIDORENKO P, FU W, WRIGHT L G, et al. Self-seeded, multi-megawatt, Mamyshev oscillator[J]. Optics Letters, 2018, 43(11): 2672-2675.

[165] LIN D, XU D, HE J, et al. Generation of 625nJ pulses from a Mamyshev oscillator with a few-mode LMA Yb-doped Fiber[C]//In Conference on Lasers and Electro-Optics Europe and European Quantum Electronics Conference, 2021, 2675, paper cj_4_4.

[166] WANG T, REN B, LI C, et al. Over 80nJ sub-100 fs all-fiber Mamyshev oscillator[J]. IEEE Journal of Selected Topics in Quantum Electronics, 2021, 27: 8800105.

[167] MA C Y, KHANOLKAR A, ZANG Y M, et al. Ultrabroad-band, few-cycle pulses directly from a Mamyshev fiber oscillator[J]. Photonics Research, 2020, 8(1): 61-65.

[168] HAN H L, CHEN N K, ZHANG L Q, et al. Output pulse characteristics of a mamyshev fiber oscillator[J]. Photonics, 2021, 8(12): 590.

[169] HAIG H. SIDORENKO P, THORNE R, et al. All-fiber megawatt pulses from an all-fiber and self-starting femtosecond oscillator[J]. Optics Letters, 2022, 47(4): 762-765.

[170] OLIVIER M, BOULANGER V, GUILBERT - SAVARY F, et al. Femtosecond fiber Mamyshev oscillator at 1550nm[J]. Optics Express, 2019, 44(4): 851-854.

[171] LUO X, TUAN T H, SAINI T S, et al. Self-starting all-fiber mode-locked laser based on Mamyshev mechanism with high-energy pulse generation at 1550nm[J]. Journal of Lightwave Technology, 2020, 38(6): 1468-1473.

[172] BOULANGER V, OLIVIER M, GUILBERT-SAVARY F, et al. All-fiber Mamyshev oscillator enabled by chirped fiber Bragg gratings[J]. Optics Letters, 2020, 45(12): 3317-3320.

[173] ZHENG J C, YANG S, ZHU Z W, et al. 72-fs Er-doped mamyshev oscillator[J]. Journal of Lightwave Technology, 2022, 40(7): 2123-2127.

[174] WANG P, YAO S Y, GRELU P, et al. Pattern formation in 2 - μm Tm Mamyshev oscillatorsassociated with the dissipative Faraday instability[J]. Photonics Research, 2019, 7(11): 1287-1295.

[175] REPGEN P, SCHUHBAUER B, HINKELMANN M, et al. Mode - locked pulses from a Thulium- doped fiber Mamyshev oscillator [J]. Optics Express, 2020, 28 (9): 13837 - 13844.

[176] WRIGHT L G, CHRISTODOULIDES D N, WISE F W. Spatiotemporal mode - locking in multimode fiber lasers[J]. Science, 2017, 358(6359): 94-99.

[177] QIN H, XIAO X, WANG P, et al. Observation of soliton molecules in a spatiotemporal mode-locked multimode fiber laser[J]. Optics Letters, 2018, 43, 1982-1985.

[178] TEGIN U, KAKKAVA E, RAHMANI B, et al. Spatiotemporal self-similar fiber laser[J]. Optica, 2019, 6, 1412-1415.

[179] DING Y, XIAO X, WANG P, et al. Multiple - soliton in spatiotemporal mode - locked multimode fiber lasers[J]. Optics Express, 2019, 27(8): 11435-11446.

[180] WU H, LIN W, TAN Y J, et al. Pulses with switchable wavelengths and hysteresis in an all-fiber spatio-temporal mode-locked laser[J]. Applied Physics Express, 2020, 13, 022008.

[181] TEGIN U, KAKKAVA E, RAHMANI B, et al. Dispersion-managed soliton multimode fiber laser[C]//In Conference on Lasers and Electro-Optics, 2020, paper SM4P. 1

[182] TEGIN U, RAHMANI B, KAKKAVA E, et al. All-fiber spatiotemporally mode-locked laser with multimode fiber-based filtering[J]. Optics Express, 2020, 28(16): 23433-23438.

[183] LIN X B, GAO Y X, LONG J G, et al. All few-mode fiber spatiotemporal mode-locked figure-eight laser[J]. Journal of Lightwave Technology, 2021, 39(17): 5611-5616.

[184] XIE S, JIN L, ZHANG H, et al. All-fiber high-power spatiotemporal mode-locked laser based on multimode interference filtering[J]. Optics Express, 2022, 30(17): 2909-2917.

[185] MA Z L, LONG J G, LIN W, et al. Tunable Spatiotemporal Mode-locked Fiber Laser at 1.55μm[J]. Optics Express, 2021, 29(6): 9465-9473.

[186] ZHANG X B, WANG Z K, SHEN C Y, et al. Spatiotemporal self-mode-locked operation in a compact partial multimode Er-doped fiber laser[J]. Optics Letters, 2022, 47(8): 2081-2084.

[187] RUAN Q J, XIAO X S, ZOU J H, et al. Visible-wavelength spatiotemporal mode-locked fiber laser delivering 9ps, 4nJ pulses at 635nm[J]. Laser Photonics Reviews, 2022, 2100678.

[188] DING Y, XIAO X S, LIU K W, et al. Spatiotemporal mode-locking in lasers with large modal dispersion[J]. Physical Review Letters, 2021, 126(9): 093901.

[189] ZHANG H W, ZHANG Y H, PENG J Y, et al. All-fiber spatiotemporal mode-locking lasers with large modal dispersion[J]. Photonics Research, 2022, 10(2): 483-490.

第3章 被动锁模光纤激光器中脉冲传输的基本理论和研究方法

3.1 引言

被动锁模光纤激光器谐振腔一般由增益光纤、各种光纤器件及不同类型的无源光纤构成。脉冲在光纤谐振腔中多次往返循环传输，光纤中的增益、色散、非线性效应和损耗等共同作用会导致脉冲的演化过程十分复杂，其对脉冲产生的影响使得激光谐振腔输出特性完全不一样的孤子脉冲。因此，合理地建立有效的物理模型用于研究脉冲在光纤中传输的腔内动力学过程具有十分重要的意义，可以方便地进行数值模拟来阐明脉冲演化过程中的内在规律，进一步预测实验过程中可能得到的所有结果。对被动锁模光纤激光器的搭建提供了一定的指导和参考。

本章详细地介绍了被动锁模光纤激光器中脉冲传输演化的基本原理和对应的理论模型。通过麦克斯韦方程组推导出脉冲在光纤中传输的基本方程——非线性薛定谔方程以及经过修订扩充后的金兹堡-朗道方程。最后介绍了求解这类方程的普适性数值模拟方法——分布傅里叶法(split-step Fourier method)。

3.2 脉冲在光纤中传输的基本理论

3.2.1 光纤中的色散效应

光纤里传输的光信号有许多不同频率的成分，以不同的速度传播，在传输过程中导致脉冲展宽的物理现象称为光纤的色散。在构建光纤激光器时，色散是对脉冲演化影响较大的因素之一，色散感应的脉冲展宽会严重影响输出光脉冲的性质。其过程如图 3-1 所示。

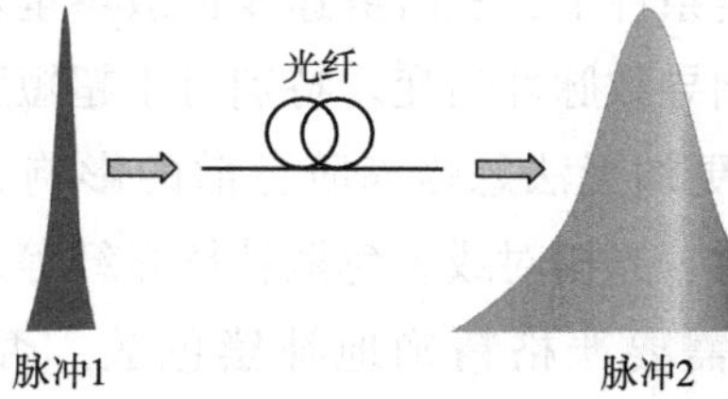

图 3-1　光脉冲通过光纤后群速度色散示意

光纤的色散效应一般是通过在脉冲频谱的中心频率 ω_0 附近将模传输常数 β 展开成 Taylor 级数：

$$\beta(\omega)=\beta_0+\beta_1(\omega-\omega_0)+\frac{1}{2}\beta_2(\omega-\omega_0)^2+\cdots \tag{3-1}$$

式中　$\beta_m=\left(\frac{d^m\beta}{d\omega^m}\right)_{\omega=\omega_0}$　$(m=0,\ 1,\ 2,\ \cdots)$。

参量 β_1 和 β_2 都与折射率 $n(\omega)$ 有关，具体关系如下所示：

$$\beta_1=\frac{1}{v_g}=\frac{n_g}{c}=\frac{1}{c}\left(n+\omega\frac{dn}{d\omega}\right) \tag{3-2}$$

$$\beta_2=\frac{1}{c}\left(2\frac{dn}{d\omega}+\omega\frac{d^2n}{d\omega^2}\right) \tag{3-3}$$

式中　n_g——群折射率；

v_g——群速度；

β_1——群速度的倒数；

β_2——群速度的色散。

从物理意义上来说，群速度 v_g 代表脉冲包络在光纤中传输的移动速度，因而群速度的色散造成了脉冲展宽。此现象称为群速度色散，β_2 为群速度色散参量。在实际情况中还会用到另一个重要的参数，色散参量 $D=d\beta_1/d\lambda$，它与 β_2 和 n 的关系可由式(3-4)表示：

$$D=\frac{d\beta_1}{d\lambda}=-\frac{2\pi c}{\lambda^2}\beta_2=-\frac{\lambda}{c}\frac{d^2n}{d\lambda^2} \tag{3-4}$$

对于普通石英光纤而言，在 1.27μm 附近群速度色散参量 β_2 和色散参量 D 都趋近于零，这一波长称为零色散波长，表示为 λ_D。对于更长的或者更短的波长 D 和 β_2 都会改变符号。由于式(3-1)包括高次项，因此即使在 $\lambda=\lambda_D$ 的情况下，色散效应仍旧存在。在一定条件下，三阶群速度色散参量及其更高阶的色散参量会对脉冲演化产生重要影响导致脉冲畸变。特别对于超短脉冲或者脉冲中心波长 λ_C 与 λ_D 十分接近的情况，更加无法忽略高阶色散的影响。一般由于二阶色散导致的脉冲展宽，可由棱镜对、光栅对或者色散补偿光纤等进行色散补偿来窄化脉冲，对于更高阶的色散则需要严格精确地补偿色散，否则会对系统造成不利影响。

3.2.2 光纤中的非线性效应

任何处于电磁场中的介质都会对光产生响应，其极化强度依赖于光强，光纤也遵循这一规律。若光场强度不够大，高阶项对于极化强度的影响很小(可以忽略不计)，此时的响应近似于线性响应。而当光场强度超过某一阈值时，必须考虑高阶项的影响，这种响应会变成非线性的，随着光场强度的增大这种非线性响应会越来越明显。一般而言，电磁场作用下介质中的束缚电子非谐振运动导致了介质非线性响应，电偶极子感应的总极化强度 P 与电场 E 是非线性的关系，可由式(3-5)描述：

$$P=\varepsilon_0(\chi^{(1)}\cdot E+\chi^{(2)}:EE+\chi^{(3)}\vdots EEE+\cdots) \tag{3-5}$$

式中 ε_0——真空中的介电常数；

$\chi^{(j)}(j=1,2,\cdots)$——第 j 阶极化率，一般 $\chi^{(j)}$ 为 $j+1$ 阶张量。

由于 SiO_2 是对称分子，所以普通石英光纤中产生的非线性过程来源于三阶极化率 $\chi^{(3)}$。但是在光纤中实现相位匹配十分困难，一般不太容易实现非线性过程，大部分非线性效应与光纤中的非线性折射率有关。折射率的一般形式如式(3-6)所示：

$$\tilde{n}(\omega,I)=n(\omega)+n_2I=n+\bar{n}_2|E|^2 \tag{3-6}$$

式中 $\bar{n}_2$ 与 $\chi^{(3)}$ 有关，可表示为：

$$\bar{n}_2=\frac{3}{8n}\mathrm{Re}(\chi^{(3)}) \tag{3-7}$$

式中 Re 表示实部。

在非线性折射率变化引起的各种非线性效应中，自相位调制(Self-Phase Modulation，SPM)是研究最多的一项。光场在光纤中传输时本身感应的相移即SPM，相移量可由式(3-8)表示：

$$\phi=\tilde{n}k_0L=(n+\bar{n}_2|E|^2)k_0L \tag{3-8}$$

式中　$k_0=2\pi/\lambda$，L——光纤长度。

其中$\phi_{\mathrm{L}}=nk_0L$是线性相移，而SPM导致的非线性相移为$\phi_{\mathrm{NL}}=\bar{n}_2|E|^2k_0L$。SPM产生与光强相关的非线性相移，但不会对脉冲整形。

3.2.3　基本传输方程

光纤中光场的传输遵循麦克斯韦方程组，该方程基本形式在国际单位制中如下所示：

$$\nabla\times\boldsymbol{E}=-\frac{\partial\boldsymbol{B}}{\partial t} \tag{3-9}$$

$$\nabla\times\boldsymbol{H}=\boldsymbol{J}+\frac{\partial\boldsymbol{D}}{\partial t} \tag{3-10}$$

$$\nabla\cdot\boldsymbol{D}=\rho_{\mathrm{f}} \tag{3-11}$$

$$\nabla\cdot\boldsymbol{B}=0 \tag{3-12}$$

式中　$\boldsymbol{E}$和$\boldsymbol{H}$——电场强度矢量和磁场强度矢量；

$\boldsymbol{D}$和$\boldsymbol{B}$——电位移矢量和磁感应强度矢量；

$\boldsymbol{J}$和ρ_{f}——电流密度矢量和电荷密度，在光纤中二者都等于0。

通过麦克斯韦方程组，经过一系列的运算，可得到描述光纤中光传输的波动方程：

$$\nabla^2\boldsymbol{E}-\frac{1}{c^2}\frac{\partial^2\boldsymbol{E}}{\partial t^2}=\mu_0\frac{\partial^2\boldsymbol{P}_{\mathrm{L}}}{\partial t^2}+\mu_0\frac{\partial^2\boldsymbol{P}_{\mathrm{NL}}}{\partial t^2} \tag{3-13}$$

式中　$\boldsymbol{P}_{\mathrm{L}}$和$\boldsymbol{P}_{\mathrm{NL}}$——感应极化强度的线性部分和非线性部分。

在求解上式之前需要做几个假设来简化运算过程。由于在普遍实际情况里折射率的非线性变化小于10^{-6}，所以把$\boldsymbol{P}_{\mathrm{NL}}$当作$\boldsymbol{P}_{\mathrm{L}}$微扰来处理；第二个假设是光场偏振态沿光纤长度方向不变；第三个假设是准单色光场。通过以上假设求解式(3-13)，可以得到皮秒脉冲在SMF中的传输方程：

$$\frac{\partial A}{\partial z}+\beta_1\frac{\partial A}{\partial t}+\frac{i\beta_2}{2}\frac{\partial^2 A}{\partial t^2}+\frac{\alpha}{2}A=i\gamma(\omega_0)|A|^2A \tag{3-14}$$

式中 A——光脉冲包络的慢变振幅；

α——光纤线性损耗；

γ——非线性参量。

非线性参量的定义可由式(3-15)表示：

$$\gamma=\frac{n_2\omega_0}{cA_{\mathrm{eff}}} \tag{3-15}$$

式中 A_{eff}——光纤的有效模场面积，其值依赖于光纤设计参数；

n_2——非线性折射率系数。

对于1550nm的光纤而言，上述参数的典型值一般为$n_2=2.2\sim2.7\times10^{-16}\mathrm{cm^2/W}$，$A_{\mathrm{eff}}$的变化范围为$1\sim100\mu\mathrm{m}^2$。虽然式(3-14)可以分析描述光纤中的许多非线性效应，但仍旧存在一定的限制，在使用时需要根据实际条件来修正。对于脉宽小于或接近1ps的超短脉冲此方程需要修正，此时之前推导过程中所作的某些假设不太适用。当脉冲峰值功率超过阈值时，方程应该包括受激非弹性散射效应项，通过修正后的方程如式(3-16)所示：

$$\frac{\partial A}{\partial z}+\frac{\alpha}{2}A+\frac{i\beta_2}{2}\frac{\partial^2 A}{\partial T^2}-\frac{\beta_3}{6}\frac{\partial^3 A}{\partial T^3}=i\gamma\left(|A|^2A+\frac{i}{\omega_0}\frac{\partial(|A|^2A)}{\partial T}-T_{\mathrm{R}}A\frac{\partial|A|^2}{\partial T}\right) \tag{3-16}$$

式中 β_3——三阶色散参数；

T_{R}——受激拉曼散射(Stimulated Raman Scattering，SRS)非线性响应时间，最后两项分别与自陡峭效应和拉曼自频移效应有关。

式(3-16)一般称为广义非线性薛定谔方程。当脉冲宽度大于5ps时，式(3-16)等号右边后两个高阶非线性项贡献非常小可以忽略，若入射脉冲中心波长不接近λ_{D}，三阶色散项也可以忽略，则方程可以简化为：

$$i\frac{\partial A}{\partial z}+\frac{i\alpha}{2}A-\frac{\beta_2}{2}\frac{\partial^2 A}{\partial T^2}+\gamma|A|^2A=0 \tag{3-17}$$

在$\alpha=0$时，式(3-17)称为非线性薛定谔方程(Nonlinear Schrodinger Equation，NLSE)，此式是研究光纤中脉冲演化最简单的非线性方程形式，被研究者广泛使用。当然，根据不同的实验情况，该方程也需要进行修正，当光脉冲的峰值功率足够高时，需要加入更高阶非线性项和色散项才能满足实际需要。

光纤激光器中的增益光纤是指掺稀土离子的光纤，增益效应对于光脉冲的演化具有重要的影响。式(3-17)是描述光脉冲在SMF中的传输方程，如果要更多地描述光脉冲在增益光纤中的演化过程，则需要考虑增益、增益带宽限制以及增益色散的影响。因此，将NLSE进行扩展即可得到增益光纤中的传输方程：

$$\frac{\partial A}{\partial z}+\frac{\alpha}{2}A+\frac{i\beta_2}{2}\frac{\partial^2 A}{\partial t^2}-\frac{\beta_3}{6}\frac{\partial^3 A}{\partial t^3}=i\gamma|A|^2A+\frac{g}{2}A+\frac{g}{2\Omega_g}\frac{\partial^2 A}{\partial t^2} \tag{3-18}$$

式中 g——光纤的增益系数；

Ω_g——光纤的增益带宽。

此式是将NLSE扩展为主方程，也被称为金兹堡-朗道方程(Ginzburg-Landau Equation，GLE)，用于研究处理光脉冲在含有色散、非线性效应、增益和损耗的光纤中的传输演化问题，应用十分广泛。当g和α同时为0时，该方程又简化为NLSE。

3.3 数值求解方法

由于式(3-17)和式(3-18)都是十分复杂的非线性偏微分方程，除非极个别的特殊情况可求解，通常都没有对应的解析解。为了更好地了解光脉冲在光纤中的传输和演化情况以及发生的各种非线性现象，需要搭建理论模型通过数值方法来求解。为实现这一目标，研究人员投入了大量精力和时间建立了不同的数值方法来模拟分析光纤中光脉冲的传输，各有其优点和限制，这里就不再一一列举。总的来说，这些数值方法大体上可以包含在伪谱法和有限差分法两大类中，目前应用最为广泛的一种研究方法是分布傅里叶法，为了更好地理解分布傅里叶法的基本原理，一般将式(3-17)改写成如下表达式：

$$\frac{\partial A}{\partial z}=(\hat{D}+\hat{N})A \tag{3-19}$$

式中 $\hat{D}$——微分算符，代表线性介质中的吸收、损耗、增益和色散项；

$\hat{N}$——一个非线性算符，表示光纤中发生的所有非线性效应影响的总和。

这两个算符的具体表达式如下：

$$\hat{D}=-\frac{i}{2}\beta_2\frac{\partial^2}{\partial T^2}+\frac{\beta_3}{6}\frac{\partial^3}{\partial T^3}-\frac{\alpha}{2} \tag{3-20}$$

$$\hat{N}=i\gamma\left(|A|^2+\frac{i}{\omega_0}\frac{1}{A}\frac{\partial(|A|^2A)}{\partial T}-T_{\mathrm{R}}\frac{\partial |A|^2}{\partial T}\right) \tag{3-21}$$

在实际情况下，当光脉冲在光纤中传输时，非线性效应和色散在光纤中同时作用。但在使用分布傅里叶法时则需要一定的假设：当光脉冲在光纤中传输过的一小段距离 s 足够小时，则非线性效应和色散对光脉冲作用可以单独分开，分别计算而得到近似值。换句话说，从 z 到 $z+s$ 的传输过程其实分为两步进行：第一步，令式(3-19)中的$\hat{D}=0$，只需研究非线性作用；第二步，令式(3-19)中的$\hat{N}=0$，只需研究色散作用。整个过程可用以下数学表达式描述：

$$A(z+s,\ T)\approx\exp(s\hat{D})\exp(s\hat{N})A(z,\ T) \tag{3-22}$$

在傅里叶域里，算符 $\exp(s\hat{D})$ 由以下方程式计算：

$$\exp(s\hat{D})B(z,\ T)=F_{\mathrm{T}}^{-1}\exp[s\hat{D}(-i\omega)]F_{\mathrm{T}}B(z,\ T) \tag{3-23}$$

式中　F_{T}——傅里叶变换；

　　ω——傅里叶域中的频率。

通过有限傅里叶变换算法可以快速求解式(3-22)。

图 3-2 所示为对称分布傅里叶法示意。其实现过程十分简明易懂。可以看出，将光纤分割成不同的矩形区域，相邻区域的间距不要求相等，当光脉冲按照式(3-23)从一个区域传输到另一个区域时，在最初 $s/2$ 的距离里，光场传输只考虑色散作用。在 $z+s/2$ 位置处，整个区域长度 s 上非线性效应产生的影响总和需要用光场与非线性项的乘积来表示。最后的一段 $s/2$ 距离仍旧只考虑色散效应。经历一个完整过程，就可以从初始光场得到经历一个传输距离 s 后的光场分布。在整个计算过程中，假定非线性效应只存在于每个区域的中间，即图 3-2 的虚线处。自 1973 年对称分布傅里叶法开始应用于研究光脉冲在光纤中传输的各种问题，此方法运行速度较快，但是对于不同的精度和运算效率的要求，对于 z 和 T 步长选择也提出了更高的要求。

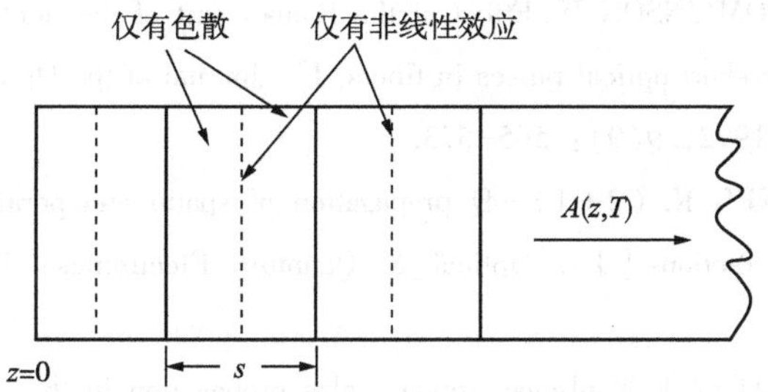

图 3-2 对称分布傅里叶法示意

3.4 本章小结

本章详细地介绍了被动锁模光纤激光器中脉冲传输演化的基本原理和对应的理论模型。随后通过麦克斯韦方程组推导出脉冲在光纤中传输的基本方程——非线性薛定谔方程以及经过修订扩充后的金兹堡-朗道方程。最后介绍了求解这类方程的普适性的数值模拟方法——分布傅里叶法。

参考文献

[1] DIETRICH. Light transmission optics[M]. New York: Van NostrandReinhold, 1982.

[2] AGRAWAL G P, POTASEK M J. Nonlinear pulse distortion in single-mode optical fibers at the zero-dispersion wavelength[J]. Physical Review A, 1986, 33(3): 1765-1776.

[3] SHEN Y R. The principles of nonlinear optics[M]. America: J Wiley, 1984.

[4] BUTCHER P N, COTTER D. The elements of nonlinear optics[M]. UK: Cambridge University Press, 1990.

[5] DIAMENT P. Wave transmission and fiber optics[M]. UK: Macmillan, 1990.

[6] GORDON J P. Theory of the Soliton self-frequency shift[J]. Optics Letters, 1986, 11(10): 662-664.

[7] KODAMA Y, HASEGAWA A. Nonlinear pulse propagation in a monomode dielectric guide[J]. IEEE Journal of Quantum Electronics, 1987, 23(5): 510-524.

[8] BLOW K J, WOOD D. Theoretical description of transient stimulated Raman scattering in optical fibers[J]. IEEE Journal of Quantum Electronics, 1989, 25(12): 2665-2673.

[9] CHERNIKOV S V. Femtosecond soliton propagation in fibers with slowly decreasing dispersion[J]. Journal of the Optical Society of America B, 1991, 8(8): 1633-1641.

[10] STOLEN R H, TOMLINSON W. Effect of the Raman part of the nonlinear refractive index on propagation of ultrashort optical pulses in fibers[J]. Journal of the Optical Society of America B Optical Physics, 1992, 9(9): 565-573.

[11] BLAIR S, WAGNER K. (2+1)-D propagation of spatio-temporal solitarywaves including higher-order corrections [J]. Optical & Quantum Electronics, 1998, 30(71819110): 697-737.

[12] BRABEC T, KRAUSZ F. Nonlinear optical pulse propagation in the single-cycle regime[J]. Physical Review Letters, 1997, 78(17): 3282-3285.

[13] CHANG G Q, NORRIS T B, WINFUL H G. Optimization of supercontinuum generation in photonic crystal fibers for pulse compression[J]. Optics Letters, 2003, 28(7): 546-548.

[14] HASEGAWA A, TAPPERT F. Transmission of stationary nonlinear optical pulses in dispersive dielectric fibers. I. Anomalous dispersion [J]. Applied Physics Letters, 2003, 23(4): 142-144.

[15] ABLOWITZ M J, CLARKSON P A. Solitons, nonlinear evolution equations and inverse scattering[M]. UK: Cambridge University Press, 1991.

[16] SULEM C, SULEM P L. The nonlinear Schrödinger equation: self-focusing and wave collapse [M]. New York: Springer, 1999.

[17] KIVSHAR Y S, AGARAWAL G P. Optical solitons: from fibers to photonic crystals[M]. America: Academic Press, 2003.

[18] AKHMEDIEV N, ANKIEWICZ A. Dissipative solitons[M]. New York: Springer, 2005.

[19] MOLLENAUER L F, GORDON J P, EBRARY I. Solitons in optical fibers: fundamentals and applications[M]. Amsterdam: Elsevier Academic Press, 2005.

[20] WATKINS L R, YU R Z. Modeling propagation in optical fibers using wavelets[J]. Journal of Lightwave Technology, 1994, 12(9): 1536-1542.

[21] HUANG W P, CHU S T, GOSS A, et al. A scalar finite-difference time-domain approach to guided-wave optics[J]. IEEE Photonics Technology Letters, 2002, 3(6): 524-526.

[22] FISHER R A, BISCHEL W K. Numerical studies of the interplay between self-phase modulation and dispersion for intense plane-wave laser pulses[J]. Journal of Applied Physics, 1975, 46(11): 4921-4934.

第4章 基于可饱和吸收体材料被动锁模光纤激光器

材料科学研究的进步，推动了低维纳米材料相关研究的发展。前面提到，在基于被动锁模的光纤激光器中，利用可饱和吸收体作为锁模器件可以产生超短脉冲。由于低维纳米材料具有优异的可饱和吸收特性，是新一代人造可饱和吸收体的有力竞争者。越来越多的低维纳米材料作为可饱和吸收体在光纤激光器中被广泛研究，极大地丰富了锁模光纤激光器的应用和研究。基于低维纳米材料的超短脉冲光纤激光器，光路搭建比较简单，容易实现自启动锁模，是目前超快领域最热门的研究方向之一。

本章首先介绍了二维纳米材料石墨烯以及其改性后的羧基氧化石墨烯(Carboxyl-functionalized graphene oxide，GO-COOH)物理化学性质；其次介绍了 GO-COOH 可饱和吸收体的制备方法及其表征方式；最后基于 GO-COOH 可饱和吸收体搭建了三套掺铒光纤激光器实验光路。第一个实验通过控制激光器运行在不同色散条件下获得了三种孤子类型的锁模脉冲。第二个实验通过控制腔内的非线性，得到了单双波长可切换的锁模脉冲。第三个实验通过调节增益光纤的长度，利用增益位移效应实现了稳定的 L 波段传统孤子锁模脉冲输出。

4.1 石墨烯简介

石墨烯的基本结构如图 4-1 所示。石墨烯是构成碳的三种同素异型体的基本结构，通过一定的方法可构成零维的富勒烯，一维碳纳米管，三维石墨。因此石墨烯也被叫作“碳材料之母”。图 4-2 所示为在不同显微镜下的单层石墨烯实物。

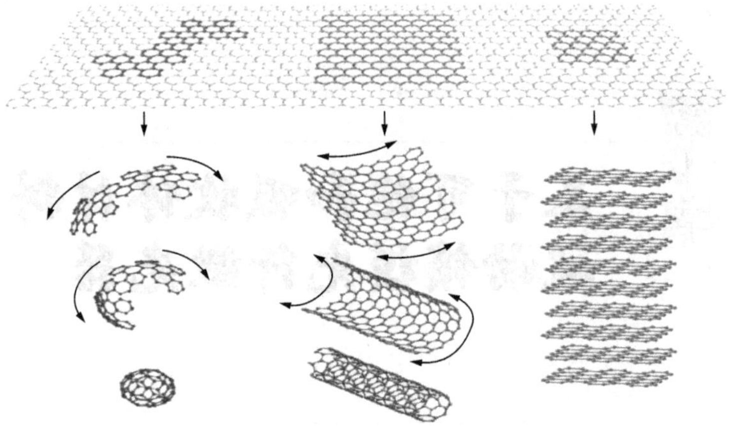

图 4-1　石墨烯的三种同素异型体的基本结构

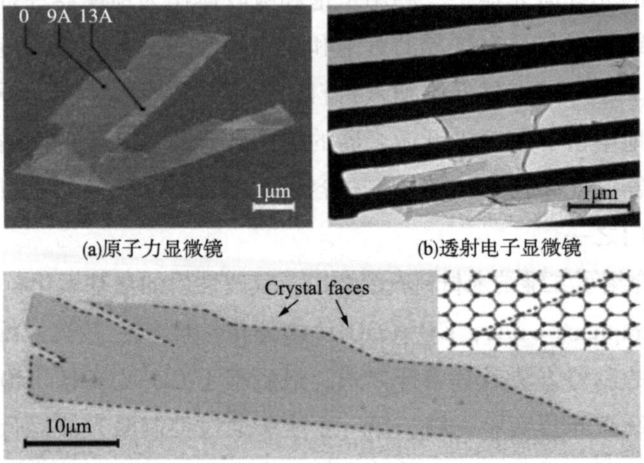

(a)原子力显微镜　(b)透射电子显微镜

(c)扫描电子显微镜

图 4-2　不同显微镜下单层石墨烯实物

石墨烯是一种二维材料，碳原子层的厚度约为 0. 334nm，石墨烯拥有非常优异的物理化学特性，例如石墨烯是目前强度最高的材料之一，同时韧性十足且能够弯曲，经过改性的功能化石墨烯，具有更高的强度和韧度。石墨烯的光学特性也十分良好，在很宽波长范围内吸收率约为 2. 3%，近乎透明，不同厚度石墨烯的光学特性也有所区别，如图 4-3 所示。

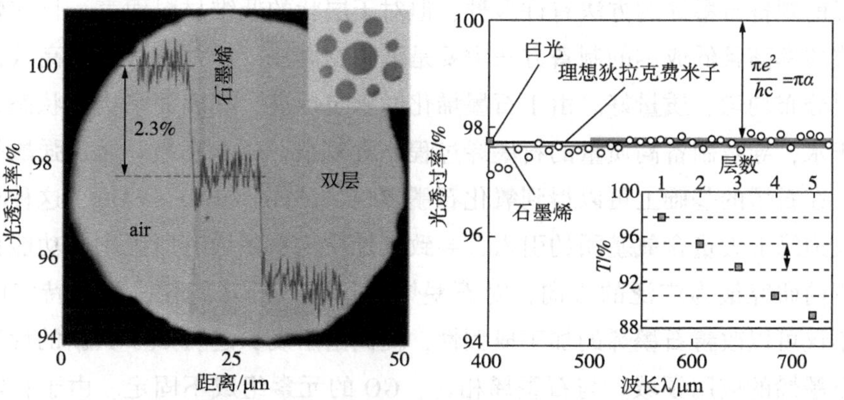

(a)石墨烯部分覆盖照片(线扫描轮廓显示了沿黄线透射的白光的强度)　(b)单层石墨烯的透射光谱

图 4-3　石墨烯的光学性能

石墨烯的诞生最早可追溯到 2004 年，曼彻斯特大学物理学家盖姆和诺沃肖罗夫采用微机械剥离法成功从石墨中分离出层状石墨薄片，将薄片粘贴在特殊的胶带上撕开、粘贴再撕开，反复操作最终得到石墨烯。两位科学家也因为对石墨烯开创性的发现而获得 2010 年的诺贝尔物理学奖。石墨烯是人类首次观测到的二维纳米材料，自其诞生起科学家对石墨烯一直有着浓厚的研究兴趣，图 4-4 展示了来自 Web of Science 网站统计的从 2000~2022 年发表的关于石墨烯的 SCI 研究论文的数据。可以看出，研究论文数量基本逐年递增，巅峰时期的 2019 年发文量突破了 4 万篇。毫无疑问，石墨烯是目前科学界非常火热的研究课题，在各个领域都有着不同的研究与应用。2018 年曹原发现石墨烯的超导特性，魔角石墨烯的诞生更是将石墨烯的研究推向了一个新的高度，极大地推动了凝聚态物理研究的发展。

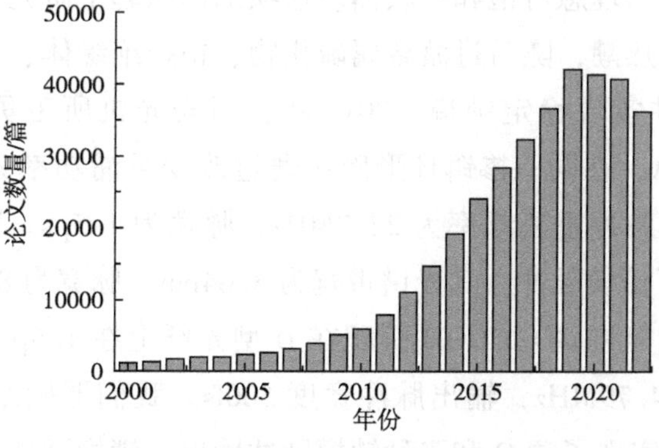

图 4-4　2000~2022 年关于石墨烯的 SCI 论文发表数量

目前制备石墨烯的方法有许多种，但对于层状的低维材料而言，目前较为成熟，成功率高且低成本的制备方法主要是液相剥离法，这种方法简单高效，产生的材料分布均匀、质量好。由于石墨烯化学稳定性高，其表面呈惰性状态，使其难溶于水，导致制备高质量的石墨烯过程非常复杂，成本高昂。通过强酸氧化的方法，在石墨的基础上可以得到氧化石墨烯(Graphene Oxide，GO)，这种材料表面以及边缘上大量含氧基团的引入，导致其性质与石墨烯有所区别。功能化石墨烯是当前研究最为广泛的方向，对石墨烯进行有效的功能化，引入特定的官能团，不仅可以改善石墨烯的加工成型性，提高溶解度，还可赋予其新的性质，拓宽了石墨烯的应用领域。与石墨烯相比，GO 的元素组成不固定。由于官能团的存在，GO 的厚度远大于石墨烯，GO 不再具备导电性能，力学性能也大幅降低，但其分散性与反应活性得到了提升。虽然与石墨烯相比，GO 的性质更加活泼，在水中溶解度提高了，但是依然很低(<0.5mg/mL)。最近，一种新的共价键功能化石墨烯结构的低维纳米材料 GO-COOH 受到了许多研究者的关注，其结构为打破共价键的氧化石墨烯中增加了一个羧基官能团，它的光学性能与 GO 类似，但也拥有自身独特的性质。GO-COOH 有很强的亲水性，在水中溶解度非常高，极大简化了制备过程，降低了制造成本。

4.2 羧基氧化石墨烯作为可饱和吸收体的研究进展

石墨烯具有良好的光学特性，十分适合作为锁模光纤激光器的可饱和吸收体。2009 年，新加坡南洋理工大学鲍桥梁等首次证明石墨烯是一种在光纤激光器中产生超短脉冲的理想可饱和吸收体。这项工作掀起了研究基于不同低维材料锁模光纤激光器的热潮，随后过渡金属硫化物、拓扑绝缘体、黑磷等相继被证明可以作为锁模器件实现稳定锁模。2017 年，西安光机所王勇刚团队首次使用 GO-COOH 作为 SA，在同一掺铒环形腔中通过改变泵浦功率分别实现调 Q 和锁模脉冲输出，锁模脉冲重复频率为 22.7MHz、脉宽为 1.5ps。同年，该团队也在 1.5μm 波段获得了锁模脉冲，其光谱带宽为 3.64nm、脉宽为 844fs。2018 年，陕西师范大学吕瑞东等将 GO-COOH 沉积在 D 型光纤上在 1.5μm 波段实现传统孤子锁模，重频为 14.79MHz，输出脉冲宽度 500fs。我们课题组在 1μm 波段利用 GO-COOH 也成功实现了调 Q 和飞秒锁模脉冲输出，锁模脉冲重频 22MHz，脉宽经腔外压缩后为 239fs。在 1.5μm 波段，基于 GO-COOH 的可饱和吸收体已经实现锁模，但是现有报道中激光器都工作在传统孤子锁模区域，并未对展宽脉冲孤子和耗散孤子进行研究。同时，基于 GO-COOH 的双波长锁模以及 L 波段锁模还没有相关报道。

4.3　基于羧基氧化石墨烯多孤子输出掺铒光纤激光器的研究

4.3.1　羧基氧化石墨烯可饱和吸收体的制备与表征

目前，低维纳米材料作为可饱和吸收体应用于光纤激光器中常用的方式主要有两种：一种是将纳米材料制备成薄膜形状，将其切至适当大小覆盖在光纤跳线头上，利用法兰盘以及光纤跳线头组合成为一个类三明治结构，连接进谐振腔内作为锁模器件。这种方式的成本很低，而且由于法兰和跳线头完全包裹住材料，减少了材料与空气的接触，减缓了材料性质发生改变的速度，同时延长了材料的使用寿命。这种透射式的方法十分容易实现锁模，操作简单易调节，即使膜上某点被损坏也可以轻易改变位置，充分利用了膜面积。不过由于光是直接透射过薄膜的，因此材料的损伤阈值较低，输出功率处于几个 mW 水平。另一种是制备纳米材料溶液，将一定长度的光纤拉锥后放置于载玻片上，将适量溶液沉积在拉锥光纤上，由于锥区的纤芯直径很小，当光通过时会有部分光泄漏，因此可以利用锥区的倏逝场效应与材料相互作用来实现锁模。这种方式的好处在于锥区的长度可控，因此材料与光的作用长度比透射式长，而且倏逝场效应提高了损伤阈值，进一步增加了激光器的输出功率。这种方式缺点也很明显，制备工艺比较复杂，成功率低，拉锥光纤极易断裂，且锥区沉积的溶液无法保证均匀分布，插入损耗较大，对于实验操作与环境要求很高，形成的可饱和吸收体相较于类三明治结构启动锁模比较困难。

经过比较，在接下来的实验中选择了将 GO-COOH 薄膜纳米材料夹在法兰盘和跳线头间的方式构建可饱和吸收体。GO-COOH 薄膜采用液相剥离法制备，具体制备流程如下：取 10mg 的 GO-COOH 粉末与 10mL 的去离子水充分混合，经过 15h 的超声即可获得富含 GO-COOH 纳米片的溶液。将此溶液在高速离心机中以 7000r/min 的速度离心 8min，此时 GO-COOH 团簇已沉积至溶液底部，上清液为均匀分布的 GO-COOH 纳米片溶液。为了制备性能稳定长期可靠的 GO-COOH 薄膜，将上清液取出与 5%(质量分数)高分子聚合物聚乙烯醇溶液以 1∶2 的比例充分混合，将其置于 70℃ 的干燥箱中 24h 即可成膜。这里加入聚乙烯醇的目的是使 GO-COOH 更容易成膜，是一种辅助材料成膜的常见方式。制备完成的 GO-COOH 薄膜，如图 4-5 所示。

图 4-5　自由放置的 GO-COOH 薄膜示意

从图 4-5 中可以看出，所制备的薄膜从下到上其厚度存在明显差异，因此对于薄膜的选取有一定的倾向性。由于薄膜两侧的分布比底部更均匀，且非线性损耗小，一般选取侧壁的一小部分薄膜作为可饱和吸收体，置于跳线头正中，如图 4-6 所示。最后利用法兰将其固定在两个跳线头之间形成类三明治结构的稳定可饱和吸收体，接入光路里。

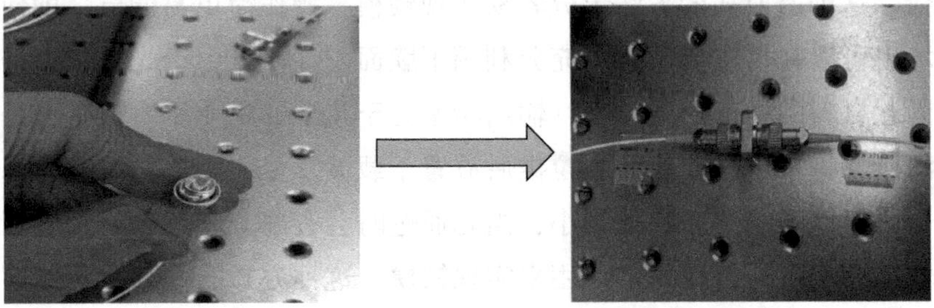

图 4-6　GO-COOH 薄膜放置于跳线头示意

图 4-7 所示为 GO-COOH 纳米薄膜的拉曼光谱。可以看出，有两个明显的峰值，处于 $1345cm^{-1}$ 的 D 峰和 $1592cm^{-1}$ 的 G 峰。D 峰表示 GO-COOH 中的 sp^2 杂化碳原子环的呼吸振动模式，是由 GO-COOH 的碳环附近或碳环邻近的石墨烯边缘有缺陷而引入。G 峰是 E_{2g} 光学模的一阶拉曼散射，反映其对称性和有序度。相较 GO 的拉曼光谱，GO-COOH 有更高的结构对称性。

为了表征所制备的 GO-COOH 可饱和吸收体的非线性吸收特征，在实验室搭建了一套双通道功率测量系统，测量装置示意如图 4-8 所示。其中光源为实验室自制的一台超快光纤激光器(中心波长 1561.1nm，重复频率 32MHz，输出脉宽

562fs)，可调衰减器用来改变入射功率。一个 50：50 的光纤耦合器(Optical Coupler，OC)将入射光分为均等的两部分，其中一路光通过 GO-COOH 可饱和吸收体，另一路作为参考光，两路光输出功率通过双通道功率计进行测量。

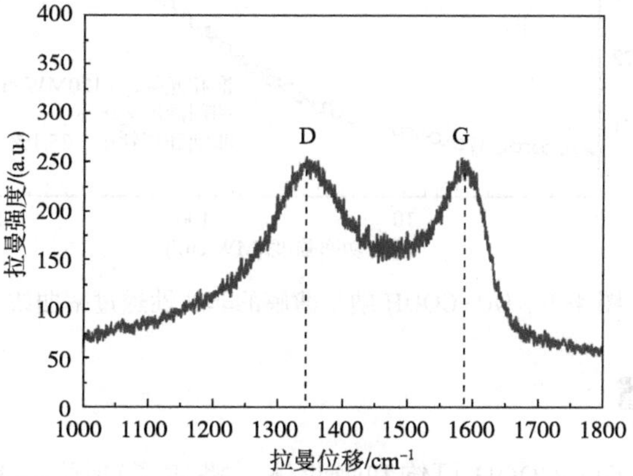

图 4-7 GO-COOH 拉曼光谱图

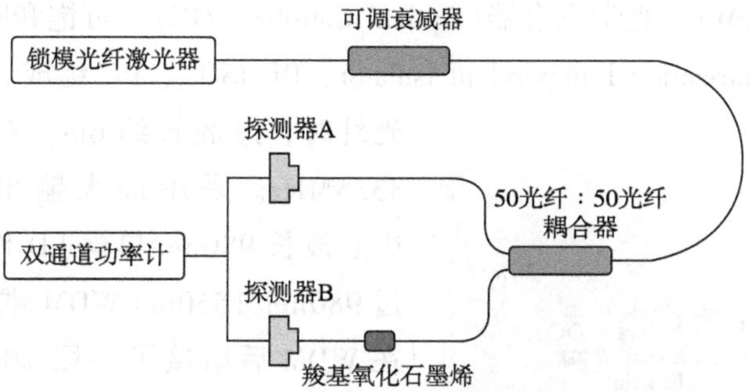

图 4-8 双通道功率测量系统示意

测量结果如图 4-9 所示。其中所用拟合函数为：

$$T(I)=1-\Delta T\cdot\exp(-I/I_{sat})-A_{ns} \tag{4-1}$$

式中 ΔT——调制深度；

I——入射光强度；

I_{sat}——饱和光强；

A_{ns}——非饱和损耗。

可以看出，实验数据和拟合函数十分相符，所制备的 GO-COOH 可饱和吸收体调制深度为 6%，饱和光强为 120MW/cm^2，非饱和损耗为 25.1%。

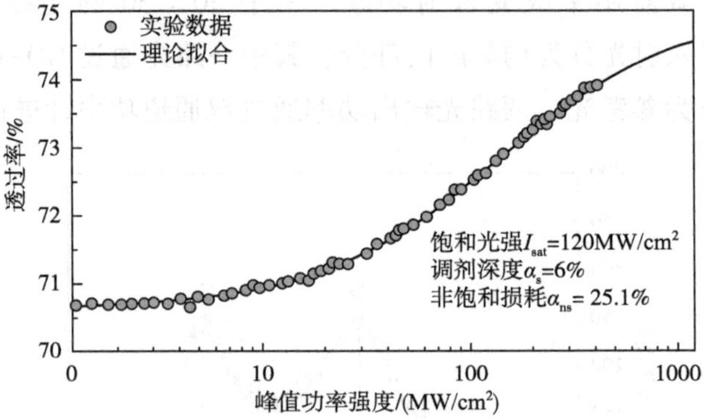

图 4-9　GO-COOH 纳米薄膜的非线性透过率曲线

4.3.2　实验装置

基于所制备的 GO-COOH 可饱和吸收体，搭建了如图 4-10 所示的掺铒光纤激光器。激光谐振腔采用全光纤环形腔，由波分复用器(Wavelength Division Multiplexer，WDM)、光学耦合器(Optical Coupler，OC)、可饱和吸收体、偏振无关光隔离器(Polarization Independent Isolator，PI-ISO)、PC 组成，未加色散补偿光纤时，总腔长约 6m，对应重复频率为 33.5MHz。采用最大输出功率 600mW，中心波长 980nm 单模 LD 作为泵浦源，经过 980nm/1550nm WDM 耦合进谐振腔中。在 WDM 后熔接了一段 70cm 的掺铒光纤作为增益介质(LIEKKI Er 110-4/125)，其二阶色散系数为 0.03ps^2/m，一个耦合率为 70∶30 的 OC 熔接在增益光纤之后，其中 30%端口作为输出端，OC 接在增益之后是为了获得宽光谱。用来调节腔内双折射的 PC 接在 OC 之后，优化锁模状态，

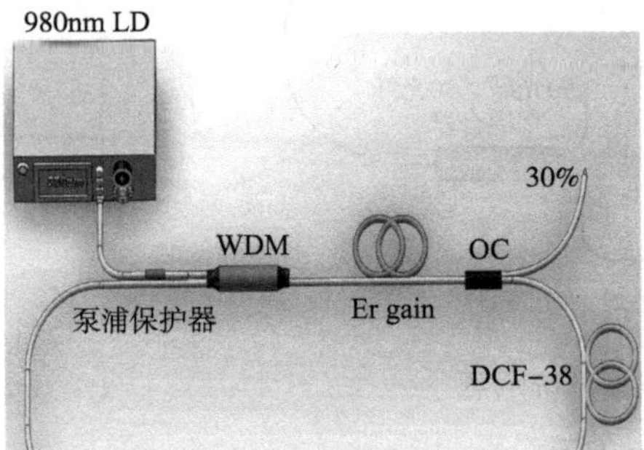

图 4-10　基于 GO-COOH 的掺铒光纤激光器示意

在 PC 与 OC 之间，熔接了不同长度的色散补偿光纤 DCF-38 用来调节腔内色散。GO-COOH 作为可饱和吸收体，夹在用法兰连接的两个跳线头之间作为锁模器件，在其后接了一个 PI-ISO，确保腔内光单向传输。除 WDM 一端尾纤为

150cm 长的 Hi 1060 光纤外，腔内其余器件的尾纤都是 SMF-28 光纤，WDM、OC、SA、PC、PI-ISO 的尾纤长度分别为 80cm、90cm、80cm、60cm、70cm。在激光器输出端，输出脉冲的特征参数采用以下仪器测量：20GHz 带宽的示波器（Agilent Technologies DSO9104A）、光谱仪（Yokogawa AQ 6370）、自相关仪（APE PulseCheck-50）、频谱仪（Agilent Technologies E4407B）和功率计（Gentec-EO MAESTRO）。

4.3.3 实验结果与讨论

当谐振腔内未加入 DCF-38 光纤时，激光器的自启动阈值为 70mW。在一定泵浦功率下，适当地调节 PC，即可实现稳定的锁模。此时，整个谐振腔长度约为 6m，腔内净色散值是 -0.066ps^2。图 4-11 所示为 80mW 泵浦功率下稳定锁模激光输出的特征曲线。图 4-11(a)为锁模脉冲序列图，可以看出，没有调 Q 现象出现，相邻脉冲的时间间隔为 29.8ns。插图为 2ms 时间尺度的脉冲序列，上端是一条平滑直线，证明锁模比较稳定。图 4-11(b)为对应的光谱图，中心波长位于 1557.7nm 处，光谱半高全宽为 6nm。光谱中心波长两侧对称分布有明显的边带，即 Kelly sidebands。这些边带是由于腔内传播的孤子受到周期性扰动，部分能量以色散波形式发射形成，这是典型的负色散传统孤子的特征光谱。

图 4-11(c)所示为不同范围的射频谱图。可知：输出脉冲基重频为 33.5MHz，与腔长相符，频谱上无杂乱信号，信噪比约为 60dB。之前文献里提到如果在掺铒或掺铥锁模光纤激光器中使用半导体可饱和吸收镜作为锁模器件，信噪比可高达 80dB，根据参考文献，认为可能的原因是 GO-COOH 材料有缺陷，质量不高导致了较低的信噪比。材料制备使用的液相剥离法，在制备过程中超声，离心的时间控制不合适，会导致材料在水中没有充分溶解，取出的上清液不均匀，影响材料质量，降低了信噪比。插入图为扫描范围 1GHz 的频谱，大范围的频谱表明锁模状态十分稳定。图 4-11(d)所示为自相关曲线（Autocorrelation Curve，AC），经过拟合可得脉冲宽度为 460fs，时间带宽积（Time-bandwidth product，TBP）0.34，接近变换极限脉冲的 0.315，说明输出脉冲有很小的啁啾。

激光器保持单脉冲输出的最大泵浦功率为 120mW，更多增加泵浦功率和调节 PC 则会出现稳定的双脉冲束缚状态。图 4-12 为 130mW 泵浦功率下束缚态锁模的特征曲线。脉冲序列如图 4-12(a)所示。可以看出，示波器上一个周期有两个幅度相同相差 29.8ns 的脉冲序列。图 4-12(b)为射频谱图。其基重频仍保持为 33.5MHz，信噪比约为 61dB，表明束缚态锁模比较稳定。图 4-12(c)为对应的光谱图，此时锁模脉冲中心波长漂移到 1558.7nm 处，由于相邻脉冲的干涉，光谱包络出现了明显周期性的调制，中心波长处相邻峰值的波长差为 1.3nm。这种规律的调制现象是由相邻脉冲时间间距很小导致的。这种状态可以长时间保持，表明相邻脉冲间存在着固定的相位关系。图 4-12(d)所示的 AC 曲线中出现了对称分布的 3 个峰值，幅值呈 1∶2∶1 且等距分布，这是典型的双孤子束缚态 AC 曲线，而且主峰与次峰差值 6.5ps，与波长差 1.3nm 相符。

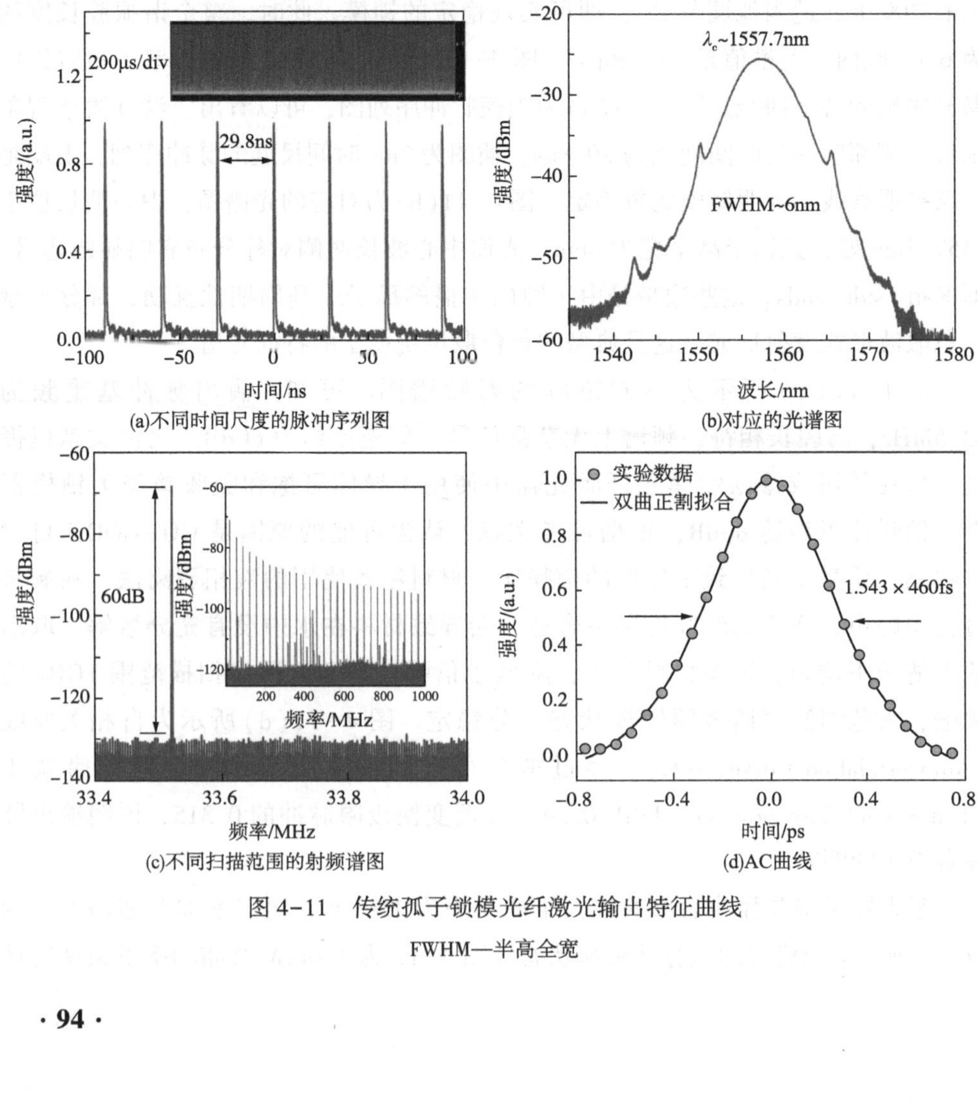

(a)不同时间尺度的脉冲序列图
(b)对应的光谱图
(c)不同扫描范围的射频谱图
(d)AC曲线

图 4-11 传统孤子锁模光纤激光输出特征曲线

FWHM—半高全宽

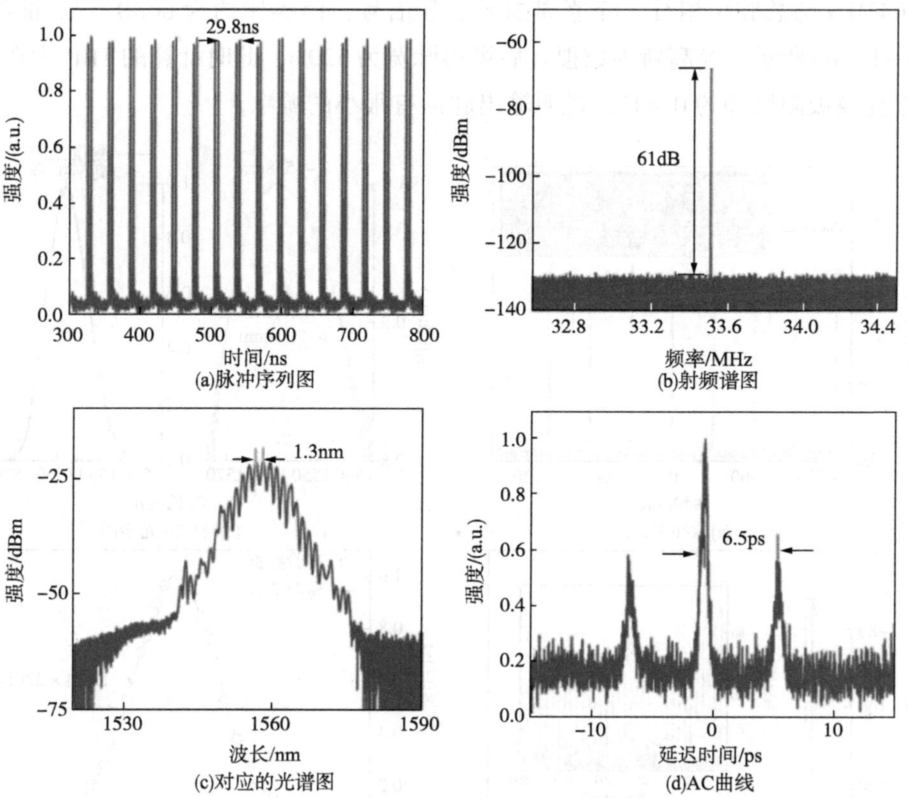

(a)脉冲序列图 (b)射频谱图 (c)对应的光谱图 (d)AC曲线

图 4-12　130mW 泵浦功率下束缚态锁模的特征曲线

随着在谐振腔内加入色散补偿光纤 DCF-38，腔内的净色散量也在不断地改变，逐渐由负色散向零色散靠近。当腔内的 DCF-38 长度达到 1.1m，此时腔内色散接近零色散，净色散量为 0.0022ps^2。在近零色散区，激光器的锁模阈值为 80mW，适当地调节 PC，可使激光器运行在锁模状态。其输出特征曲线如图 4-13 所示。图 4-13(a)为脉冲序列。可以看出，没有调 Q 或调 Q 锁模等现象出现，相邻脉冲的时间间隔为 34.4ns。插图为 2ms 时间尺度的脉冲序列，上端是一条平滑直线，证明锁模比较稳定。图 4-13(b)为对应的光谱图。左侧是对数模式的光谱，中心波长位于 1558nm 处，光谱半高全宽为 11.38nm。与图 4-11(b)相比，近零色散区的光谱没有了 Kelly sidebands，光谱平滑且分布较为对称。右边是线性模式下的光谱，高斯函数可以很好地拟合光谱包络，拟合结果表明此时激光器输出的是色散管理孤子。图 4-13(c)所示为射频谱图。可以看出，基重频在

29.04MHz 与总腔长相符，峰值周围无杂乱信号，信噪比约为 60dB。AC 曲线如图 4-13(d)所示。经高斯函数拟合后可得脉宽为 320fs，此时计算的 TBP 为 0.45，接近变换极限脉冲的 0.441，说明输出脉冲有很小的啁啾。

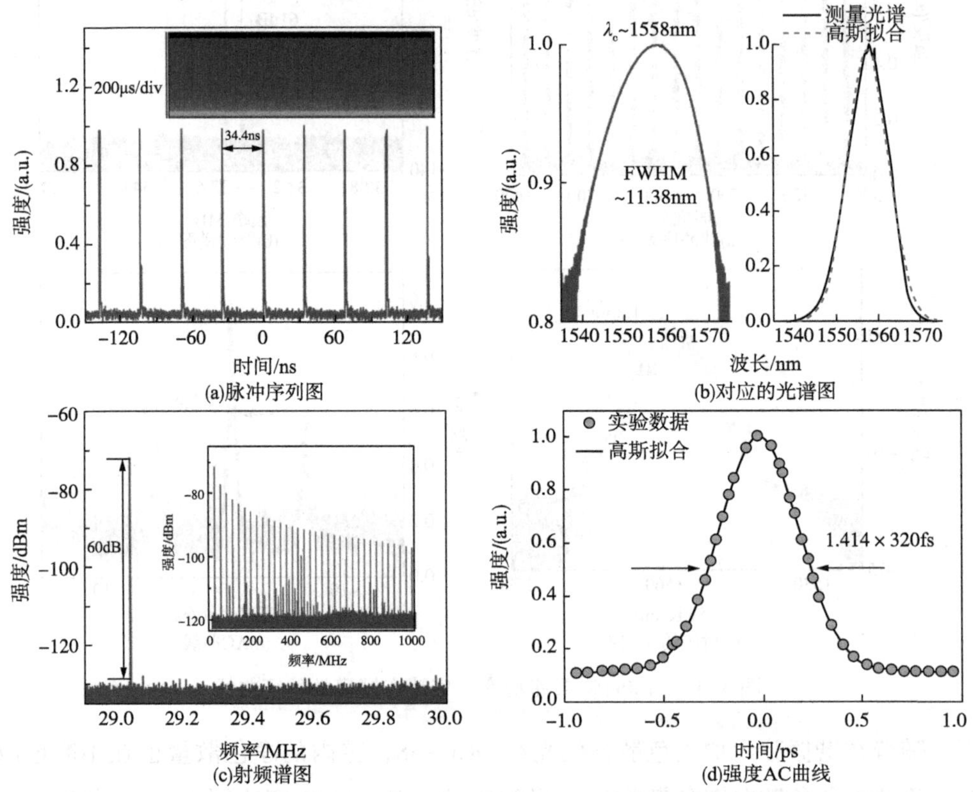

图 4-13　80mW 泵浦功率下色散管理孤子锁模特征曲线

进一步增加腔内色散补偿光纤 DCF-38 的长度，使激光器工作在正色散区域，在 80mW 泵浦功率下，通过调节 PC 可以产生耗散孤子输出。图 4-14 为 DCF-38 长度增加至 1.65m 时稳定锁模脉冲输出特征曲线，此时腔内净色散量为 0.036ps^2。图 4-14(a)为脉冲序列，脉冲序列幅值均等，上端为平滑的直线，相邻脉冲的时间间隔为 37.4ns。插图为 20ms 时间范围内脉冲序列，证明锁模状态十分稳定。对应的光谱图如图 4-14(b)所示。光谱形状与近零色散区相比发生了明显的改变，光谱的顶部比较平坦，两侧边缘陡峭，近似矩形，这是典型耗散孤子的光谱，3dB 带宽为 9.7nm。为了证明锁模状态的稳定性，还测量了锁模脉冲频谱图。结果如图 4-14(c)所示。锁模脉冲基重频为 26.7MHz，峰值周围无杂乱信号，信噪比约为60dB。图4-14(d)为AC曲线，经拟合后可得脉冲宽度为3.26ps，对应的TBP为3.9，远大于变换极限脉冲的0.441。因为激光器的输出耦合器熔接在增益光纤之后，增益光纤中的非线性效应以及正色散使得输出脉冲带有较大的正啁啾。

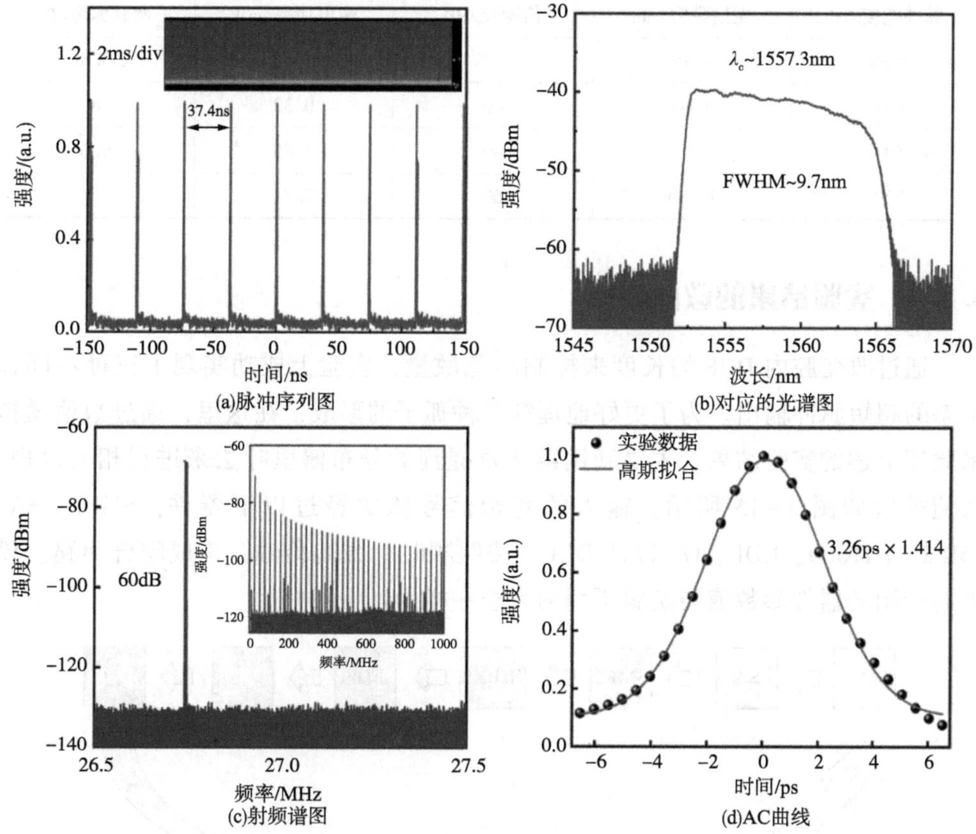

图4-14　80mW泵浦功率下耗散孤子锁模特征曲线

在实验过程中，发现输出三种不同孤子态的激光器自启动锁模阈值均在70~80mW，一旦锁模建立，即使将泵浦功率降低到50mW，激光器仍然保持锁模运行。GO-COOH的稳定性也十分良好，在室温条件下激光器可以连续运行一周不会失锁。为了证明所制备GO-COOH纳米薄膜起到锁模器件的作用，在不改变谐振腔其他条件的情况下，取出粘贴在跳线头上的GO-COOH纳米薄膜，无论怎样调节泵浦功率和PC，激光器都无法实现锁模运行。同时，总结了其他研究小组有关基于GO-COOH掺铒锁模光纤激光器的工作，在表4-1中与本实验工作进行了对比。可知：本实验搭建的光纤激光器输出脉冲具有最宽的光谱和最窄的脉冲宽度，在后续工作中优化 SA 的制备过程，降低其缺陷，会使得信噪比、调制深度和输出功率进一步提升。

表 4-1　基于 GO-COOH 掺铒锁模光纤激光器不同研究小组结果总结

脉冲宽度/fs	光谱带宽/nm	信噪比/dB	输出功率/mW	调制深度/%
1500	1.85	50	1	3.5
844	3.64	40	0.32	8
500	5.8	80	3.85	9.6
320	11.34	60	2.52	6

4.3.4　实验结果的数值模拟

通过改变腔内 DCF 的长度来控制净色散量，实验上成功实现了三种不同孤子态的超短脉冲输出。为了更好地理解三种孤子的形成，在这里，通过数值模拟来验证上述的实验结果，主要利用第 2 章提到的分布傅里叶法来进行相关模拟。数值模型如图 4-15 所示。输入的初始信号依次经过以下器件：SMF1、SA、SMF2、HI1060、EDF、OC 以及 DCF，按照顺时针方向传输，构成闭合回路。模拟时所用的器件参数值与实验所用的完全一样。

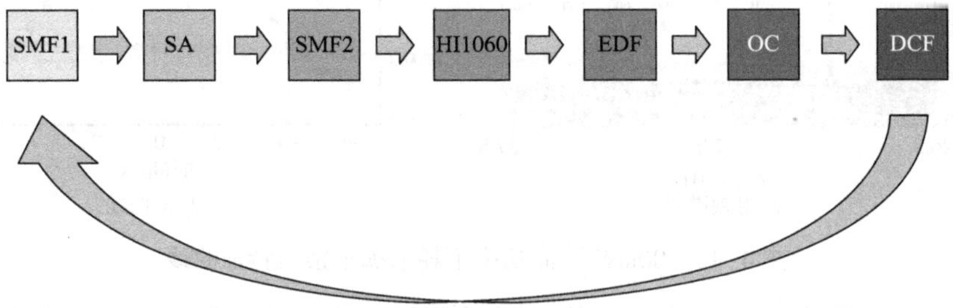

图 4-15　数值模拟示意

在数值模拟过程中，保持其他参数不变，只改变 DCF 的长度。初始输入的是高斯脉冲，当腔内 DCF 的长度为 0 时，程序经过 400 次循环后达到一个稳定的锁模运行，模拟输出锁模脉冲的光谱如图 4-16 所示。很明显，负色散下激光器输出的是带有 Kelly sidebands 的传统孤子。

在得到传统孤子的基础上，进一步设置腔内 DCF 的长度为 1.1m。保持初始条件不变，程序经过 400 圈的运行，得到的光谱如图 4-17 所示。相较于图 4-16，能清楚看出光谱上没有了 Kelly sidebands，且光谱包络整体较为平滑、类高斯型，这是典型的色散管理孤子的光谱。该结果表明腔内的净色散从负色散变为近零色散时，激光器输出则由传统孤子变为色散管理孤子。

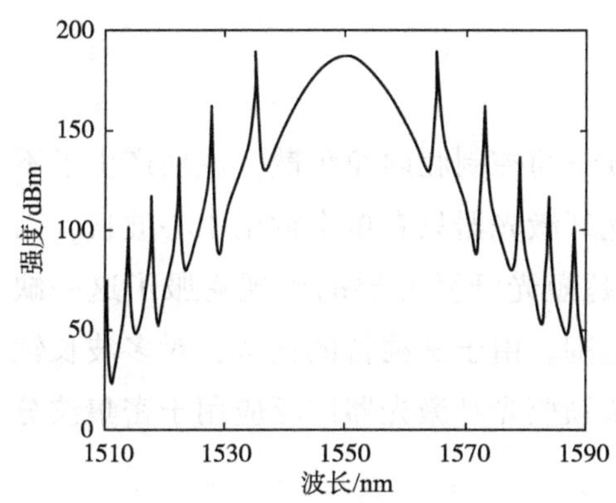

图 4-16　数值模拟得到的传统孤子光谱

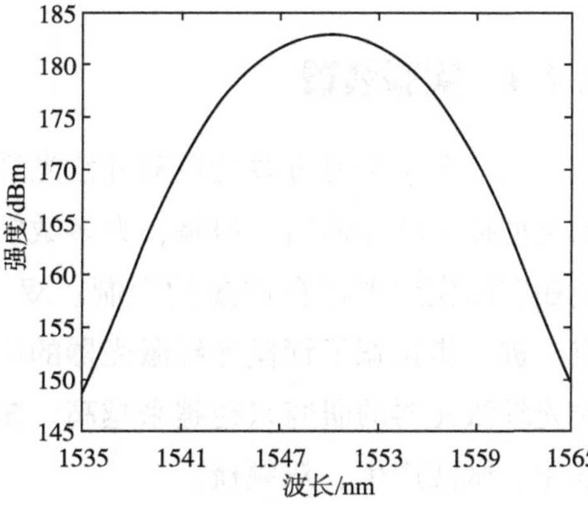

图 4-17　数值模拟得到的色散管理孤子光谱

在得到两种不同类型孤子后，进一步增加腔内 DCF 的长度到 1.65m，此时腔内为净正色散。保持初始条件不变，程序运行达到稳定状态，输出光谱如图 4-18 所示。相较于图 4-17，光谱的两侧变得更加陡峭，顶端有一定的凹陷，呈现类猫耳型结构，这是典型的耗散孤子的特征光谱。

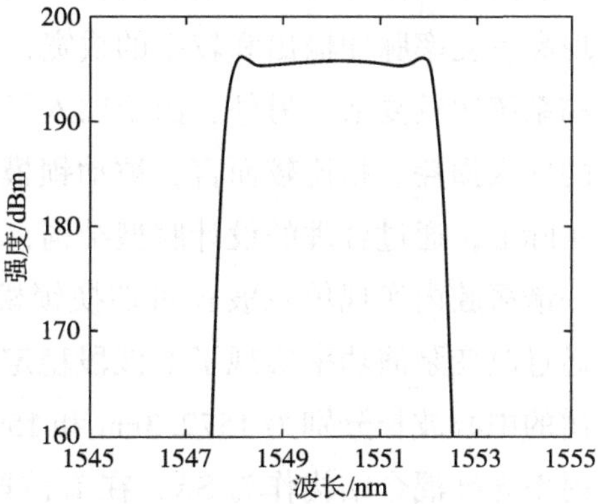

图 4-18　数值模拟得到的耗散孤子光谱

通过数值模拟的方法，成功证明了实验中观测到的现象。即通过控制腔内 DCF 的长度进而控制净色散量，实现了三种不同孤子脉冲输出的实验结果。通过模拟也揭示了不同孤子产生的物理机制。在负色散条件下，传统孤子的产生由于 SPM 和色散的平衡；在近零色散条件下，由非线性和色散相互作用，产生了无边带的色散管理孤子；在净正色散情况下，增益与损耗，色散与非线性效应以及可饱和吸收效应共同作用下产生了耗散孤子。

4.4 基于羧基氧化石墨烯单双波长可切换掺铒光纤激光器的研究

4.4.1 实验装置

上一个实验通过改变色散补偿光纤长度进而控制腔内净色散，成功产生了不同类型孤子脉冲输出。但是，大多数锁模光纤激光器只有单个输出中心波长，因此在实际应用中存在许多的限制。双波长超短光纤激光器的出现克服了这一缺点，进一步拓宽了锁模光纤激光器的应用范围。由于其独特的优势，对多波长锁模光纤激光器的研究兴趣越来越高。多波长锁模光纤激光器广泛应用于密集波分复用、微波产生、双频梳。

为了获得稳定的双波长超短脉冲，在研究人员的努力下已经开发出不同的方法。在主动锁模光纤激光器中，已经成功地采用双折射保偏光纤、色散腔、滤光器、高非线性光纤来产生双波长脉冲输出。尽管主动锁模光纤激光器可以轻松实现高重复率脉冲输出和较窄的线宽，但明显的缺点是脉冲持续时间宽，成本较高和系统比较复杂。另外，由于插入了调制器，不可避免地会在振荡器中引入更多的插入损耗。相比较而言，被动锁模光纤激光器更适合于产生双波长超短脉冲。实际上，通过合理的设计腔型结构，加入适当的元器件或引入特定的机制，在同一谐振腔内实现单双波长可切换锁模输出。2019 年，上海大学刘奂奂等报道了通过改变泵浦功率实现了 L 波段稳定的单双波长可切换锁模输出，双波长锁模光谱的中心波长分别为 1572. 3nm 和 1597. 1nm。同年，Li 等利用无芯光纤和渐变折射率光纤混合结构作为 SA，在 L 波段实现了单双波长可切换锁模脉冲输出，双波长锁模脉冲中心波长分别为 1575. 4nm 和 1603nm，两个波长的间距为 27. 6nm。2021 年，淮北师范大学孙梦秋等利用双折射诱导的梳状滤波效应，在 1533. 2nm 和 1557. 2nm 处同时实现锁模以及可切换锁模。低维纳米材料在双波长锁模脉冲产生甚至多波长锁模输出方面具有极大的潜力，近年来这方面也有诸多研究。综上所述，可以看出关于双波长锁模光纤激光器的研究成果十分丰富，但是目前还没有利用 GO-COOH 可饱和器件锁模的双波长超短脉冲输出的相关报道，因此基于 GO-COOH 的双波长锁模光纤激光器值得研究和探索。

基于所制备的 GO-COOH SA，在实验上又搭建了如图 4-19 所示的单双波长可切换的掺铒光纤激光器实验装置。激光器采用全光纤环形腔结构，由 WDM、OC、GO-COOH，偏振相关光隔离器(Polarization-dependent isolator，PD-ISO)以及 PC 组成，总腔长约为 6.5m，对应重复频率为 31.2MHz。所有器件的尾纤都是标准的 SMF，未使用色散补偿光纤来调节谐振腔内色散，因此腔内净色散量为 $-0.1ps^2$。实验中使用最大输出功率 550mW、中心波长 980nm LD 作为泵浦源，经过 980/1550nm WDM 耦合进谐振腔中为增益光纤提供能量。一段 60cm 的掺铒光纤(Er-110)作为增益介质。其类型与之前所用光纤一致，二阶色散系数为 -23.4ps/nm/km。增益后接了一个 PD-ISO 和一个 PC。PD-ISO 用来确保激光在谐振腔内单向传输，同时这两个器件的共同作用对谐振腔内的增益引入了一个滤波机制。PC 用来调节腔内双折射，优化锁模状态。GO-COOH 作为可饱和吸收体，夹在用法兰连接的两个跳线头之间作为锁模器件。一个耦合率为 70：30 的 OC 熔接在 GO-COOH 后，其中 30%端口作为输出端。输出脉冲的特征参数采用以下仪器测量：20GHz 带宽的示波器(Agilent Technologies DSO9104A)、光谱仪(Yokogawa AQ 6370)、自相关仪(FR-103WS，Femtochrome Research Inc.)、频谱仪(Agilent Technologies E4407B)和功率计(Gentec-EO MAESTRO)。

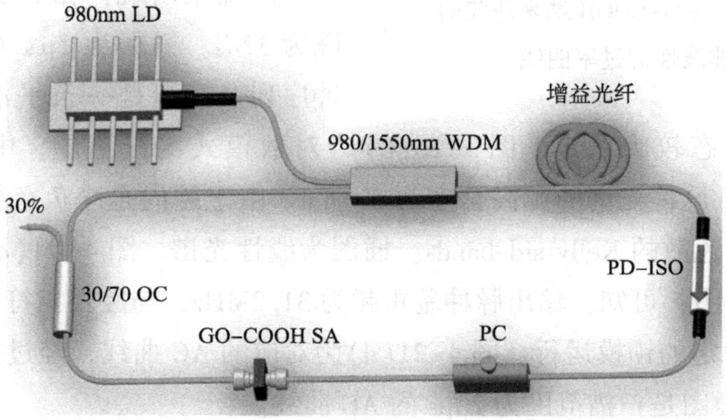

图 4-19　基于 GO-COOH 纳米薄膜的单双波长可切换掺铒光纤激光器示意

4.4.2　实验结果与讨论

接下来的实验中，在之前制备的 GO-COOH 薄膜上截取了另一部分作为新的

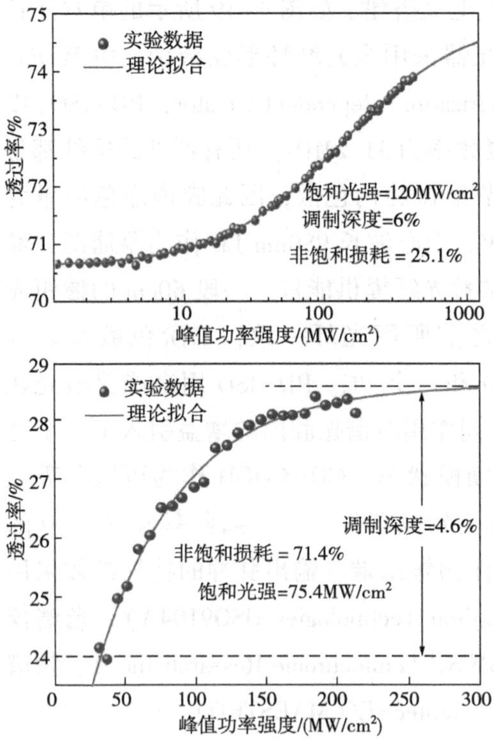

图 4-20　GO-COOH 纳米薄膜的非线性透过率曲线

可饱和吸收体。为了表征可饱和吸收特性，采用如图 4-8 所示的双通道功率测量系统进行了测量，结果如图 4-20 所示。可以看出，实验数据和拟合函数十分相符，所使用的 GO-COOH 薄膜的调制深度为 4.6%，饱和光强为 75.4MW/cm^2，非饱和损耗为 71.4%。

完成实验光路搭建后，适当地调节 PC 的角度和泵浦功率，即可实现稳定的锁模脉冲输出。激光器自启动锁模的阈值为 50mW，一旦实现锁模仅需要轻微地调节 PC 来优化锁模结果。图 4-21所示为 80mW 泵浦功率下稳定锁模光纤激光输出的特征曲线，此时激光器输出 3.1mW。图 4-21(a)为锁模脉冲序列，可以看出，无调 Q 或调 Q 锁模现象出现，相邻脉冲的时间间隔为 32ns。插图为 1μs 时间尺度的脉冲序列，上端是一条平滑的直线，证明锁模运行状态较为稳定。图 3-25(b)为对数模式的光谱图，中心波长位于 1560.1nm 处，脉冲光谱的半高全宽为 5.1nm。由于腔内是净负色散，因此光谱两侧有典型负色散的 Kelly sidebands。插图为线性光谱。图 4-21(c)为不同扫描范围的射频谱图，可知：输出脉冲基重频为 31.2MHz，与腔长相符，信噪比约为 70dB，表明稳定的锁模运行。图 4-21(d)为对应的 AC 曲线，经过拟合可得脉宽为 548.1fs。插图是扫描范围为 20ps 的 AC 曲线。

随后测量了激光器的稳定性。图 4-22(a)为 4h 的光谱稳定性。可以看出，激光器在长时间运行的情况下，光谱形状基本保持一致，没有明显的改变。2.5h 的输出功率稳定性如图 4-22(b)所示。经计算可得均方根为 0.98%，进一步说明激光器长时间运行锁模状态十分稳定。

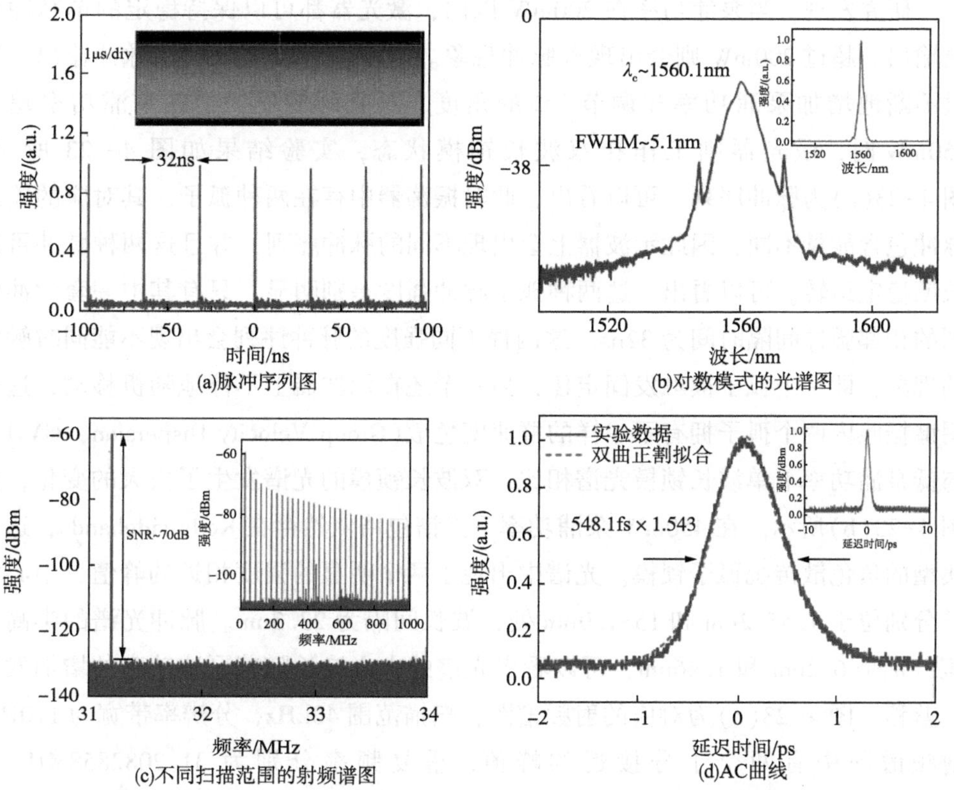

(a)脉冲序列图 (b)对数模式的光谱图 (c)不同扫描范围的射频谱图 (d)AC曲线

图 4-21 80MW 泵浦功率下稳定锁模光纤激光输出特征曲线

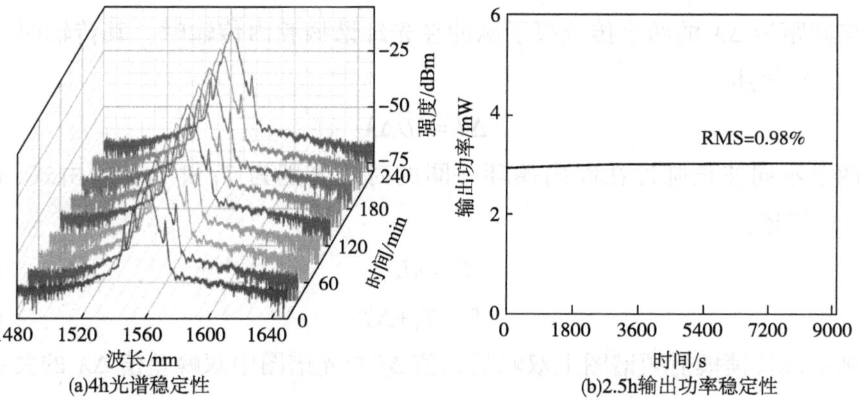

(a)4h光谱稳定性 (b)2.5h输出功率稳定性

图 4-22 80MW 泵浦功率下稳定锁模光纤激光器稳定性

RMS—均方根

研究发现，当泵浦功率在200mW以内，激光器都可以保持稳定的单脉冲锁模输出，超过200mW则会出现多脉冲现象。为了获得双波长锁模脉冲输出，通过不断地增加泵浦功率和调节PC的角度、对光纤的压力，在泵浦功率超过450mW时，激光器则工作在双波长锁模状态，实验结果如图4-23所示。图4-23(a)为脉冲序列。可以看出，此时振荡器中存在两种孤子，其对应的输出脉冲包含能量不同，因此示波器上会出现不同的脉冲序列，并且这两种脉冲可以长期稳定运转。可以看出，这两种孤子脉冲强度差别明显，只有其中一套脉冲序列的相邻脉冲间隔时间为32ns。这两种不同强度的脉冲序列会出现不能同时触发的现象，即一个孤子被触发固定住，另一个还在示波器上不停地随机移动，这表明谐振腔内两个孤子拥有不一样的群速度色散(Group Velocity Dispersion，GVD)。与低泵浦功率下单波长锁模光谱相比，双波长锁模的光谱发生了极大的变化，如图4-23(b)所示。在450mW泵浦功率下光谱包络依然存在Kelly sidebands，这是典型的负色散传统孤子锁模。光谱中出现了两个明显的强度相近的峰值，中心波长分别位于1555.2nm和1531.9nm处，波长间隔为23.3nm。脉冲光谱的半高全宽分别是6.2nm和1.46nm，可以看出光谱的中心波长随着泵浦功率的增加发生了蓝移。图4-23(c)为对应的射频谱图，扫描范围40kHz，分辨率带宽为110Hz。射频谱图中有两个十分接近的峰值，重复频率分别为31.2082858MHz和31.2099953MHz，重频差值为1709.5Hz。这种重复频率微小的差别是谐振腔运行在双波长锁模状态下，不同中心波长脉冲的群速度色散不同所导致的。理论上，当光谱间距为$\Delta\lambda$的两个传统孤子脉冲在光纤谐振腔内传输时，其传输时间差可由式(4-2)描述：

$$\Delta T = LD\Delta\lambda \tag{4-2}$$

两个不同波长脉冲在腔内循环一圈的时间分别为T_1和T_2，可由式(4-3)、式(4-4)描述：

$$T_1 = nL/c \tag{4-3}$$

$$T_2 = T_1 + \Delta T \tag{4-4}$$

则双波长锁模射频谱图上双峰的差值Δf与光谱图中双峰差值$\Delta\lambda$的关系可以由式(4-5)表示：

$$\Delta f = c^2 D\Delta\lambda / n^2 (L + LD\Delta\lambda c/n) \tag{4-5}$$

式中　c——真空中光速，m/s；

D——色散参量，ps/(nm·km)；

n——光纤的折射率；

L——总腔长，m。

代入具体数值，$c=3\times10^8$ m/s，$D_{SMF+EDF}=11.656$ps/(nm·km)，$n=1.46$，$L=6.75$m，$\Delta\lambda=23.3$nm，即可求得 $\Delta f=1698.8$Hz，与实验结果很接近。由于没有合适的滤波器，无法将不同中心波长的脉冲单独分离出来，只测量了中心波长为1555.2nm 脉冲的脉宽。其 AC 曲线如图 4-23(d)所示，经过拟合可得此时脉冲宽度为 460fs，插图是扫描范围为 20ps 的 AC 曲线。

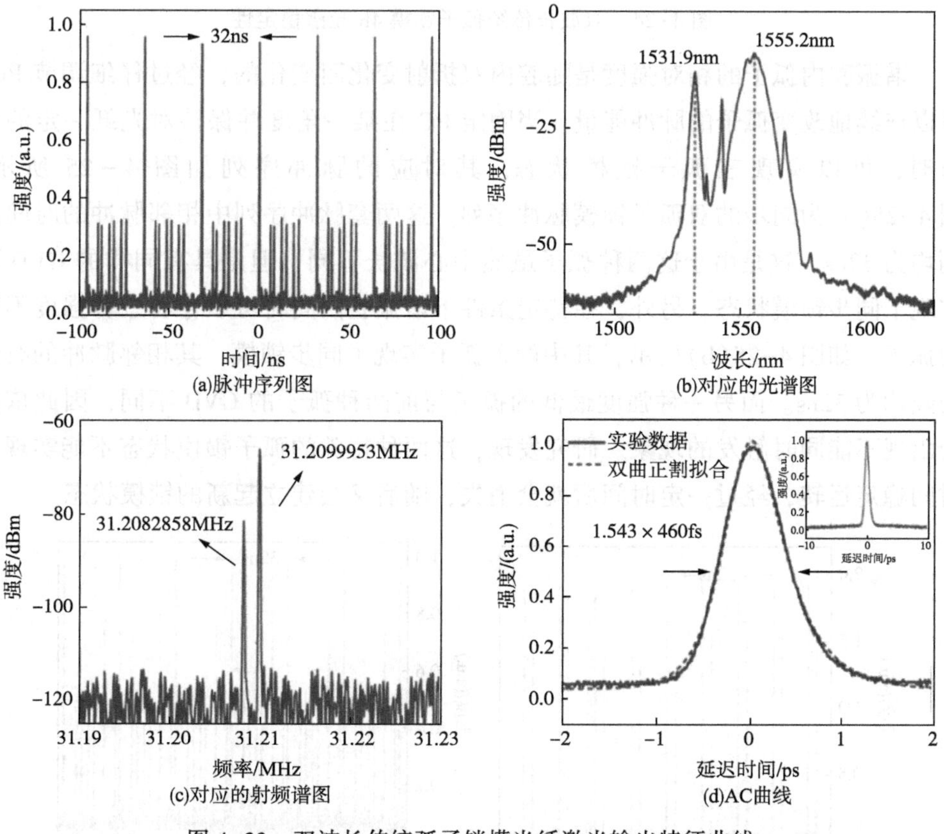

图 4-23 双波长传统孤子锁模光纤激光输出特征曲线

当激光器运行在双波长锁模状态下，稳定性测量结果如图 4-24 所示。可以看出，激光器在 4h 运行情况下，输出脉冲依然保持稳定，光谱包络没有发生明显的改变，进一步证明了激光器的长期稳定性。

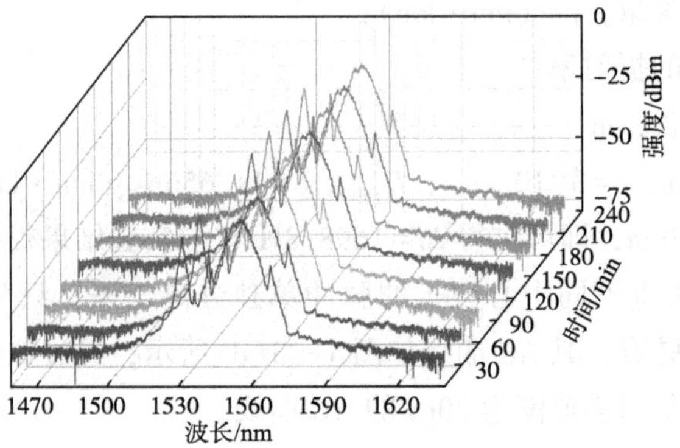

图 4-24 双波长传统孤子锁模 4h 光谱稳定性

谐振腔内孤子的相对强度是随腔内双折射变化而变化的，经过仔细调节 PC，可以连续地改变孤子的脉冲能量。当固定 PC 在某一角度并保持对光纤一定的压力时，可以实现三孤子锁模状态，其对应的脉冲序列如图 4-25 所示。图 4-25(a)为同步的双孤子锁模脉冲序列。这两套脉冲序列中相邻脉冲的时间间隔均为 32ns，这是由于这两种孤子虽然中心波长不同，但是具有同样的 GVD 而实现了同步锁模状态。另外，在特定条件下谐振腔内同时可以存在三种强度不同的孤子，如图 4-25(b)所示，其中两种孤子实现了同步锁模，其相邻脉冲的时间间隔均为 32ns。而另一种强度最低的孤子与前两种孤子的 GVD 不同，因此依然会出现不能同时触发的现象。研究发现，这两种特殊的孤子锁模状态不能实现长时间稳定运转，经过一定时间后就会消失，随后又会建立起新的锁模状态。

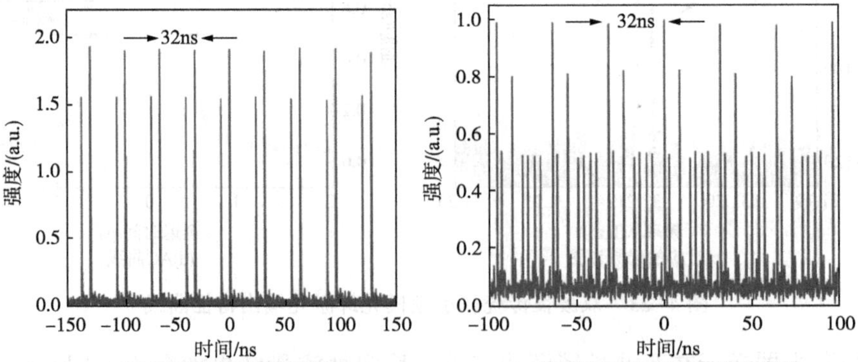

(a)同步双孤子锁模脉冲序列 (b)不同步三孤子锁模脉冲序列

图 4-25 同步双孤子和不同步三孤子锁模脉冲序列

图 4-26(a)展示了随着泵浦功率变化，得到的输出脉冲由单波长锁模向双波长锁模转换演化。可以看出，随着泵浦功率由 50mW 增加至最大值 550mW，输出光谱包络整体向短波长方向移动，中心波长从 1560.1nm 移动到 1555nm，移动距离约为 5nm。当泵浦功率在 50~250mW 范围内，激光器输出为单波长孤子脉冲，中心波长处于 1550nm 附近。随着泵浦功率的增加，当泵浦功率处于 250~450mW 时，可以看到 1530nm 处的增益逐渐增大但不足以达到双波长锁模，激光器处于由单波长锁模转为双波长锁模的一个过渡态。而当泵浦功率超过 450mW 时，可以明显看见激光器由单波长锁模转变到稳定的双波长锁模，且短波处的峰值强度随泵浦功率的增加而提高。这种现象可以归结为增益光谱受到了调制，导致在 1530nm 处增益系数高于 1550nm 处。值得一提的是，这种单双波长飞秒脉冲切换输出仅需要改变泵浦功率的大小，而且这种过程是可逆的。当泵浦功率从最大值持续减小时，1530nm 附近的脉冲强度会逐渐降低直至彻底消失。这种现象可解释为饱和吸收效应，结果体现为随着泵浦功率的减少，1530nm 脉冲逐渐消失而 1555nm 的脉冲会吸收所有能量并形成一个稳定的孤子。

本研究中，在没有使用梳状滤波器的条件下，仍可实现稳定的可切换单双波长飞秒脉冲孤子输出，表明腔内存在双折射诱导的滤波效应。掺铒光纤增益谱受到了双折射诱导的滤波效应调制，使得 1530nm 和 1550nm 处的两个脉冲经历了相同或者不同的增益。受调制的增益谱和双折射诱导的滤波效应共同构成了一个带通滤波器，在泵浦功率大于 450mW 时，处于 1530nm 和 1550nm 波段被同步放大，而处于中间的波长成分被抑制。经过充分放大后，两个光谱成分形成了双波长连续激光输出，基于 GO-COOH 的可饱和吸收特性，最终产生稳定的双波长锁模孤子输出。为了证明 GO-COOH 的可饱和吸收特性，实验中在不改变其他条件的情况下去掉 GO-COOH 薄膜，则无论怎样调节 PC 以及泵浦功率，都无法实现稳定的自启动锁模。结果表明，GO-COOH 在激光器自启动锁模过程中占主导地位。激光器的输出功率测量结果如图 4-26(b)所示，可以看出，激光器输出主要分为四个部分。当泵浦功率低于 50mW，激光器输出连续光。当泵浦功率在 50~250mW 范围内，激光器处于单波长锁模状态。随着功率的提升，当泵浦功率在 250~450mW 范围内，激光器运行在单双脉冲过渡状态。当泵浦功率超过 450mW，激光器就转变到了双波长锁模态。泵浦源的最大输出功率只有 550mW，在最大泵浦功率下激光器的平均输出功率为 19.8mW。

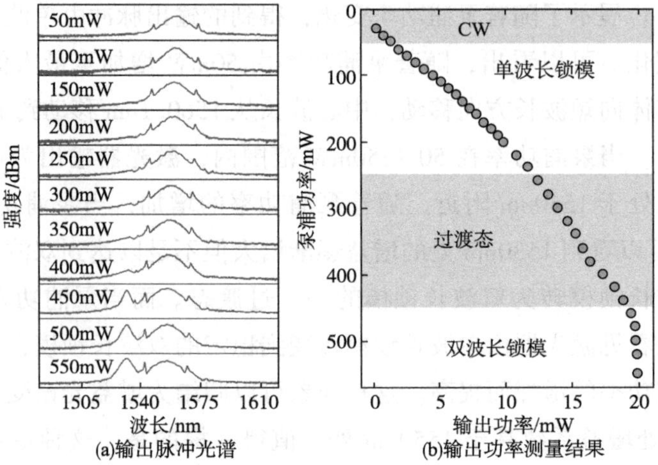

图 4-26　激光器输出脉冲光谱和输出功率随泵浦功率变化示意

最后，表 4-2 中总结了近年来研究人员基于不同纳米材料在掺铒光纤激光器中实现双波长锁模输出的结果。可知：本实验构建的光纤激光器的输出性能十分良好。与之前的研究相比，本研究实现了更短脉冲宽度，更高输出功率的稳定双波长孤子锁模输出。值得一提的是，本研究中所使用的增益光纤长度仅为 0.6m，是目前在同类光纤激光器中长度最短的，这可能是由于谐振腔参数(如偏振态、泵浦功率以及色散)更适合产生双波长脉冲。

表 4-2　基于二维纳米材料的双波长孤子掺铒光纤激光器输出参数的总结

纳米材料	波长/nm	波长间隔/nm	增益光纤/m	重频/MHz	功率/mW	脉宽/ps
BP	1533/1558	25	3.2	20.8	—	0.7
Bismuthene	1531.6/1543.2	11.6	1.4	208	—	1.58
Bismuthene	1544.85/1554.53	9.68	1.4	44	—	—
Graphene	1533.4/1556.11	22.71	4.5	8.4/9.1	11.36	0.9/0.94
$Ti_3C_2T_x$-Mxene	1575.6/1587.5	11.9	1.3	11.1/166.5	—	—
G/SnO_2/PANI	1532/1557.6	25.6	5	2.13	3.2	1.25
$MnPS_3$	1565.19/1565.63	0.44	3.2	5.109	27.2	3800
WS_2	1568.55/1569	0.45	5	2.14	14.2	11
h-BN	1531.5/1557.5	26	4.5	2.1	7.2	1.3
CNT	1531/1557	26	5	16.58	—	—
GO-COOH	1531.9/1555.2	23.3	0.6	31.2	19.8	0.515

4.5 基于羧基氧化石墨烯 C+L 波段掺铒光纤激光器的研究

上一个实验通过调节腔内双折射和泵浦功率，成功实现了单双波长可切换的超短脉冲锁模输出，但是输出的孤子脉冲中心波长依然停留在 C 波段，即波长范围为 1530~1565nm。在当前信息爆炸的时代，随着光通信系统的快速发展和广泛应用，传统的 C 波段已经无法满足日益增加的传输容量的需求。为了突破 C 波段通信窗口的限制，进一步拓展通信带宽提高光通信系统的传输容量，S 波段(1480~1530nm)和 L 波段(1565~1625nm)都引起了人们的普遍关注。激光器特别是能够在 L 波段工作的光纤激光器近年来得到了一定的发展。其在高速光学采样、光学频率梳产生、倍频程超连续谱、三光子显微成像、生物医学等领域得到广泛的应用。

在主动锁模光纤激光器中，2019 年韩国 Park 等在环形腔内加入一个电光调制器，利用不同中心波长的光纤光栅，实现了中心波长 1600nm 附近脉宽纳秒量级的超短脉冲波长可切换输出，平均输出功率 100mW。毫无疑问，额外的器件加入腔内，增加了腔型结构的复杂程度，也提高了成本。相较而言，被动锁模是一种更好的选择。2014 年，江苏师范大学 Luo J. L. 等报道了基于 NPR 技术实现了中心波长从 1577. 9nm 到 1605. 2nm 可调谐的 L 波段类噪声皮秒量级锁模脉冲输出，1605. 2nm 是当时基于 NPR 技术掺铒锁模光纤激光器在 L 波段输出的最长波长。2015 年，北京大学 Song Y. R. 等利用 Bi_2Se_3 作为可饱和吸收体，在 L 波段实现了重频 35. 45MHz，脉宽 360fs 的超短脉冲输出。360fs 是当时世界上利用 Bi_2Se_3 实现 L 波段锁模脉冲输出的最短脉冲宽度。2016 年，上海交通大学 Qian K. 等利用两端不同型号的增益熔接在一起，基于 NPR 技术成功实现了 L 波段自相似孤子输出，重频为 36MHz，输出功率为 47mW，腔外压缩脉宽最窄为 57. 6fs。2018 年，香港大学 Kang J. Q. 等通过光学集成模块，提高腔型集成度，利用 NPR 技术实现了 L 波段高能量的耗散孤子输出，直接输出光谱宽度为 52. 4nm，脉冲能量 3. 9nJ。2019 年，计量大学 Wang Z. K. 等利用无芯光纤和折射率渐变多模光纤组合成为可饱和吸收体，在环形腔中得到了 L 波段单双波长可切换可调谐的锁模脉冲输出。2021 年，马来西亚普特拉大学 Mahdi M. A. 等利用还原氧化石墨烯作为可饱和吸收体，实现了稳定的 L 波段单脉冲锁模输出，中心波长 1599.43nm，脉冲宽度 568fs。

综上所述，可以看出关于 L 波段锁模光纤激光器的研究成果十分丰富，但是目前还没有利用 GO-COOH 可饱和器件锁模的 L 波段超短脉冲输出的相关报道，因此基于 GO-COOH 的 L 波段锁模光纤激光器值得研究和探索。

4.5.1 实验装置

图 4-27 所示为搭建的光纤激光器光路示意。泵浦源采用最大输出功率 550mW 的单模 LD。由于之前所使用的增益光纤长度仅为 0.6m，随着泵浦功率的增加，增益逐渐达到饱和，光谱仪上可以明显看见在 980nm 附近有一定强度的未被吸收的泵浦光，为了有效地利用这些泵浦光，同时也为了让激光器更容易运行在 L 波段，实验中将增益光纤长度选择为 1.9m。一个 30：70 耦合器熔接在增益光纤后面作为唯一的输出端。PC 用来调节腔内双折射，隔离器用来确保光在腔内单向传输，隔离度大于 30dB，回光损耗 60dB。GO-COOH 依然采用三明治结构夹在两个跳线头之间。腔内所用光纤器件的尾纤都是普通 SMF，整个谐振腔长约 7.8m。所用增益光纤在 1600nm 处的二阶色散为 -20.953ps/(nm·km)，则腔内净色散量计算可得为 $-0.046ps^2$，此色散值支持激光器输出传统孤子。与上个实验光路的不同之处是使用的偏振无关隔离器，腔内不再引入 NPR 滤波效应。图 4-28 所示为激光器光路实物。

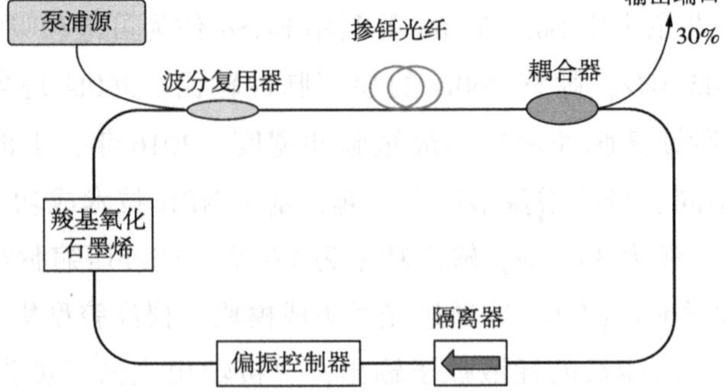

图 4-27　基于 GO-COOH 的 L 波段掺铒光纤激光器光路示意

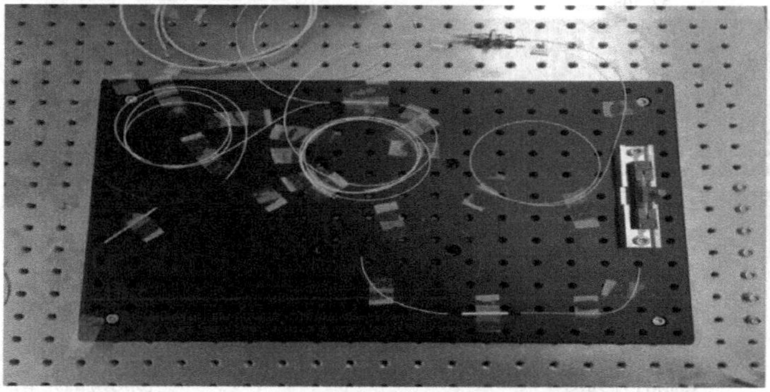

图 4-28　激光器光路实物

4.5.2　实验结果与讨论

当搭建好实验光路后，首先通过改变泵浦功率在示波器上观测激光器的运行状态，在泵浦功率低于 110mW 情况下，激光器输出连续激光，无论怎样调节 PC 都无法建立稳定锁模。当持续增加泵浦功率超过 110mW，通过调节 PC，实验观测到稳定的 L 波段传统孤子锁模，锁模建立后仅需要轻微调节 PC 来优化结果，即激光器自启动锁模的阈值为 110mW，此时平均输出功率为 1.66mW。图 4-29 为 130mW 泵浦功率下激光器输出的特征曲线。图 4-29(a)为锁模脉冲序列，可知：没有调 Q 现象出现，相邻脉冲的时间间隔为 37.3ns，插图为时间尺度为 10s 对应的脉冲序列，上端十分平滑，证明了激光器稳定的锁模状态。图 4-29(b)为相应的光谱图，可知：中心波长位于 1593.3nm 处，证明此时激光器运行典型的 L 波段，且光谱半高全宽为 6.53nm。光谱包络两侧存在明显的 Kelly sidebands，表明激光器输出的孤子类型为传统孤子。图 4-29(c)为对应的射频谱图，输出脉冲重复频率为 26.7MHz，信噪比约为 75dB，整个频谱图十分干净无杂乱信号，表明锁模状态非常稳定。图 4-29(d)为测量的 AC 曲线。经过拟合，可得脉冲宽度为 479.6fs。插图为 80ps 时间范围内的 AC 曲线，证明激光器为单脉冲输出。

图 4-30 所示为测量的长时间光谱稳定性。激光器输出脉冲光谱在 4h 监测时间内，整体包络没有出现明显的变化，基本保持一致，从另一方面证明了激光器长期运行的稳定性。

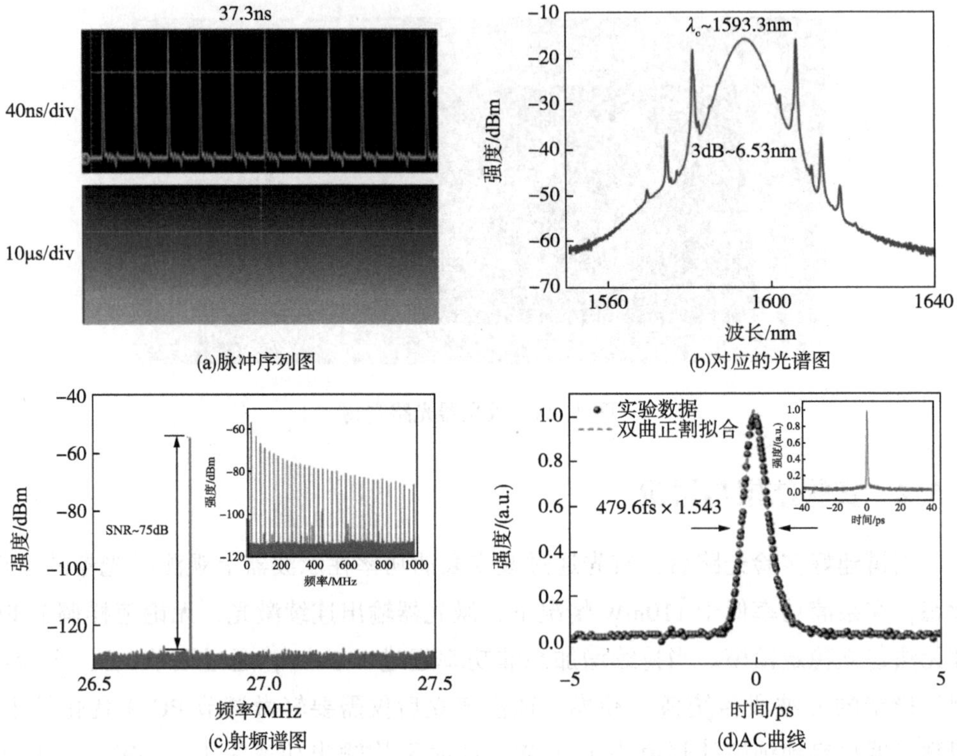

图 4-29　L 波段传统孤子锁模光纤激光输出特性

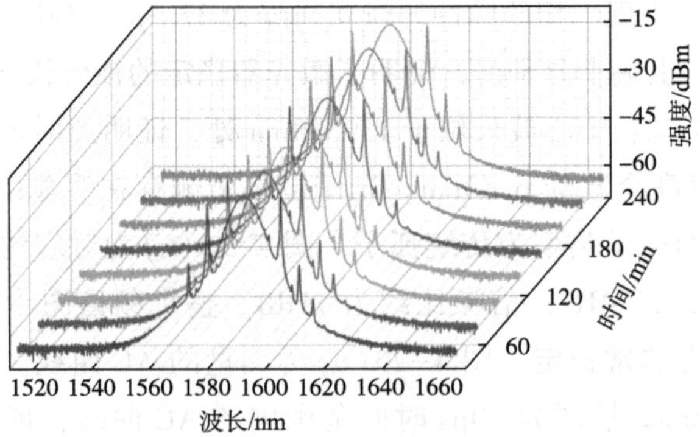

图 4-30　L 波段传统孤子锁模光纤激光输出 4h 光谱稳定性

之前的研究表明，通过控制腔内损耗，增益光纤的长度以及增益光纤掺杂浓度都可以拓展掺铒光纤激光器的工作波长。在这三种方法中，相较而言调整增益光纤的长度是最简单的一种，所以本研究采用这种方法。由于所使用的是高掺杂的增益光纤，与典型的掺铒锁模光纤激光器所用增益光纤长度相比，1.9m 是相当长的，因此可以为 L 波段的激光发射提供足够的增益。由于增益光纤长度是唯一的变量，为了更多地探究增益长度与激光器工作波长的关系，在不改变其他条件的情况下仅调节增益长度，得到了如图 4-31 所示的结果。图 4-31(a)为使用不同长度增益光纤情况下，激光器输出的光谱图。结果显示，输出脉冲中心波长依赖于增益光纤长度的变化，即随着增益光纤长度增加，输出光谱出现明显红移，逐渐从 C 波段过渡到 L 波段。图 4-31(b)为输出脉冲的中心波长以及光谱带宽随增益光纤长度改变而改变的具体数值，可知：增益光纤长度由 0.6m 增加到 1.9m，激光器输出脉冲中心波长由 1560.88nm 增加到 1593.3nm，改变了 32.42nm。当增益长度由 1.6m 变为 1.9m，中心波长增加特别明显，而光谱带宽也基本保持随增益光纤增加而增加，最宽为 6.53nm。

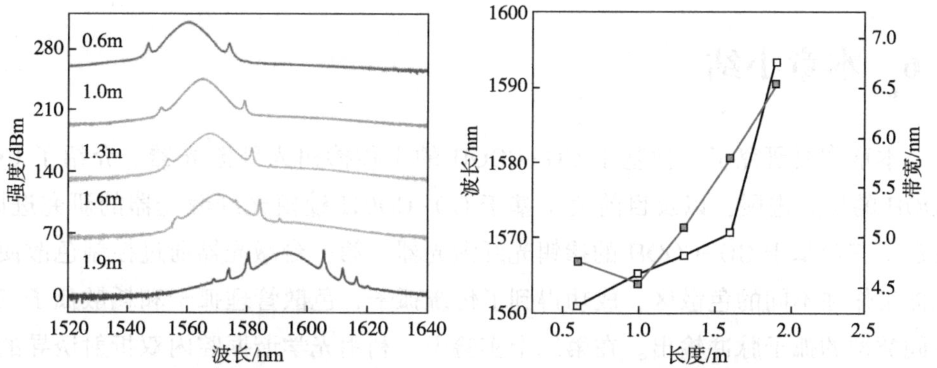

(a)光谱图演化图 (b)中心波长和光谱带宽演化图

图 4-31 激光器输出特性随增益光纤长度变化演化

激光器之所以能够处于 L 波段运行状态，可以用增益位移效应来解释。当增益光纤吸收泵浦光后，铒离子被激发，随着泵浦功率进一步增加，增益光纤中会形成粒子数反转，产生了放大自发辐射(Amplified Spontaneous Emission，ASE)。这种 ASE 随着泵浦功率增加而增加，可泵浦之后的增益光纤，使铒离子的粒子数反转程度保持在一个较低水平(为 0.3~0.4)。利用 ASE 的二次泵浦效应，可以有效地增强 L 波段信号的增益。

激光器的输出功率如图 4-32 所示。结果显示，激光器输出可分为三个部分。当泵浦功率低于 110mW，激光器输出连续激光。当泵浦功率在 110~250mW 范围内，激光器运行在稳定的单脉冲锁模状态。而当泵浦功率超过 250mW，则会出现多脉冲锁模现象。在 250mW 泵浦下，激光器最大输出平均功率为 11.42mW。

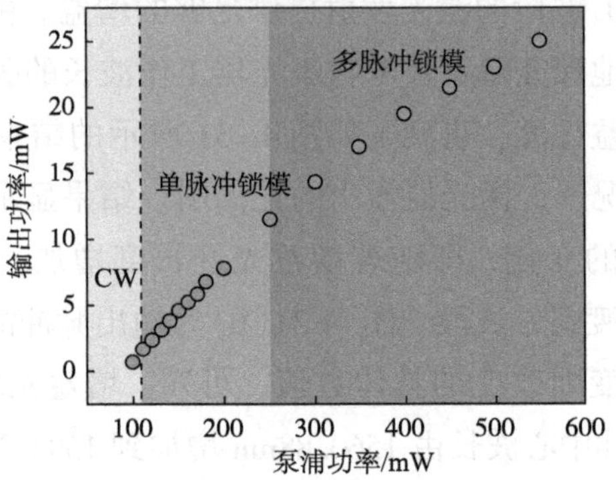

图 4-32　激光器输出功率随泵浦功率变化示意

CW—连续波；ML—锁模

4.6　本章小结

本章主要研究了一种基于 GO-COOH 的飞秒掺铒光纤激光器。介绍了 GO-COOH 的研究进展，以及目前关于基于 GO-COOH 锁模光纤激光器的研究进展。搭建了三台基于 GO-COOH 的掺铒光纤激光器。第一台激光器通过控制色散使激光器工作在不同的色散区，成功得到了传统孤子，色散管理孤子和耗散孤子三种不同类型的孤子脉冲输出。在第二个实验中，利用光学谐振腔内双折射诱导的滤波效应，成功实现了传统孤子单双波长可切换飞秒锁模脉冲输出。在第三个实验中，通过控制谐振腔结构，优化系统增益位移效应，成功实现了稳定的 C+L 波段的传统孤子锁模脉冲输出。结果表明，GO-COOH 是一个良好的可饱和吸收体，适合用来在光纤激光器中实现超短脉冲输出。我们利用 GO-COOH 首次实现了多孤子态锁模输出，单双波长可切换锁模输出以及 C+L 波段飞秒脉冲输出，进一步丰富了低维纳米材料超短脉冲光纤激光器的研究。

参　考　文　献

[1] GEIM A K, NOVOSELOV K S. The rise of graphene[J]. Nature Materials, 2007, 6(3): 183-191.

[2] 曹宇臣，郭鸣明. 石墨烯材料及其应用[J]. 石油化工，2016，45(10)：1149-1159.

[3] ZHU Y, MURALI S, CAI W, et al. Graphene and graphene oxide: synthesis, properties, and applications[J]. Advanced Materials. 2010, 22(35): 3906–3924.

[4] NOVOSELOV K S, GEIM A K, MOROZOV S V, et al. Electric field effect in atomically thin carbon films[J]. Science, 2004, 306(5696): 666–669.

[5] CAO Y, FATEMI V, DEMIR A, et al. Correlated insulator behaviour at half-filling in magic angle graphene superlattices[J]. Nature, 2018, 556(7699): 80–84.

[6] CAO Y, FATEMI V, FANG S, et al. Unconventional superconductivity in magic-angle graphene superlattices[J]. Nature, 2018, 556(7699): 43–50.

[7] CAO Y, RODAN-LEGRAIN D, RUBIES-BIGORDA O, et al. Tunable correlated states and spin-polarized phases in twisted bilayer-bilayer graphene[J]. Nature, 2020, 583(7815): 1–6.

[8] CAO Y, CHOWDHURY D, RODAN-LEGRAIN D, et al. Strange metal in magic-angle graphene with near planckian dissipation[J]. Physical Review Letters, 2020, 124(7): 076801.

[9] LI D, MÜLLER M B, GILJE S, et al. Processable aqueous dispersions of graphenenanosheets [J]. Nature Nanotechnology, 2008, 3(2): 101–105.

[10] SUN Z, ROZHIN G, WANG F, et al. A compact, high power, ultrafast laser mode-locked by carbon nanotubes[J]. Applied Physics Letters, 2009, 95(25): 253102.

[11] KIEU K, JONES R J, PEYGHAMBARIAN N. Generation of few-cycle pulses from an amplified carbon nanotube mode-locked fiber laser system[J]. IEEE Photonics Technology Letters, 2010, 22(20): 1521–1523.

[12] GUI L, XIAO X, YANG C. Observation of various bound solitons in a carbon-nanotube-based erbium fiber laser[J]. Journal of the Optical Society of America B, 2012, 30(1): 158–164.

[13] POPA D, SUN Z, HASAN T, et al. 74-fsnanotube-mode-locked fiber laser[J]. Applied Physics Letters, 2012, 101(15): 153107.

[14] WANG J Z, CAI Z P, XU P, et al. Pulse dynamics in carbon nanotube mode-locked fiber lasers near zero cavity dispersion[J]. Optics Express, 2015, 23(8): 9947–9958.

[15] DONG Z K, XU R Q, ZHANG H Y, et al. Er-doped all-fiber laser mode-locked by graphitic carbon nitride nanosheets[J]. Chinese Optics Letters, 2018, 16(8): 081402.

[16] XU X T, RUAN S C, ZHAI J P, et al. Facile active control of a pulsed erbium-doped fiber laser using modulation depth tunable carbon nanotubes[J]. Photonics Research, 2018, 6(11): 996–1002.

[17] SOTOR J, SOBON G, MACHERZYNSKI W, et al. Black phosphorus saturable absorber for ultrashort pulse generation[J]. Applied Physics Letters, 2015, 107(5): 440–449.

[18] YUN L. Black phosphorus saturable absorber for dual-wavelength polarization-locked vector soliton generation[J]. Optics Express, 2017, 25(26): 32380-32385.

[19] JIN X X, HU G H, ZHANG M, et al. 102fs pulse generation from a long-term stable, inkjet-printed black phosphorus-mode-locked fiber laser[J]. Optics Express, 2018, 26(10): 12506-12513.

[20] ZHAO C, ZHANG H, QI X, et al. Ultra-short pulse generation by a topological insulator based saturable absorber[J]. Applied Physics Letters, 2012, 101(21): 211106.

[21] ZHAO C, ZOU Y, CHEN Y, et al. Wavelength-tunable picosecond soliton fiber laser with Topological Insulator: Bi_2Se_3 as a mode locker[J]. Optics Express, 2013, 21(25): 27888-27895.

[22] SOTOR J, SOBON G, PASTERNAK I, et al. Simultaneous mode-locking at 1565nm and 1944nm in fiber laser based on common graphene saturable absorber[J]. Optics Express, 2013, 21(16): 18994-19002.

[23] CHERNYKH D S, KRYLOV A A, Levchenko A E, et al. Hybrid mode-locked erbium-doped all-fiber soliton laser with adistributed polarizer[J]. Applied Optics, 2014, 53(29): 6654-6662.

[24] LIN Y H, YANG C Y, LIN F S, et al. Soliton compression of the erbium-doped fiber laser weakly started mode-locking by nanoscale p-type Bi_2Te_3 topological insulator particles[J]. Laser Physics Letters, 2014, 11(5): 055107.

[25] SOTOR J, SOBON G, ABRAMSKI K M. Sub-130fs mode-locked Er doped fiber laser based on topological insulator[J]. Optics Express, 2012, 22(11): 13244-13249.

[26] SOTOR J, SOBON G, MACHERZYNSKI W, et al. Harmonically mode-locked Er-doped fiber laser based on a Sb_2Te_3 topological insulator saturable absorber[J]. Laser Physics Letters, 2014, 11(5): 055102.

[27] SOTOR J, SOBON G, MACHERZYNSKI W, et al. Mode-locking in Er-doped fiber laser based on mechanically exfoliated Sb_2Te_3 saturable absorber[J]. Optical Materials Express, 2014, 4(1): 1-6.

[28] XIA H, LI H, LAN C, et al. Ultrafast erbium-doped fiber laser mode-locked by a CVD-grown molybdenum disulfide (MoS_2) saturable absorber[J]. Optics Express, 2014, 22(14): 17341-17348.

[29] BOGUSLAWSKI J, SOBON, ZYBAA R, et al. Investigation on pulse shaping in fiber laser hybrid mode-locked by Sb_2Te_3 saturable absorber[J]. Optics Express, 2015, 23(22): 29014-29023.

[30] WANG Y, MAO D, GAN X T, et al. Harmonic mode locking of bound-state solitons fiber laser

based on MoS_2 saturable absorber[J]. Optics Express, 2015, 23(1): 205-210.

[31] ZHAO F Y, WANG Y S, WANG Y G, et al. Graphene oxide-COOH as a new saturable absorber for both Q-switching and mode-locking fiber lasers[J]. Chinese Optics Letters, 2018, 15: 101402.

[32] DUAN L N, WANG H S, BAI J, et al. 844-fs mode-locked fiber laser by carboxyl-functionalized graphene oxide[J]. Optical Engineering, 2017, 56(11): 116104.

[33] LV R D, LI L, WANG Y G, et al. Carboxyl graphene oxide solution saturable absorber for femtosecond mode-locked erbium-doped fiber laser[J]. Chinese Physics B, 2018, 27: 114214.

[34] HOU L, LIN Q M, WANG Y G, et al. Femtosecond ytterbium-doped fiber laser mode-locked by carboxyl-functionalized graphene oxide saturable absorber[J]. Applied Physics Express, 2017, 11(1): 012702.

[35] LIU J, WANG Z K, WANG D N, et al. L-band tunable and dual-wavelength mode-locked fiber laser with NCF-GIMF-based SA[J]. IEEE Photonics Technology Letters, 2019, 31(8): 647-650.

[36] WANG T J, WANG J, WANG Y G, et al. High-power passively Q-switched Nd: $GdVO_4$ laser with a reflective graphene oxide saturable absorber[J]. Chinese Optics Letters, 2019, 17: 020009.

[37] JONES D J, CHEN Y, HAUS H A, et al. Resonant sideband generation in stretched-pulse fiber lasers[J]. Optics Letters, 1998, 23(19): 1535-1537.

[38] WANG Q Q, TONG C, ZHANG B, et al. All-fiber passively mode-locked thulium-doped fiber ring laser using optically deposited graphene saturable absorbers[J]. Applied Physics Letters, 2013, 102(13): 2226-2227.

[39] LIU X M, MAO D, WANG L R. Recent progress in investigation and application of dissipative soliton in fiber lasers[J]. Chinese Science Bulletin, 2012, 57(32): 3039-3054.

[40] LI J, YI X, LEE H, et al. Electro-optical frequency division and stable microwave synthesis [J]. Science, 2014, 345(6194): 309-313.

[41] SUH M G, YANG Q F, YANG K Y, et al. Micro-resonatorSoliton Dual-Comb Spectroscopy [J]. Science, 2016, 354(6312): 600-603.

[42] SCHLAGER J B, KAWANISHI S. Dual wavelength pulse generation using mode-lockederbium-doped fibre ring laser[J]. Electronics Letters, 1991, 27(22): 2072-2073.

[43] PAN S L, LOU C Y. Stable multiwavelength dispersion-tuned actively mode-locked erbium-doped fiber ring laser using nonlinear polarization rotation[J]. IEEE Photonics Technology

Letters, 2006, 18(13): 1451-1453.

[44] LI Z H, LOU C Y, GAO Y Z, et al. Dual-wavelength and dual-repetition-rate actively mode-locked fiber ring laser[J]. Optics Communications, 2000, 185(4-6): 381-385.

[45] CHEN Z, SUN H Z, MA S Q, et al. Dual-wavelength mode-locked erbium-doped fiber ring laser using highly nonlinear fiber[J]. IEEE Photonics Technology Letters, 2008, 20(24): 2066-2068.

[46] 刘奂奂，蒋巧，宋伟，等. L 波段可切换双波长被动锁模光纤激光器[J]. 中国激光，2019, 46(7): 37-44.

[47] 孙梦秋，汪徐德，杨思敏，等. 双波长可切换飞秒锁模光纤激光器[J]. 激光与红外，2021, 51(1): 46-51.

[48] LUO Z Q, WANG J Z, ZHOU M, et al. Multiwavelength mode-locked erbium-doped fiber laser based on the interaction of graphene and fiber-taper evanescent field[J]. Laser Physics Letters, 2012, 9(3): 229.

[49] GUO B, YAO Y, YANG Y F, et al. Topological insulator: Bi_2Se_3/polyvinyl alcohol film-assisted muti-wavelength ultrafast erbium-doped fiber laser[J]. Journal of Applied Physics, 2015, 117(6): 063108.

[50] GUO B, LI S, FAN Y, et al. Versatile soliton emission from a WS_2 mode-locked fiber laser [J]. Optics Communications, 2018, 406: 66-71.

[51] ZHANG H, TANG D Y, WU X, et al. Multi-wavelength dissipative soliton operation of an erbium doped fiber laser[J]. Optics Express, 2009, 17(15): 12692-12697.

[52] MAO D, LU H. Formation and evolution of passively mode-locked fiber soliton lasers operating in a dual-wavelength regime[J]. Journal of the Optical Society of America B Optical Physics, 2012, 29(10): 2819-2826.

[53] YUN L. Black phosphorus saturable absorber for dual-wavelength polarization-locked vector soliton generation[J]. Optics Express, 2017, 25(26): 32380-32385.

[54] XU W, GUO P, LI X, et al. Sheet-structured bismuthene for near-infrareddual-wavelength harmonic mode-locking[J]. Nanotechnology, 2020, 31: 225209.

[55] GUO P, LI X, FENG T, et al. Few-layer bismuthene for coexistence of harmonic and dual wavelength in a mode-locked fiber laser[J]. ACS Applied Materials & Interfaces, 2020, 12: 31757.

[56] LAU K Y, BAKAR M H, MUHAMMAD F D, et al. Dual-wavelength, mode-locked erbium-doped fiber laser employing a graphene/polymethyl-methacrylate saturable absorber[J]. Optics Express, 2018, 26(10): 12790-12800.

[57] YAN X X, JIANG M, LI E K, et al. Tunable high - order harmonic and dual - wavelength mode-locking in Er-doped fiber laser based on Ti_3C_2Tx-Mxene[J]. Applied Physics. Express, 2021, 14: 012009.

[58] GUO B, OUYANG Q Y, Li S, et al. Dual-Wavelength soliton laser based on graphene ternary composite[J]. Chinese Journal of Lasers, 2017, 44: 0703012.

[59] YU Q, GUO K, CHEN J, et al. Dual-wavelength self-starting mode-locking Er-doped fiber laser with $MnPS_3$ saturable absorber[J]. Acta Physica Sinica, 2020, 69(18): 184208.

[60] GUO B, LI S, FAN Y X, et al. Versatile soliton emission from a WS_2 mode-locked fiber laser [J]. Optics Communications, 2018, 406: 66-71.

[61] Hexagonal boron nitride: a rising nonlinear optical material for dual - wavelength soliton generation, www. chianxiv. org/abs/201611. 00719.

[62] ZENG C, CUI Y D, GUO J. Observation of dual - wavelength solitons and bound states in a nanotube/microfiber mode - locking fiber laser [J]. Optics Communications, 2015, 347: 44-49.

[63] NUZZO V, PLAMANN K, SAVOLDELLI M, et al. In situ monitoring of second - harmonic generation in human corneas to compensate for femtosecond laser pulse attenuation in keratoplasty [J]. Journal of Biomedical Optics, 2007, 12(6): 064032.

[64] FRANCK M, FRÉDÉRIC D, MARC H, et al. Microjoule femtosecond fiber laser at 1. 6μm for corneal surgery applications[J]. Optics Letters, 2009, 34(13): 1991-1993.

[65] NISHIZAWA N, CHEN Y, HSIUNG P, et al. All fiber high resolution OCT system using an ultrashort pulse high power fiber laser[C]//Lasers & Electro-optics. IEEE, 2004.

[66] CADROAS P, ABDELADIM L, KOTOV L, et al. All-fiber femtosecond laser providing 9nJ, 50MHz pulses at 1650nm for three - photon microscopy [J]. Journal of Optics, 2017, 19 (6): 065506.

[67] PARK S M, KIM G H, LEE H D, et al. Wavelength - switchable ns - pulsed active mode locking fiber laser for photoacoustic signal generation[J]. Optics & Laser Technology, 2019, 115: 441-446.

[68] LUO J, LEI L, GE Y, et al. L-band erbium-doped fiber laser usingthe nonlinear polarization rotation technique[C]//Fiber-based Technologies & Applications, 2014.

[69] LI K, SONG Y, YU Z, et al. L-band femtosecond fibre laser based et al. on Bi_2Se_3 topological insulator[J]. Laser Physics Letters, 2015, 12(10): 105103.

[70] WANG Z, LI Z, XIAO F, et al. Generation of Sub-60fs similaritons at 1. 6μm from an all-fiber Er-doped laser[J]. Journal of Lightwave Technology, 2016, 34(17): 4128-4134.

[71] KANG J Q, KONG C H, FENG P P, et al. Broadband high-energy all-fiber laser at 1.6μm [J]. IEEE Photonics Technology Letters, 2018, 30(4): 311-314.

[72] NG E K, LAU K Y, LEE H K, et al. L-band femtosecond fiber laser based on a reduced graphene oxide polymer composite saturable absorber[J]. Optical Materials Express, 2021, 11(1): 59-72.

[73] FRANCO P, MIDRIO M, TOZZATO A, et al. Characterization and optimization criteria for filterless erbium-doped fiber lasers[J]. Journal of the Optical Society of America B, 1994, 11(6): 1090-1097.

[74] MASSICOTT J, ARMITAGE J R, WYATT T, et al. High gain, broadband 1.6μm Er^{3+} doped silica fiber amplifier[J]. Elrctronics Letters, 1990, 26(20): 1645-1646.

第5章 基于非线性偏振旋转被动锁模光纤激光器

从第4章中实验结果可知，低维纳米材料 GO-COOH 是一种理想的 SA，十分适合应用于光纤激光器中，用来产生超短脉冲输出。虽然激光器可以稳定运行在锁模状态，但是输出脉冲的光谱带宽相对而言不够宽，且脉冲宽度未达到亚百飞秒，对于一些应用来说这样的参数可能无法满足实际需要。因此需要寻找一种方法来提升激光器输出的关键参数，实现宽光谱窄脉宽的脉冲输出。

本章主要利用非线性偏振旋转锁模技术，搭建了五套掺铒光纤激光器实验光路。第一个实验通过合理地控制谐振腔内的偏振和色散，实现了宽光谱飞秒锁模脉冲输出，并将种子光耦合进 EDFA 中进行放大，在 EDFA 输出端熔接一段 SMF 用来压缩脉宽，同时展宽输出脉冲的光谱，最终得到了光谱-20dB 带宽超过 550nm，脉冲宽度为 59fs 的超短脉冲输出。第二个实验通过优化上一个实验腔型结构，调节腔内偏振和色散，成功实现了可切换的两种孤子类型(色散管理孤子和自相似孤子)的锁模脉冲输出，并选择自相似孤子作为种子光源，在 EDFA 中进一步放大，最终实现了倍频程(928~2400nm)的超连续谱(光学相干层析成像，ave-spanning Supercontinuum，SCS)产生。第三个实验利用反射式衍射光栅配合光纤准直器作为滤波器，实现了耗散孤子和自相似孤子的波长可调谐可切换输出，两种孤子的波长调谐范围分别为 45.1nm 和 29.9nm。第四个实验通过在腔内熔接高非线性光纤(Highly Nonlinear Fiber，HNLF)，实现了宽谱类噪声锁模脉冲输出，40dB 光谱带宽约为 500nm，最窄脉宽 71fs。第五个实验利用双包层 Er/Yb 共掺光纤作为增益介质，实现了输出功率 628mW、脉宽 125.7fs 的类噪声锁模输出。

5.1 宽光谱飞秒掺铒单模光纤激光器的实验研究

5.1.1 引言

能够产生宽光谱飞秒脉冲的超短光纤激光器由于具有巨大应用潜力而吸引了科研工作者的持续关注，在这方面的研发过程中投入了大量精力。其应用范围很广，包括阿秒物理、光学相干断层成像、激光机密加工、光学频率梳产生、多光子成像等方面。特别地，飞秒掺铒光纤激光器由于其独特的性质(如出色的稳定性，低成本，易于操作和更紧凑的设计)而适合用于深层组织的多光子成像系统。因此，提高超短脉冲源的性能对于实际应用来说十分有必要。

为了有效地激发深层组织的非线性信号，理想的宽光谱飞秒脉冲光源应该覆盖对于组织而言合适的光学透过窗口。目前，最常用的扩展超短脉冲波长覆盖范围的方法是利用各种各样的光纤光学非线性效应，这些方法一般都需要使用特殊类型的光纤来实现，比如光子晶体光纤或者高非线性光纤。虽然采用这类方法搭建光纤激光器可以得到宽光谱的飞秒脉冲源，但是特种光纤的成本相对较高而且光纤间的熔接损耗远大于标准的 SMF。另外一种方法是利用 SMF 中的 SPM 和 SSFS 等非线性效应，在 EDFA 中展宽入射种子光的光谱同样可以实现目标。掺铒光纤放大器不仅可以实现光谱的非线性展宽，同时也可以放大飞秒脉冲的能量。值得注意的是，除了要求较宽的波长范围外，飞秒光纤激光系统的发展对于深层组织成像的多光子成像系统而言也是十分重要的。毫无疑问，利用第二种方法即 SMF-EDFA 系统来实现宽光谱飞秒脉冲输出是多光子成像系统光源的最佳选择。

近年来，许多科研工作者为了获得理想的用于多光子成像系统的掺铒 SMF 激光源，大量时间与精力都集中在产生具有宽光谱的飞秒脉冲上。研究主要分为两类：一类是从光纤振荡器直接输出脉冲的研究，另一类是关于从 EDFA 后输出脉冲的研究。对于光纤振荡器直接输出而言，2007 年，南洋理工大学赵鹭明等在全光纤谐振腔内通过非线性脉冲放大和压缩，得到了光谱带宽 53nm、脉冲宽度 56fs 的超短脉冲。2010 年，北京大学 Ma 等利用 NPR 锁模机制，从掺铒光纤振荡器中直接输出了光谱带宽 135nm、脉冲宽度 37.4fs 的超短脉冲。这创造了当时从掺铒光纤振荡器中直接输出的最窄脉冲世界纪录。2015 年，上海交通大学李杏等通过对掺铒光纤谐振腔的色散和非线性的合理优化，在 200MHz 重复频率的振荡器中直接产生了光谱带宽 148nm、脉冲宽度 44. 6fs 的超短脉冲。2016 年，康奈尔大学 Frank W. 等利用梳状色散渐减光纤，在谐振腔内直接产生了少周期自相似孤子脉冲。输出脉冲用棱镜对去啁啾后脉冲宽度最窄为 37fs。对于 EDFA 而言，2010 年，亚利桑那大学 Kieu K. 等在采用单壁碳纳米管作为 SA 搭建了全光纤环形腔，在放大器部分采用了一小段 3cm 的高非线性光纤，产生了光谱覆盖范围从 1000~1500nm 的脉冲宽度为 14fs 的少周期超短脉冲。2012 年，华东师范大学彭俊松等报道了一种基于自相似种子源的全光纤啁啾脉冲放大系统，光谱 3dB 带宽 51nm，去啁啾后脉冲宽度 113fs。尽管这方面的研究很多，但是上述激光系统产生的飞秒脉冲仍旧只有相对较窄的光谱带宽。为了获得更宽的光谱，充分利用光纤中的非线性效应是必不可少的。基于自相似种子源的 SMF-EDFA 系统可能是在深层组织成像系统多光子显微镜(Multiphoton Microscopy，MPM)中宽谱超短脉冲源产生的关键。

5. 1. 2 实验装置

为了研究宽光谱飞秒脉冲输出，实验上搭建了如图 5-1 所示的光纤激光系统。整个系统由两部分构成，掺铒振荡器和 EDFA。图中左上方框为光纤振荡器，采用 NPR 锁模机制搭建了环形腔结构。这是一个典型的色散管理腔，主要的组成部分包括一个中心波长 976nm，最大输出功率 600mW 的 LD 作为泵浦源，尾纤为 Hi1060 光纤的 980/1550nm WDM 将泵浦光耦合进光路里为增益光纤提供能量。增益光纤采用 60cm 长的单模 Er-110，其二阶群速度色散为 0. 03ps^2/m。一段 2. 5m 长的色散补偿光纤 DCF-38(Thorlabs)用来控制净色散量。一系列空间元器件构成了 NPR 的核心用来实现自启动锁模。两个空间光准直器将光纤中的光导出至空间并耦合形成回路。PD-ISO 用来确保谐振腔内的光保持单向运转，偏振光束分束镜(Polarization Beam Splitter，PBS)有两个作用。首先是作为 NPR 锁模机制的关键器件，其次是光纤振荡器的唯一输出端口，用来测量输出脉冲的特性。调节腔内二分之一波片的角度可以连续改变激光器的输出功率。整个振荡器的腔长为 10. 35m，包括 20cm 的自由空间部分，经过计算可得谐振腔内的净色散量为 0. 02ps^2。光纤放大器对应于图 5-1 右下方框。振荡器输出的光通过耦合进入一个光纤准直器，作为种子光输入光纤放大器内，一个 PI-ISO 用来移除后向散射光，避免进入振荡器。放大器中所使用的增益光纤类型与振荡器中的一样，长度为 1.3m。实验中使用了两个 976nm 的单模 LD 双向泵浦增益光纤。其中，前向泵源的最大输出功率为 529mW，后向泵源的最大输出功率为 887mW。在放大器的输出端，仅用一定长度的 SMF 作为压缩器来窄化脉冲宽度。SMF 的长度根据监测放大器输出脉冲的脉宽大小来优化，进而确定最佳长度。实验中使用的所有器件都是商业化产品，尾纤都为标准的 SMF。图 5-2 所示为相应的实物。

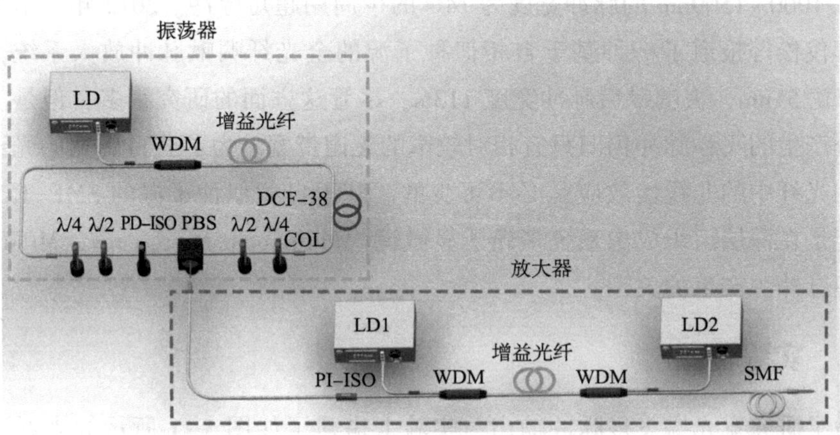

图 5-1 宽光谱飞秒掺铒光纤激光器光路示意

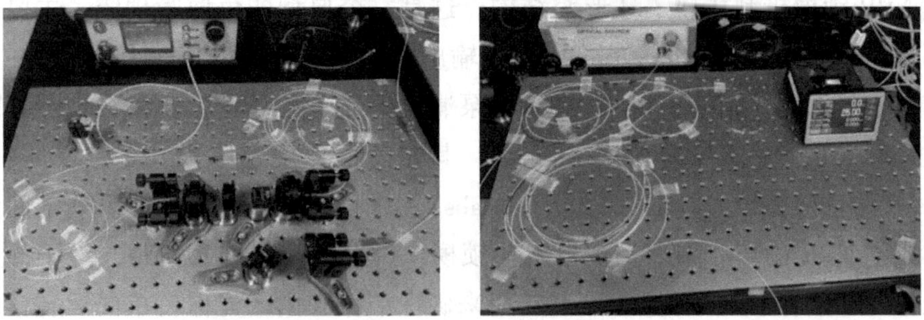

图 5-2 激光器光路实物

5.1.3 实验结果与讨论

适当地调节腔内波片和 PD-ISO 的角度，在 110mW 泵浦功率下振荡器可以实现稳定的锁模运行。在 150mW 泵浦功率下测得的锁模脉冲特征曲线如图 5-3

所示。图 5-3(a)为脉冲序列，可以看出，没有调 Q 现象出现，相邻脉冲的时间间隔为 51.5ns。大范围的脉冲序列图上部是一条平滑曲线，峰值处没有明显的强度波动，说明锁模状态十分稳定。图 5-3(b)为分辨率 10Hz 的射频谱图。可知：输出脉冲基重频为 19.4MHz，与腔长相匹配，频谱上无杂乱信号，信噪比约为 70dB，说明锁模很稳定，插图是扫描范围 500MHz 的射频谱图。从 PBS 端口直接输出脉冲的脉宽测量结果如图 5-3(c)所示。经过拟合后，可得脉宽为 5.7ps，可算出 TBP 为 42.3，很明显此时脉冲带有啁啾。插图为原始 AC 曲线，在 50ps 时间范围内 AC 曲线上没有其他峰值，证明激光器是单脉冲锁模输出。图 5-3(d)为脉冲经过压缩后对应的 AC 曲线。压缩器仅由 SMF 组成，通过对比压缩后的脉宽利用回切法来找到 SMF 最佳长度，经拟合得到最短脉宽为 85.9fs，对应的 TBP 为 0.63。插图是 8ps 时间范围的原始 AC 曲线。

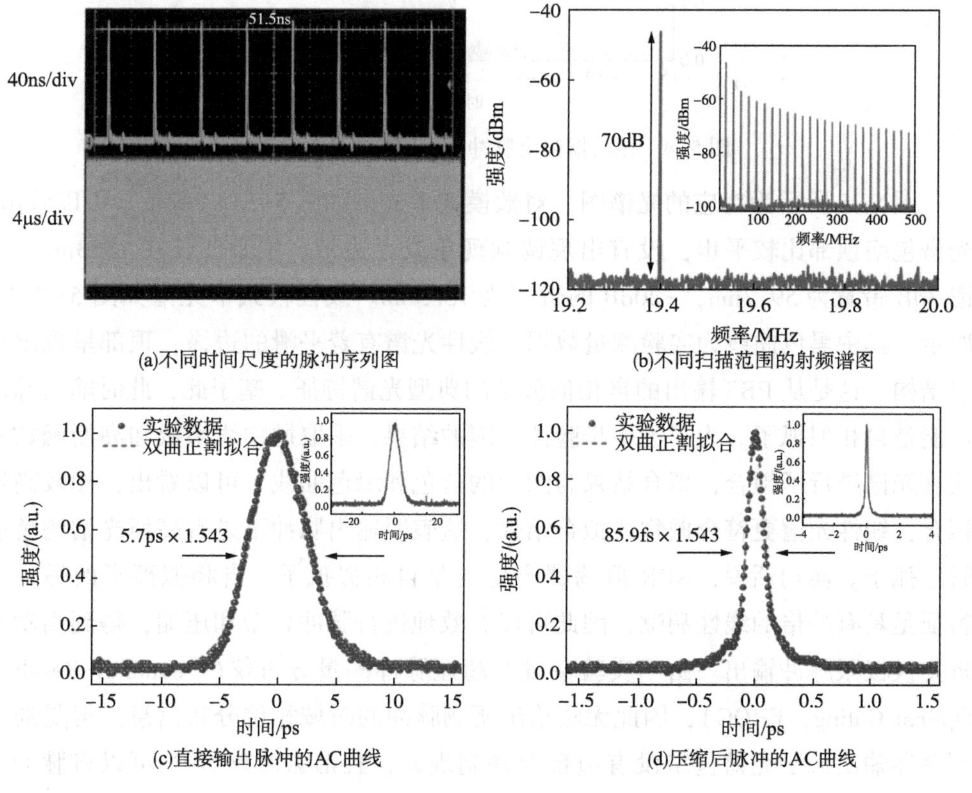

图 5-3　光纤振荡器激光输出特性

图 5-4 所示为振荡器输出脉冲压缩前后 AC 曲线对比。可以明显看出，脉冲通过 SMF 压缩后得到了极大的窄化，压缩比达到 66。说明从 PBS 端口直接输出脉冲带有啁啾，SMF 很好地补偿了二阶色散从而达到压缩脉冲的目的。实验上压缩后的脉冲宽度接近，但未达到双曲正割型变换极限脉冲 42.3fs，这是由于 SMF 的长度不好精确控制，操作上存在一定的人为误差，无法做到精准补偿二阶色散，因此脉宽很难压缩到理论极限。

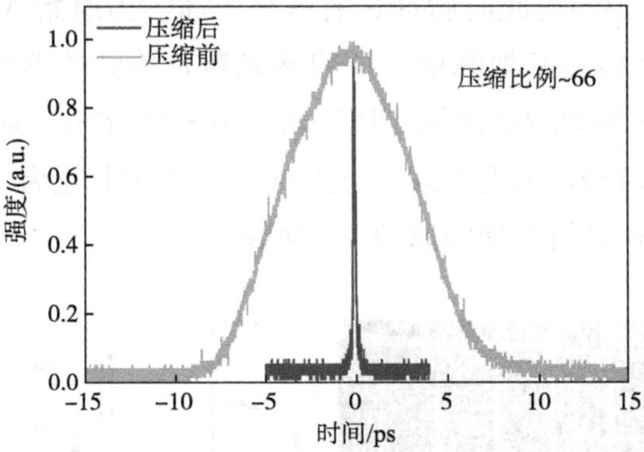

图 5-4　振荡器输出脉冲压缩前后 AC 曲线对比

图 5-5 所示为对应的光谱图。对数模式下光谱如图 5-5(a)所示。可以看出，光谱包络顶部比较平坦，没有出现调制现象或者边带。中心波长在 1553nm，光谱 3dB 带宽为 59.7nm，-20dB 的带宽为 73.3nm。线性模式下光谱如图 5-5(b)所示，其中黑色曲线为实验测量数据。线性光谱有着平滑的边缘，顶部呈现出波浪结构，这是从 PBS 输出的自相似孤子的典型光谱特征。基于此，此时输出脉冲可能是自相似孤子。为了进一步验证猜测的结果，采取抛物线函数和高斯函数对线性光谱进行了拟合，拟合结果为图中的蓝色和绿色曲线。可以看出，相较高斯拟合，线性光谱更符合抛物线拟合结果，这表明输出脉冲不是有高斯光谱的色散管理孤子。换句话说，NPR 振荡器产生的是自相似孤子。自相似孤子的另一个特征是具有严格的线性啁啾，因此可以有效地进行脉冲整型和压缩，得到高功率近变换极限脉冲输出。由于实验室没有超短脉冲测量分析仪(Frequency Resolved Optical Gating，FROG)，因此无法给出所测脉冲的时域相位分布信息。但是通过振荡器输出孤子光谱包络没有边带及调制现象，且谐振腔外 SMF 可以将脉冲无畸变压缩到近变换极限脉冲，这两点来推断锁模脉冲具有线性啁啾。自相似脉冲

是在腔内的正色散、非线性效应以及增益共同作用下产生的，其典型的特征为：①自相似演化特性仅与入射脉冲能量和光纤参数有关，每经过一次腔内循环脉冲会返回初始状态；②在高功率传输过程里可以避免脉冲分裂；③具有线性啁啾。激光器要实现自相似孤子输出必须满足一定的条件，对于目前搭建的振荡器而言基本满足这些要求。该振荡器是一个色散管理腔，净色散量为 0.02ps^2，属于近零偏正色散，这种腔型可以产生展宽脉冲和自相似孤子。增益光纤为具有 40nm 增益带宽的正色散掺铒光纤，为自相似孤子的演化提供了条件。同时振荡器采用 NPR 锁模机制，许多文献都报道过 NPR 机制除了等效 SA 之外，还存在滤波效应，相当于一个看不见的滤波器，具有一定的滤波带宽。通过调节波片的角度可以改变滤波器带宽，从而对自相似孤子进行整形。这些条件对自相似脉冲的产生都十分重要。

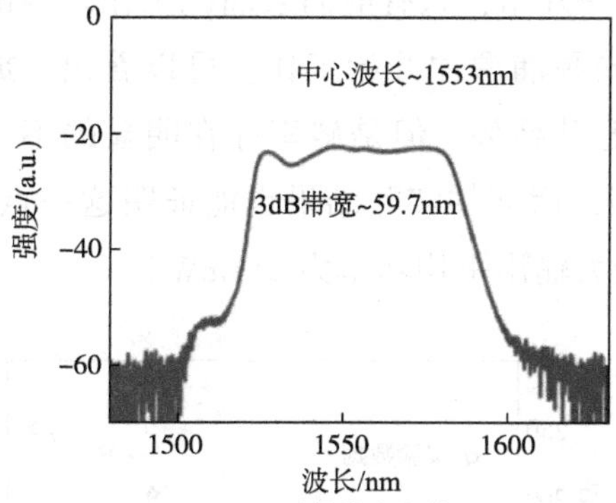

(a)对数模式光谱

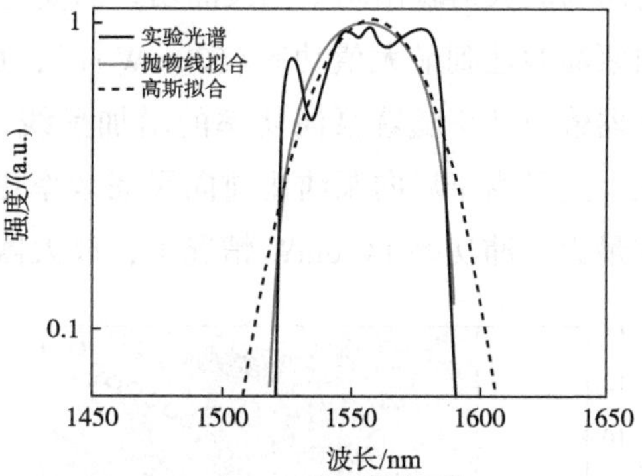

(b)线性模式光谱

图 5-5 锁模振荡器输出的光谱

图 5-6 所示为激光器稳定性的测量结果。图 5-6(a) 所示为 4h 的光谱稳定性。可以看出，激光器在长时间运行的情况下，光谱形状包络基本保持一致，没有明显的改变。2.5h 的输出功率稳定性如图 5-6(b) 所示。经计算可得均方根为 0.27%，进一步说明激光器长时间运行锁模状态十分稳定。

振荡器的输出功率示意如图 5-7 所示。可以看出，振荡器输出主要分为三个部分。当泵浦功率低于 110mW，振荡器处于连续光工作状态。当泵浦功率在 110~180mW 范围内，振荡器运行在稳定的锁模状态，此时最大输出平均功率为 6.2mW。当泵浦功率超过 180mW，振荡器运行在多脉冲状态。

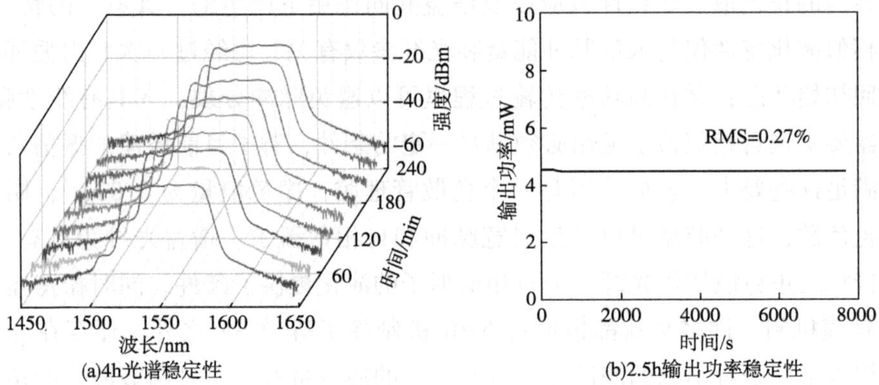

图 5-6　自相似孤子激光器稳定性测量

接下来，振荡器输出种子光通过准直器耦合进放大器里进一步放大。图 5-8 所示为放大器输出功率随泵浦功率的变化。一开始，只有前向泵浦源工作。当前向泵浦源达到最大值功率(529mW)时，后向泵浦源才开始工作。可以看出，放大器输出功率随着泵浦功率的增加呈线性上升趋势，但是斜率存在明显的不一致，这是由于后向泵浦比前向泵浦效率更高，后面的实验结果也能证明这一点。在最大泵浦功率 1416mW 情况下，放大器最大输出平均功率为 251mW。

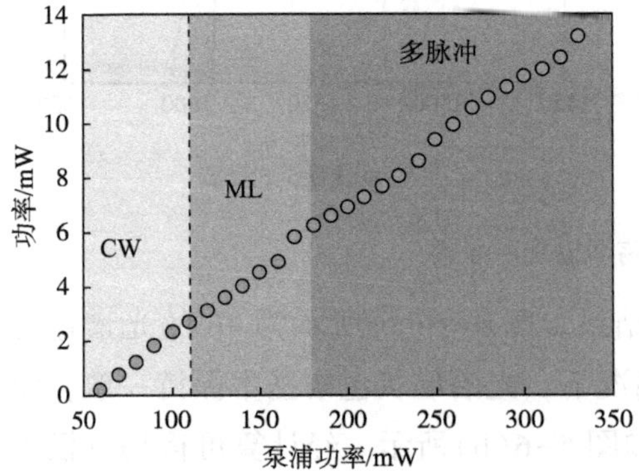

图 5-7　激光器输出功率示意

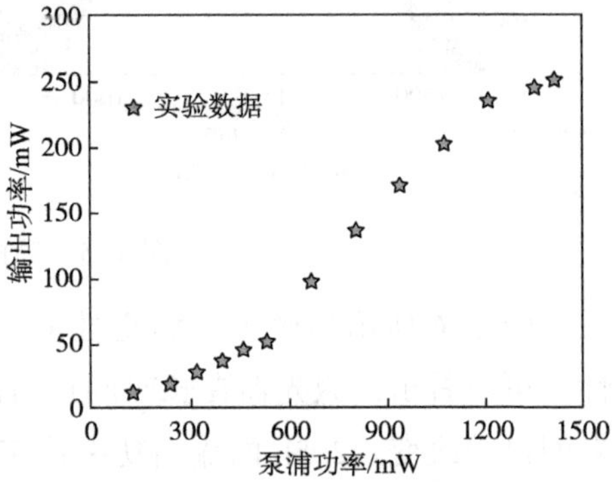

图 5-8　放大器输出功率随泵浦功率的变化

图 5-9 为经过放大器后输出脉冲的测量结果。这是两个泵浦源同时工作在最大泵浦功率下测得的数据。图 5-9(a)为对数模式的光谱。可以看出，经过放大器后的光谱形状发生了很大改变，顶部不再平坦，出现了许多尖峰，但是光谱的

覆盖范围增加了许多。插图为线性模式的光谱。图 5-9(b)为对应的 AC 曲线。经过拟合可得脉冲宽度为 3.26ps。插图为原始的 AC 曲线。

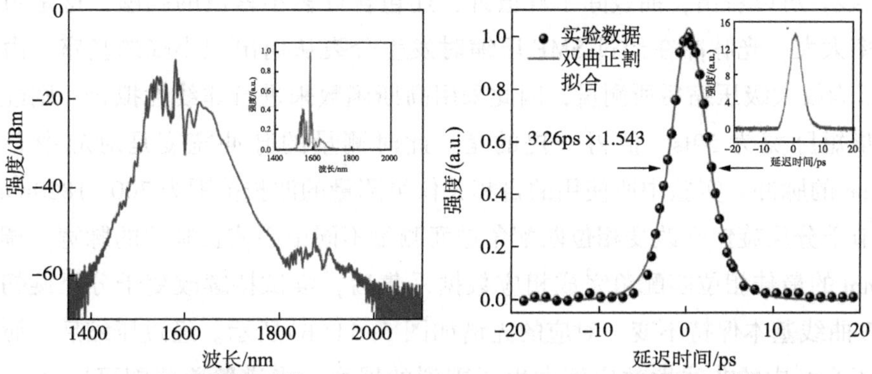

(a)对数模式光谱　　(b)对应的AC曲线

图 5-9　经过放大器后直接输出脉冲的特征曲线

随后，测量了不同泵浦功率下对应的光谱，结果如图 5-10 所示。由于 SPM 导致光谱顶部不再保持平坦，出现了调制，不断在中心波长 1550nm 两侧产生新的频率成分，展宽了光谱。能够看出只有前向泵浦的情况下，即泵浦功率低于 529mW 时，光谱变化并不大，展宽的程度很小。随着后向泵浦源开始工作，光谱变化更明显，展宽的范围也增加了许多。这表明后向泵浦确实比前向泵浦效率高。在泵浦功率增加至 1416mW 时，光谱覆盖范围为 1400~1800nm。在 1900nm 处还有一个峰值，随着泵浦功率增加，强度也在持续提高，但相对于主峰而言强度很低。经过后续排查，此处峰值是光谱仪的灵敏度设置方式不恰当产生的杂光导致的，杂光使得在中心波长右侧 300nm 处出现了一个峰值，和主峰基本同步变化。

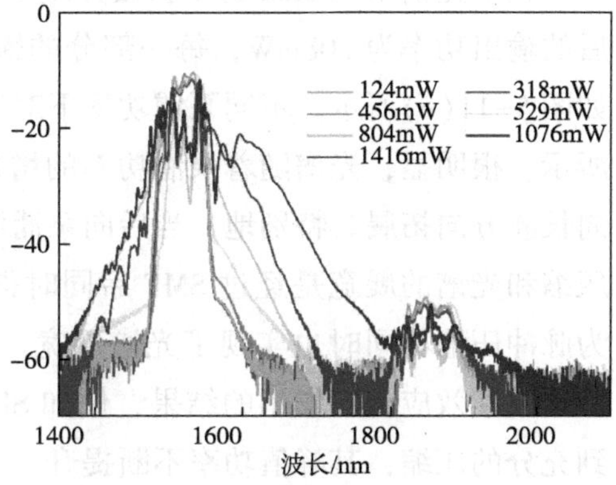

图 5-10　放大器输出光谱演化

由于放大器输出脉冲宽度为皮秒量级，没有达到预期目标。因此需要脉冲进一步通过压缩器来窄化脉宽。与振荡器腔外压缩采用的是同一种方法，仅用 SMF 来压缩脉宽，通过对比不同长度 SMF 输出脉宽的大小，利用回切法找到最佳

SMF 长度。经过多次重复实验对比，选择 2.4m 作为最终 SMF 压缩器的长度，实验结果如图 5-11 所示。图 5-11(a)为时间范围为 0.4ps 的 AC 曲线，插图为原始 AC 曲线。可以看出，曲线除了峰值外，还包含许多小峰值的基座，这是由于泵浦功率太大，光脉冲在经过 SMF 压缩时发生分裂从而出现小峰的基座。由于此时 AC 为放大级压缩后所测量，因此采用高斯函数来进行非线性拟合，则经过拟合后最短脉宽为 59fs。值得一提的是，此时测量的脉冲宽度是对应中心波长 1550nm 的脉冲。实验中所使用的自相关仪可测量的波长范围为 700~1800nm，通过调节千分尺旋钮来改变相位匹配角进而测量不同中心波长脉冲的脉宽。调节到 1550nm 的最佳相位匹配角完成相应数据采集后，尝试持续改变千分尺旋钮，发现 AC 曲线基本保持不变。对应的光谱如图 5-11(b)所示。经过压缩后，脉冲光谱由于光纤中的非线性效应而发生了剧烈的展宽，光谱覆盖范围可以从 1400nm 延伸至 2000nm，-20dB 的光谱带宽达到 553nm。线性模式的光谱展示在图 5-11(c)中。整个光谱以 100nm 为步长被分成 6 个部分并标记不同的颜色。由于经过压缩后的输出功率为 208mW，每一部分的输出功率可以通过面积积分来计算，结果如图 5-11(c)所示。不同泵浦功率下对应的光谱也被测量，其结果如图 5-11(d)所示。很明显，光谱随着泵浦功率的增加是在 1550nm 处非对称展宽，更倾向于向长波方向拓展。特别地，当后向泵浦源开始工作时体现得更清楚。由于脉冲的压缩和光谱的展宽是经过 SMF 后同时得到，因此这熔接的 2.4m 的 SMF 不仅作为脉冲压缩器同时也实现了光谱展宽。毫无疑问的是，展宽的光谱是 SMF 中各种非线性效应相互作用的结果，例如 SPM 和 SRS。放大器输出脉冲在 SMF 中得到充分的压缩，其峰值功率不断提升。

一般来说，在光纤激光器中通过利用 SSFS 等非线性效应来获得新的波段都是以增加 SMF 的长度为代价的，因此腔外都会熔接几十米甚至上百米的 SMF。然而，在这个实验中仅使用 2.4m SMF 达到同样的目的，由此看来这种方法十分简单且具有一定的实用价值。此实验与前人的研究工作相比，使用的 SMF 长度是最大的不同。很重要的一点是，搭建的 EDFA 突破了增益带宽的限制，使得光谱范围可以覆盖 1.7μm。这种光源是用于深部组织成像中 MPM 非常理想的工具。1.7μm 飞秒激光源可有效减少散射损耗，同时降低组织对水的吸收损耗，为提高 MPM 的成像深度提供了可行的途径。

输出光谱的范围很宽，可使用光栅对输出波长进行调谐。利用反射式闪耀光栅(GR13-0616，600/mm)，可以实现较大范围的中心波长可选择输出。结果如图 5-12 所示。

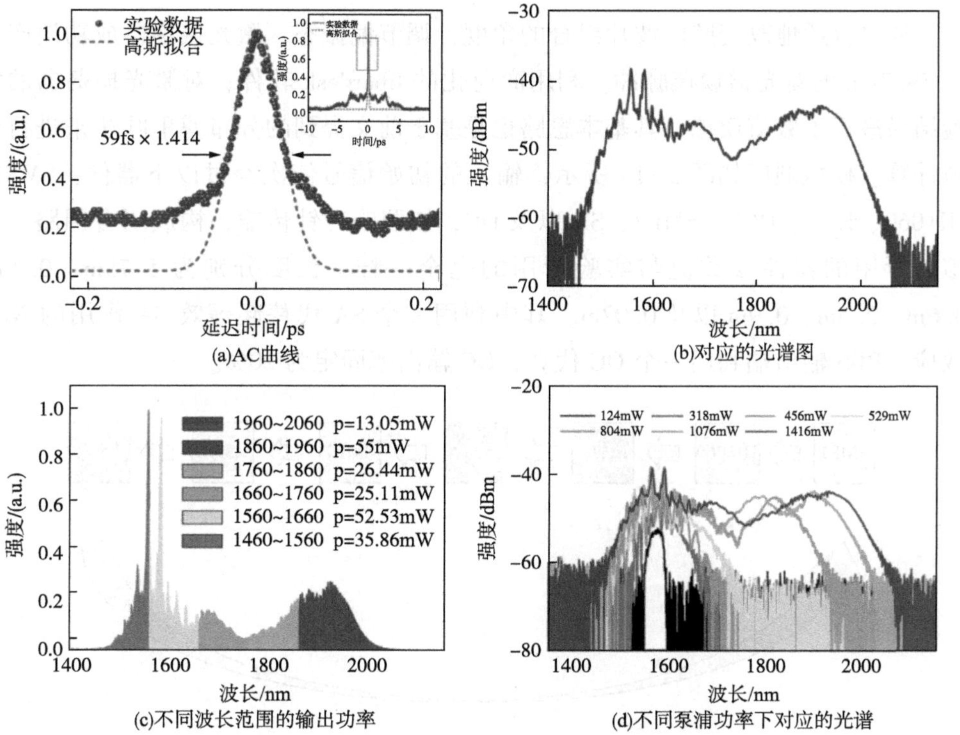

图 5-11 经过 2.4m SMF 压缩后输出脉冲的特征曲线

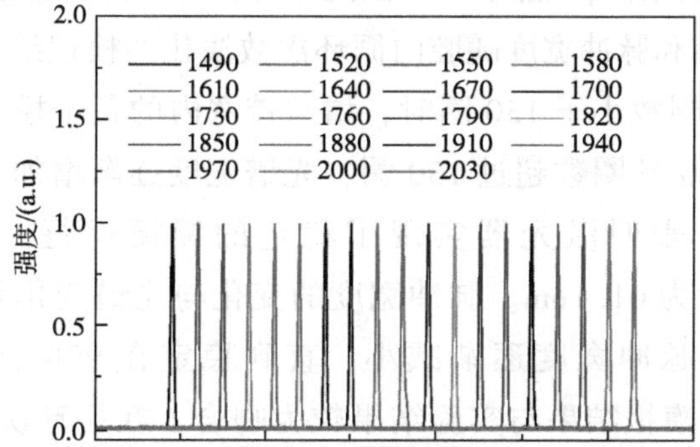

图 5-12 EDFA 波长可调谐输出

5.1.4 实验结果的数值模拟

通过合适地改变腔内波片组合的角度，调节偏振态，激光振荡器成功地产生了 59.7nm 的宽光谱锁模脉冲。利用商业化的 fiberdesk 软件，对激光振荡器的实验结果进行了数值模拟，其基本思路也是基于前文提到的分布傅里叶法来进行模拟计算。模拟顺序如图 5-13 所示，输入的初始信号依次经过以下器件：SMF1、HI1060、EDF、DCF、SMF2、SA 以及 OC，按照顺时针传输，构成闭合回路。模拟时所用的器件参数值与实验所用的完全一样，长度分别为 5.75m、0.4m、0.6m、2.5m、0.9m 以及 0.02m。其中利用一个 SA 代替起等效 SA 作用的 NPR 效应，PBS 输出端利用一个 OC 代替，OC 输出率固定为 20%。

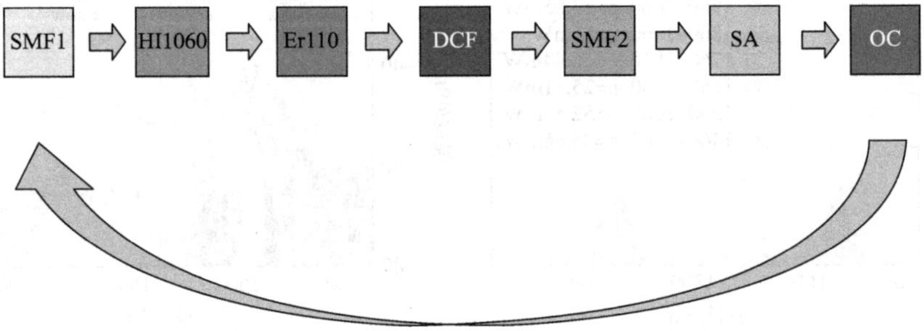

图 5-13 数值模拟示意

给定合适的初始条件，经过 1000 圈的循环，可以得到稳定的锁模脉冲输出，图 5-14 所示为光谱和脉冲宽度随腔内循环次数演化的模拟结果。从图 5-14(a)可以看出，当循环圈数小于 130 圈时，增益带宽内的各个模式都在起振，未形成稳定的锁模。当循环圈数超过 130 圈，光谱宽度逐渐增加，直到 200 圈后光谱宽度保持不变，表明激光器实现了稳定的锁模运行，此时中心波长为 1560nm，光谱宽度为 61.1nm。脉冲宽度的变化与光谱变化是同步的，当循环次数大于 130 圈，脉冲宽度逐渐减小，直到稳定在 99fs 保持不变，结果如图 5-14(b)所示。模拟结果与实验结果较为吻合，在循环次数超过 200 圈后，整个振荡器腔内的色散和非线性效应达到动态平衡，使得激光器运行在稳定的孤子锁模状态。

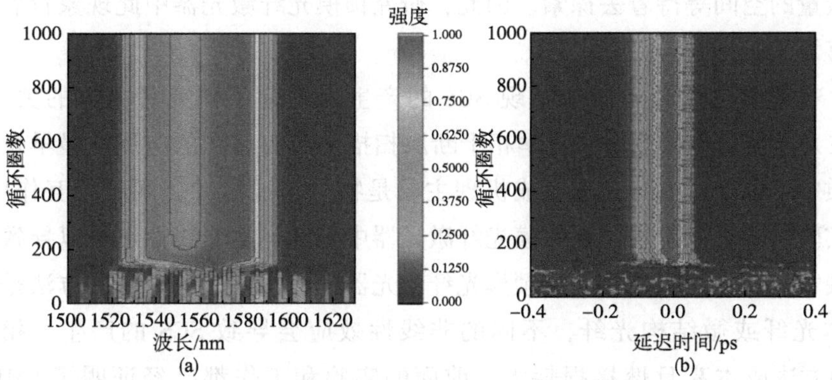

图 5-14　数值模拟的光谱及脉冲宽度

5.2　双态孤子可切换掺铒单模光纤激光器的实验研究

5.2.1　引言

众所周知，在物理学中孤子是普遍存在的现象并且已经在光学的许多分支中进行了广泛的研究。一般而言，锁模光纤激光器输出的孤子特性主要依赖于谐振腔内的色散分布。通常来说，一台光纤激光器只产生一类孤子，当要求不同类型的孤子输出则需要搭建不同的谐振腔。但是，先前有许多的数值模拟和实验结果都证明了一件事，即在合适的腔型结构和色散分布条件下，不同类型的孤子脉冲也可以产生于同一锁模光纤激光器。近年来，在光纤激光器中多孤子可切换现象受到了普遍关注。在 1.5μm 波段已经观测到许多不同类型的可切换孤子。2007 年，南洋理工大学 Tang 等通过合适的色散管理，在近零色散腔内观察到色散管理孤子和双曲正割型脉冲切换现象。2009 年，西安光机所 Liu 等在超大正色散腔内首次观测到梯形光谱脉冲和耗散孤子切换现象，两者切换仅需调节泵浦功率。2012 年，上海交通大学 Peng 等在同一谐振腔中仅通过调节泵浦功率实现了三种不同类型孤子的切换。2017 年，上海交通大学詹黎团队证明在近零色 NPR 色散锁模激光器内仅调节 PC 进而改变滤波带宽实现了自相似孤子和耗散孤子的切换；同年，华南师范大学罗爱平团队报道了耗散孤子谐振和矩形类噪声脉冲的切换产生。上述研究表明，多孤子可切换的潜在应用值得研究。孤子动力学比较复杂，仍有大量的空间等待着去探索。因此，研究锁模光纤激光器中此现象背后的机制十分有意义。

另外，在锁模光纤激光器中实现 SCS 的产生也引起了研究者极大的关注。SCS 光源在光通信、显微光谱、光学相干断层扫描中具有潜在的应用。最早发现凝聚态物质中可以产生 SCS，其形成机理主要是物质与强脉冲之间的相互作用。从前面的实验结果可以发现，在锁模光纤激光器中光纤光学非线性也可以导致光谱的极端展宽。前文提到，目前在锁模光纤激光器中最常用产生 SCS 的方法是利用光子晶体光纤或微结构光纤，不同的非线性效应会导致 SCS 的产生。相较 SMF，这种方法成本高且熔接损耗大。前面的实验和工作都已经证明了 SMF-EDFA 激光系统可以实现光谱展宽。因此，利用 SMF-EDFA 激光系统来产生 SCS 值得研究。

5.2.2 实验装置

由于本实验是在上一个实验的基础上完成的，因此激光器系统整体并未有大的变动。振荡器所有元器件没有任何改变，仅调节了腔内参数。在放大器部分，只保留了后向泵浦源。具体的光路示意如图 5-15 所示。

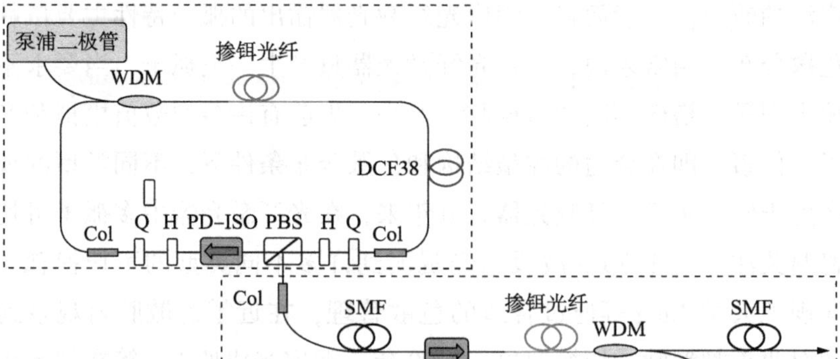

图 5-15 双态孤子可切换掺铒单模光纤激光器光路示意

5.2.3 实验结果与讨论

相较上一个实验，本实验更多的工作集中在精细调节腔内的偏振和损耗以得到不同类型的输出脉冲。通过仔细调节 PD-ISO 的角度以及波片组合的角度，在泵浦功率 120mW 时可以得到稳定的自启动锁模。一旦建立锁模，仅需要微调波片来优化结果。实验结果如图 5-16 所示。图 5-16(a)为不同时间尺度的脉冲序列，很明显没有出现调 Q 现象，相邻脉冲的时间间隔依然是 51.5ns。相应的射频谱图如图 5-16(b)所示，测得的中心频率为 19.4MHz，与腔长匹配。图中无杂乱信号，信噪比超过 70dB。插图是扫描范围 0~500MHz 的射频谱图，进一步证明了锁模运行的高度稳定性。PBS 端口直接输出脉冲的二次谐波 AC 信号轨迹如图 5-16(c)所示。如果使用高斯拟合，则测得的脉冲持续时间为 1.16ps。计算的 TBP 为 2.57，表明脉冲带有啁啾。插入图是 60ps 范围内的 AC 曲线。图 5-16(d)为腔外 SMF 压缩后脉冲的 AC 曲线，压缩后最窄脉宽为 219.5fs。插图为 10ps 范围内 AC 曲线。

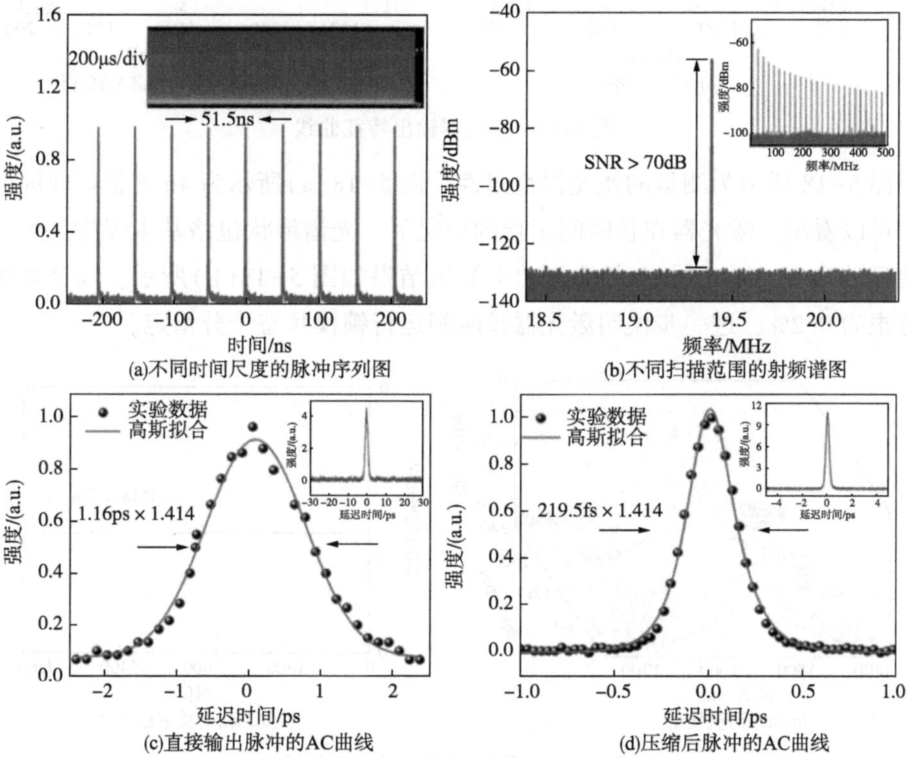

图 5-16　光纤振荡器激光输出特性

图 5-17 所示为对应的光谱图以及随泵浦功率变化的光谱带宽图。从图 5-17(a)可以看出，光谱包络比较平滑，没有出现 Kelly sidebands 或者噪声尖峰，这表明

背景噪声较低。中心波长位于1556.6nm，光谱带宽为17.9nm。通过与后续实验光谱比较，认为此时的振荡器输出的是色散管理孤子。插图为线性模式的光谱。图5-17(b)为不同泵浦功率下对应的光谱带宽。可以看出，随着泵浦功率的增加，光谱的3dB带宽在逐渐减小，这是色散管理孤子的一个特征。

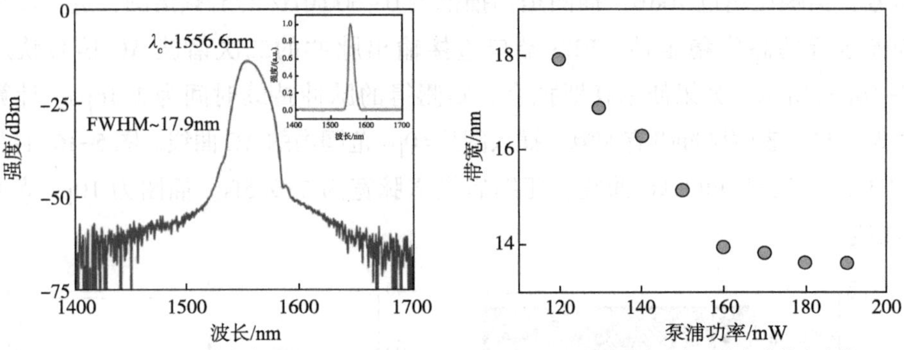

(a)输出光谱图　(b)不同泵浦功率下的光谱带宽变化

图5-17　振荡器输出特征曲线

图5-18所示为测量的激光器稳定性。图5-18(a)所示为4h光谱随时间的演化。可以看出，激光器在长时间运行的情况下，光谱形状包络基本保持一致，没有明显的改变。激光器2h的输出功率测量结果如图5-18(b)所示。经计算可得均方根为0.2%，进一步说明激光器长时间运行锁模状态十分稳定。

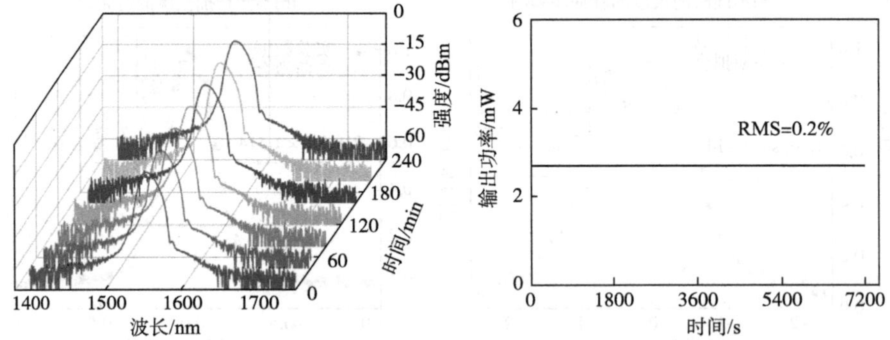

(a)4h光谱演化图　(b)2h输出功率稳定性

图5-18　色散管理孤子输出特性

由于PD-ISO的存在，腔内的损耗和偏振可通过调节波片组合的角度来实现。换句话说，NPR等效SA的性质随着波片角度的改变而改变。因此，除了色散管理孤子，自相似孤子也可在这个谐振腔内被观测到，并且这两种不同的运行机制可以在腔内灵活切换。这种可切换双态孤子运行机制产生的原因是非线性偏振演化效应的作用。随着泵浦功率和偏振态的改变，SA 会驱动系统达到一个与其特性相符的新的平衡点。在 150mW 泵浦功率下，通过仔细调节波片的角度以及偏振相关隔离器的角度，可以获得稳定的自相似孤子输出。测量的光谱如图 5-19所示。从图 5-19(a)可知，自相似孤子的中心波长位于 1558nm 处，且光谱半高全宽为 63.1nm，几乎是色散管理孤子光谱带宽的 4 倍。光谱包络无调制现象且十分平滑，顶部比较平坦。线性模式光谱如图 5-19(b)所示，它有着陡峭的边缘和波浪形结构的顶部，是典型的自相似孤子的特征。

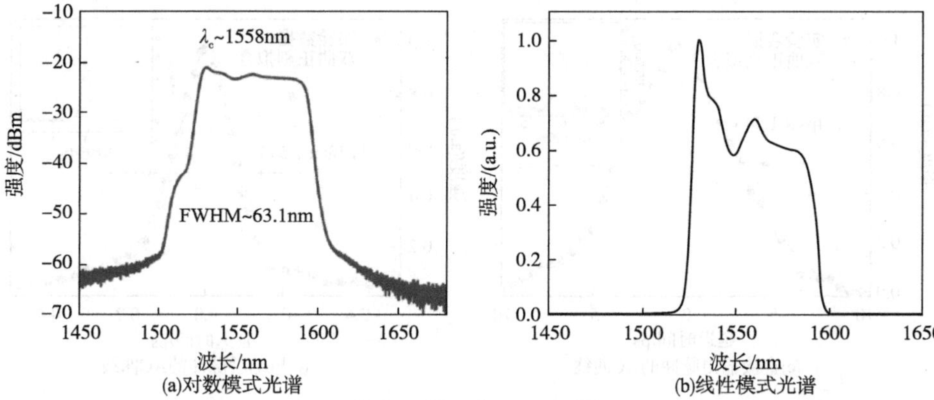

图 5-19 孤子锁模输出的光谱

图 5-20 所示为自相似孤子的特征曲线。图 5-20(a)为不同时间尺度的脉冲序列。由于总腔长未改变，相邻脉冲的时间间隔保持为 51.5ns，没有调 Q 现象出现，证明锁模比较稳定。相应的射频谱图如图 5-20(b)所示。基重频依然为 19.4MHz，图中无杂乱信号，信噪比大于 65dB。插图为扫描范围为 500MHz 的射频谱图。图 5-20(c)为 PBS 处直接输出脉冲的 AC 曲线。经过非线性拟合，脉冲宽度为 5.14ps，对应的 TBP 为 34.1，表明脉冲带有啁啾。插图为扫描范围 60ps 的 AC 曲线。经过腔外 SMF 压缩后的脉冲 AC 曲线如图 5-20(d)所示。经非线性拟合后可得最短脉宽为 117fs，压缩比约为 37。插图为时间尺度 4ps 的 AC 曲线。

Kruglov 等理论上曾指出，自相似孤子的特征之一为光谱带宽和泵浦功率呈指数关系。Wang 等在实验上对这个理论进行了验证。据此，在实验中也测量了光谱 3dB 带宽和泵浦功率的关系，结果如图 5-21 所示。从图 5-21(a)可以看出，随着泵浦功率的逐渐增加，自相似孤子的光谱带宽也随之增加。反之，当泵浦功

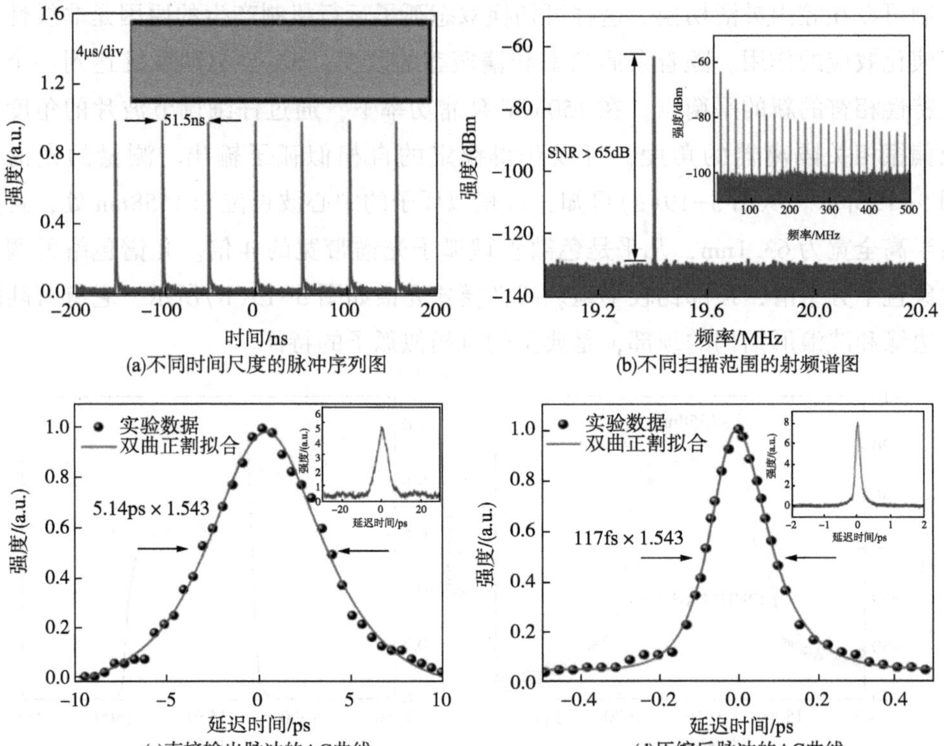

图 5-20　孤子输出特性

率从高逐渐降低，光谱带宽也逐渐会减小，这是一个可逆的过程。在调节泵浦功率的过程中，还需要精细调节波片来优化结果，同时在整个功率调谐过程中有一定的概率振荡器会失锁。除了光谱带宽增加外，还发现光谱包络的形状与泵浦功率的变化无关，基本保持不变。这个结果从另一个方面证明了振荡器产生的脉冲是自相似孤子。结果表明，NPR 锁模机制引入的滤波效应也对自相似孤子有较大影响。光谱带宽和泵浦功率具体的函数关系体现在图 5-21(b)。随着泵浦功率的增加，光谱带宽呈指数增长，从 39.9nm 一直可增加到 64.8nm，变化了 24.9nm，结果与理论比较相符。

图 5-22 所示为自相似孤子的稳定性测量结果。图 5-22(a)所示为 4h 光谱随时间的演化。可以看出，激光器在长时间运行的情况下，光谱形状包络基本保持一致，没有明显的改变。图 5-22(b)为测量 2h 的输出功率。经计算可得均方根为 0.16%，进一步说明激光器长时间运行锁模状态十分稳定。

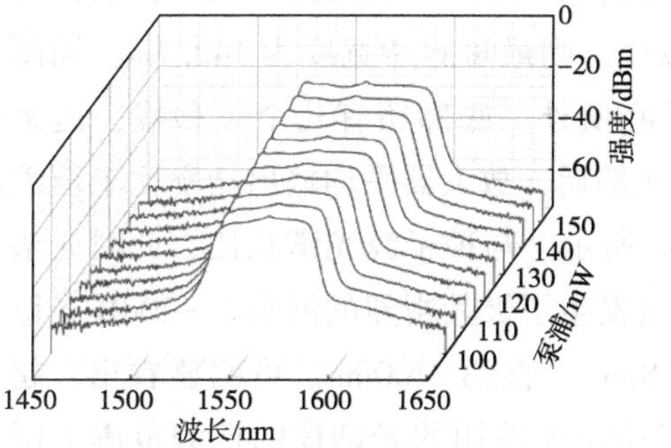

(a)光谱随泵浦功率演化图

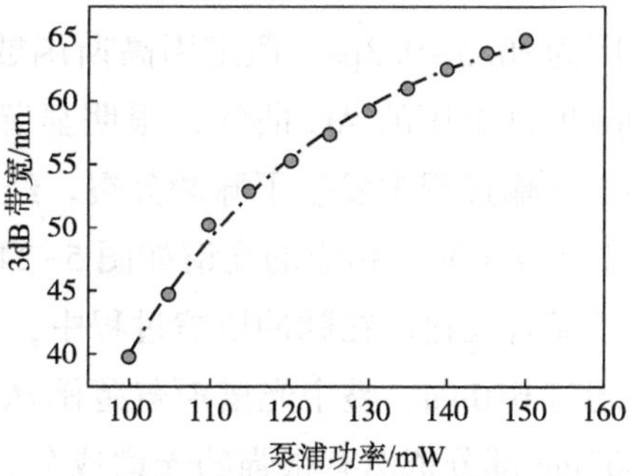

(b) 光谱带宽与泵浦功率的关系

图 5-21 振荡器输出脉冲特征曲线

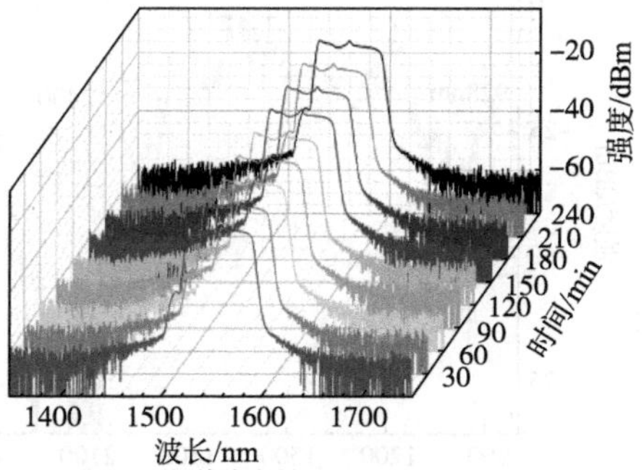

(a)4h光谱稳定性

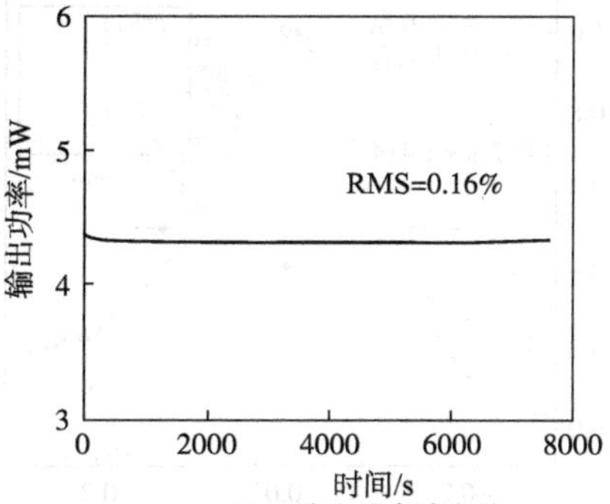

(b)2h输出功率稳定性

图 5-22 自相似孤子锁模光纤激光输出特性

接下来，振荡器输出需要耦合进放大器中来尝试是否可以产生 SCS。根据之前的实验结果，选择自相似孤子作为种子源进行放大。图 5-23 所示为放大器的输出功率和泵浦功率的关系，受到最大泵浦功率 887mW 的限制，放大器最大输出功率为 195mW。

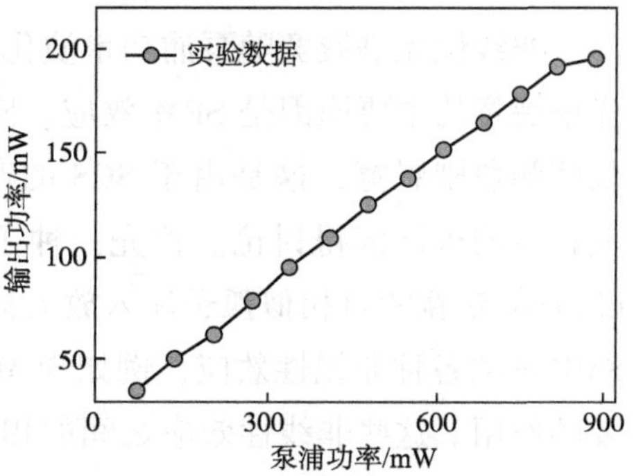

图 5-23 放大器输出功率与泵浦功率的关系

放大器的输出端仍旧使用 SMF 作为压缩器，其长度选择根据测量压缩后脉冲宽度来决定。经过多次实验，在最大泵浦功率下，SMF 最佳长度为 3. 1m。图 5-24

所示为此时对应的测量结果。图 5-24(a)为 AC 曲线峰值处放大视图，扫描时间范围为-0.3~0.3ps，假定用高斯函数拟合，则最短脉冲宽度为 142.7fs。插图为 40ps 时间范围的 AC 曲线，很明显除了峰值外，底部还有几个飞秒峰，这是在 SMF 传输过程中发生了脉冲分裂。经过压缩后，放大器平均输出功率比未压缩时降低了 43mW。相应的光谱如图 5-24(b)所示。与种子源光谱相比，此时光谱产生了显著变化。在脉冲压缩过程中，光谱发生了极其剧烈的展宽。-20dB 光谱带宽超过 650nm，整个光谱覆盖范围从 928nm 一直到 2400nm。可明显看出，超过 2400nm 部分依然有很强的光谱成分，实验中所使用的光谱仪的探测范围上限只到 2400nm，无法观测到超过其最大测量波长之后的光谱成分。结果表明，在 SMF-EDFA 激光系统中产生了倍频程的 SCS。

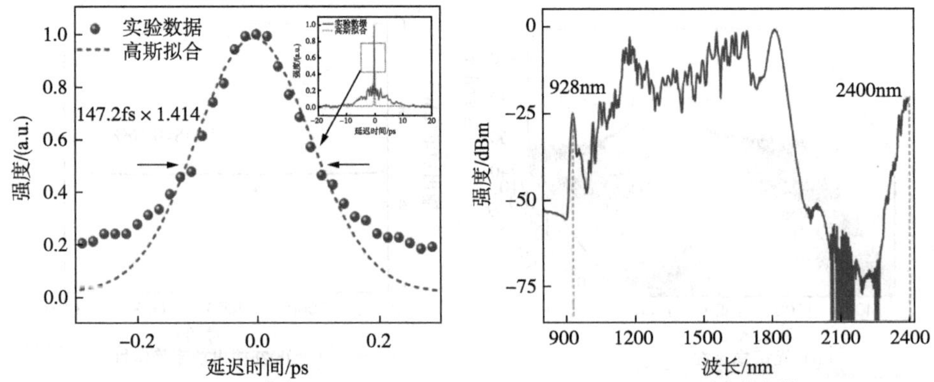

(a)AC曲线　　(b)对应的光谱

图 5-24　经过 3.1m SMF 压缩后输出脉冲的特征曲线

非线性光谱展宽随泵浦功率演化如图 5-25 所示。可知：在较低泵浦功率时，光谱展宽的主要原因是 SPM 效应。随着泵浦功率的增加，能看见光谱向中心波长两侧急剧展宽，这是由于 SCS 的产生。对于在 SMF-EDFA 系统中产生 SCS，其背后的机理值得讨论。首先，种子源的特殊性不应该被忽略。振荡器产生的 63.1nm 带宽的自相似孤子注入放大器中应该对最终的光谱有一定的贡献。其次，SMF 中的各种非线性效应，例如 SPM、SRS、SSFS 等在 SCS 的产生过程中起到重要的作用。这些非线性效应之间的相互作用导致在中心频率附近不断地产生新的频率分量，使得脉冲光谱持续展宽。特别地，在长波长方向展宽得更多。最后，SCS 的产生与高阶孤子分裂有一定的关系。之前的工作曾预测，如果考虑自陡峭效应和三阶色散，则形成的孤子数为 N 的高阶孤子会分裂为 N 个红移的基孤子，每个孤子具有不同的群速度和中心频率。另外，与红移基孤子相位匹配的蓝移孤子也同时辐射出线性色散波。这个过程称为非孤子辐射，它将导致 SCS 的生成。

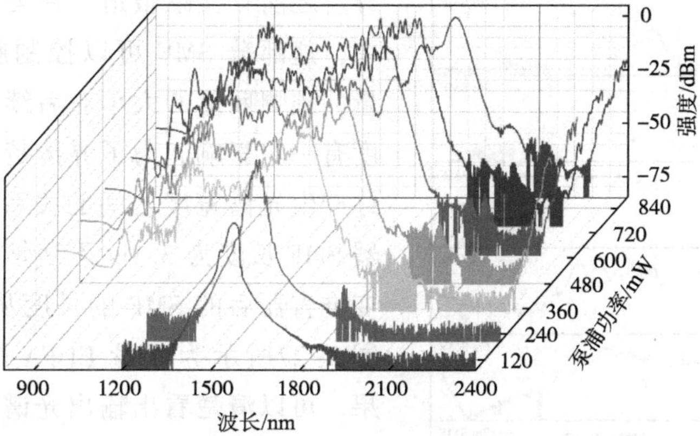

图 5-25　压缩脉冲后光谱的非线性展宽随泵浦功率演化

随后研究了振荡器输出种子光的带宽对最终 SCS 的产生的影响。由于种子光通过空间耦合的方式进入放大器，因此在 PBS 输出端和光纤准直器之间放置了一个 12nm 带宽的滤波片(Thorlabs，FB1550-12)，其余实验条件不变。测量结果如图 5-26 所示。图 5-26(a)为种子光通过滤波片后的光谱，光谱明显被窄化且 3dB 带宽变为 11.9nm。将此种子光耦合进放大器中，最终得到的输出光谱如图 5-26(b)所示，可知：依然可以得到 SCS。相比于图 5-24(b)，1800nm 峰值处的成分被抑制了一些，整体光谱包络没有较大的变化。表明自相似种子源的光谱带宽对放大器最终的光谱有一定影响，但影响不大。

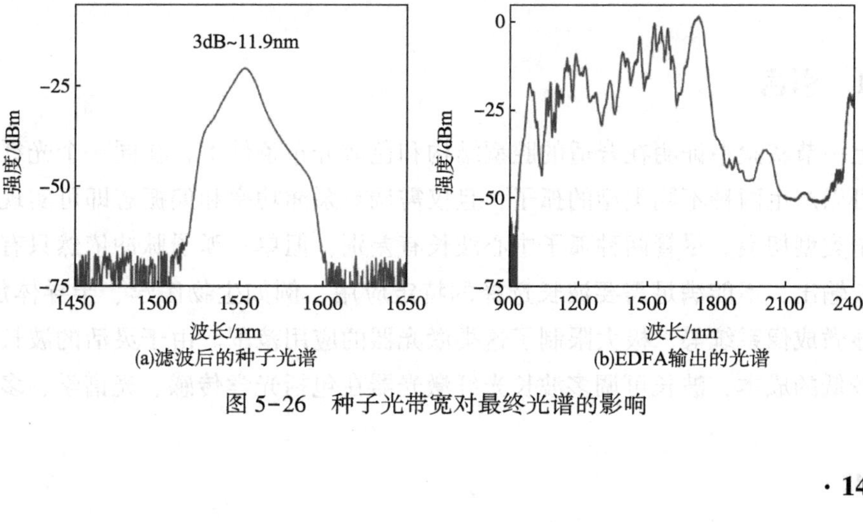

图 5-26　种子光带宽对最终光谱的影响

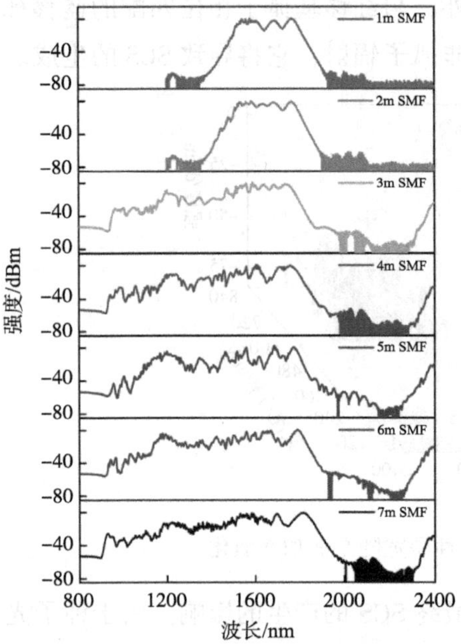

图 5-27　脉冲预啁啾量对光谱的影响

振荡器输出脉冲耦合进放大器是利用光纤准直器，它带有一定长度的 SMF 尾纤。之前有文献报道，在类似的腔型结构中，这部分 SMF 可以控制脉冲的预啁啾量，预啁啾量的大小对后续产生光谱的宽度有一定影响。为了弄清楚预啁啾量和最终产生光谱宽度之间的关系，在保持压缩器 SMF 长度为 3.1m 不变情况下，连续改变准直器后的 SMF 的长度从 1 米至 7 米，图 5-27所示为测量 EDFA 输出光谱的结果。可以清楚看出输出光谱的宽度会受到预啁啾量的影响。所用的 SMF 长度越短，则光谱范围越窄。变化最明显的是 SMF 长度由 3m 降低到 2m 时，光谱急剧窄化，并且接近 2400nm 处的成分消失不见。反之，当 SMF 长度增加时，光谱范围也随之增加，当 SMF 长度超过 7m 后，再增加光纤长度后光谱的变化就不明显了，且输出功率也会下降很多。

5.3　可调谐可切换双态孤子掺铒单模光纤激光器的实验研究

5.3.1　引言

上一节实验中证明在合适的腔型结构和色散分布条件下，在同一个光纤激光器中可以产生两种不同类型的孤子，且仅需调节泵浦功率和偏振态即可实现灵活的孤子类型切换。尽管两种孤子中心波长有差别，但单一孤子脉冲依然只有固定的波长输出，不能满足需要波长选择的特定应用，例如生物医学、半导体加工、光学显微成像系统等，极大限制了这类激光器的应用范围。由于灵活的波长可调性且较低的成本，波长可调多波长光纤激光器在包括光学传感、光谱学、多光子成像、生物研究在内的各种应用领域都具有巨大的潜力。因此，具有可调中心波长的新型锁模光纤激光器将成为一种理想的光源。

得益于稀土掺杂光纤的宽带发射光谱，光纤激光器可以实现较宽的波长可调范围。目前，对波长可调谐锁模光纤激光器的研究主要集中在1.0μm、1.5μm、2.0μm三个波段。虽然掺铒光纤的发射带宽为200nm，比掺镱光纤和掺铥光纤短，但波长可调掺铒锁模光纤激光器在实际应用中具有很大的实用价值，得到了广泛的研究。河北科技大学孟义昌等报道了一种基于NPR的75nm调谐范围的掺Er/Yb锁模光纤激光器。由于双包层光纤的存在，需要更高的泵浦功率来维持模式锁定状态。上海大学牟成博团队演示了一种可调谐碳纳米管锁模光纤激光器，利用45°倾斜光纤光栅作为调谐装置，实现了调谐范围15.26nm。山东大学刘兆军团队通过插入狭缝和一对反射光栅，实现了62nm调谐范围的高信噪比锁模光纤激光器。南京航空航天大学研究团队通过波长和带宽可调的滤波器，在碳纳米管锁模光纤激光器中获得了70.3nm的调谐范围。目前，掺铒锁模光纤激光器的最大连续调谐范围为78nm。在锁模光纤激光器中色散控制很重要，一般来说，锁模光纤激光器输出孤子性能依赖于腔内的色散。最近，西安光机所赵卫团队在掺铒纳米管锁模光纤激光器中获得两种不同的可调谐孤子源。传统孤子(CSs)和耗散孤子(DSs)的调谐范围分别为15nm和25nm。构建可产生不同类型孤子的锁模光纤激光器是拓宽激光应用范围的有效方法。然而，上面提到的大多数研究只关注波长调谐。目前还没有关于基于NPR机制的掺铒锁模光纤激光器产生宽波长可调谐耗散孤子和自相似孤子的报道。因此，关于可调谐可切换双态孤子掺铒单模光纤激光器研究值得探索。

5.3.2 实验装置

为了研究可调谐可切换双态锁模光纤激光器，实验上搭建了如图5-28所示的光纤激光器光路。谐振腔由光纤和空间部分组成，采用NPR锁模机制搭建了环形腔结构。泵浦源采用中心波长980nm的LD，最大输出功率为1.5W。采用尾纤为Hi1060的980/1550nm波分复用器耦合进入增益光纤提供能量。增益光纤为60cm掺铒光纤(Liekki Er110-4/125)，其群速度色散为-23.5ps/(nm·km)。为了调节净色散，在增益光纤后熔接了一段色散补偿光纤DCF-38(Thorlabs)。除了增益光纤和色散补偿光纤，其余光纤器件的尾纤都是单模光纤。空间光路部分由一系列固体器件组成，包括半波片、四分之一波片、偏振相关隔离器和偏振分束器。选择这些空间元器件，利用光纤中的 NPR 效应形成人造可饱和吸收体实现锁模运行。值得注意的是，一个四分之一波片，一个反射式衍射光栅(600lines/mm)以及一个空间光准直器组合可以构成一个高斯型滤波器，置于光栅之前的二分之一波片可以用来优化衍射效率。整个腔长约为 9.9m，净色散量为 0.05ps^2。

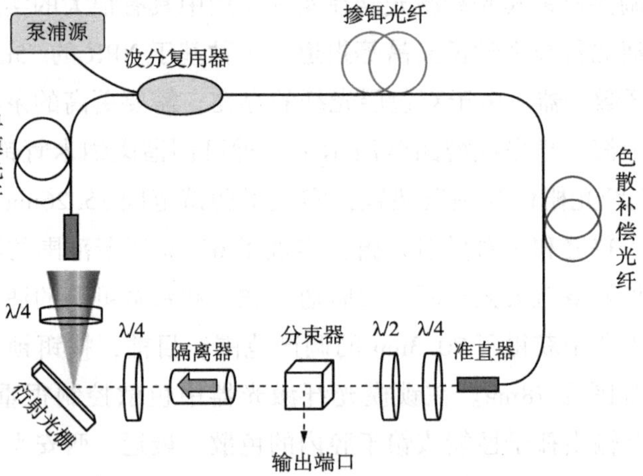

图 5-28　可调谐可切换双态孤子激光器光路示意图

振荡器的输出性能由一系列测量仪器记录，包括一个光学自相关器(APE PulseCheck-50)，一个带宽为 500MHz 的数字存储示波器(MDO3054，Tektronix)，和一个最小分辨率约 0.02nm 的光学光谱分析仪(OSA，AQ6375B，Yokogawa Inc)。

5.3.3　实验结果与讨论

通过适当调节腔内波片和衍射光栅角度，在 230mW 泵浦功率下激光器可以实现稳定的自启动锁模，一旦锁模运行建立便无须更多去改变波片角度。典型的耗散孤子输出特征曲线如图 5-29 所示。图 5-29(a)为周期脉冲序列。可以看出，相邻脉冲的时间间隔为 48ns，对应于脉冲在腔内循环一周的时间。插图为 50μs 的脉冲序列，可以看出在大范围时域轨迹内没有调 Q 现象存在，表明激光器运行十分稳定。图 5-29(b)为对应的光谱图，光谱包络边沿很陡峭且顶部平坦，这种矩形光谱是典型的正色散光纤激光器中耗散孤子光谱。输出脉冲的中心波长为 1556.1nm，3dB 带宽为 2.33nm。射频谱图如图 5-29(c)所示。脉冲的重复频率为

20. 8MHz，与总腔长对应，频谱上无杂乱信号，信噪比高达 72dB。图 5-29(d) 为 1GHz 扫描范围的频谱图，进一步说明锁模运行很稳定。但是，由于此时激光器输出功率太小只有微瓦量级，以至于无法测量自相关信号轨迹，因此脉冲宽度的信息无法获得。

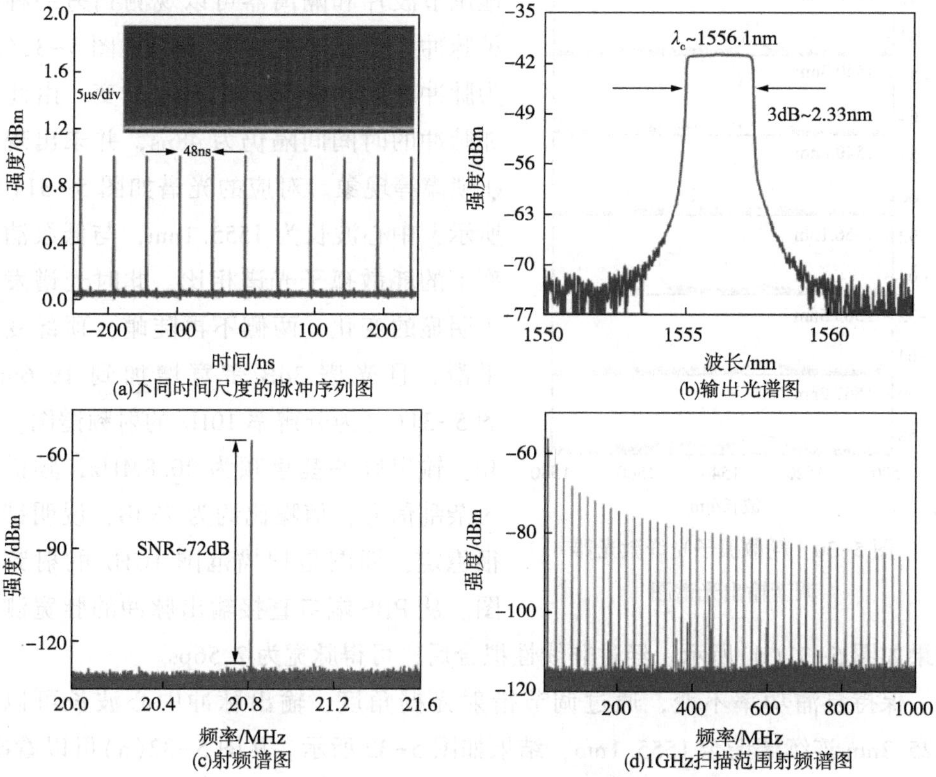

图 5-29　耗散孤子输出特性

随后通过调节衍射光栅的角度，输出脉冲的中心波长可以从 1522. 1nm 至 1567. 2nm 连续调谐，调谐范围为 45. 1nm，对应的结果如图 5-30 所示。值得注意的是，在整个调谐过程中激光器未出现失锁现象，始终保持着稳定的锁模状态。随着中心波长的不断改变，对应的光谱包络会有一些变化，光谱 3dB 带宽均在 2. 3nm 左右。由于增益系数不同，导致在不同波长处的光谱强度有所差别。可以看出，即使中心波长超过了 1530nm，在 1530nm 处的光谱仍旧有明显的信号。

由于在本实验中采用 NPR 锁模机制，激光器的参数会随着波片和隔离器的

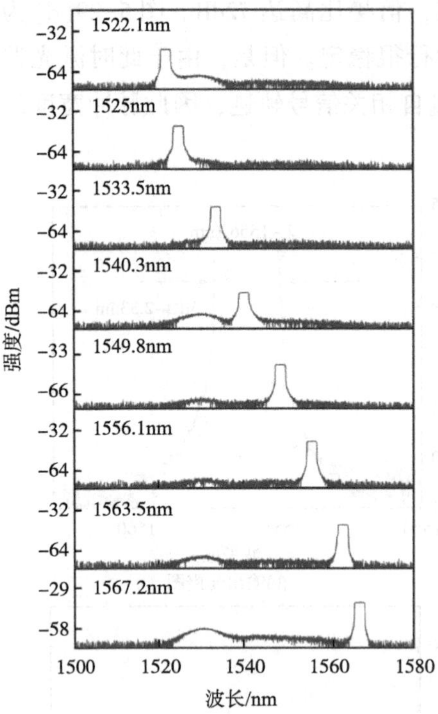

图 5-30　耗散孤子光纤激光器调谐输出光谱图

角度旋转变化而变化，例如脉冲强度、谐振腔内双折射以及偏振。换句话说，人造可饱和吸收体的性能是连续变化的。随着泵浦功率的增加，在 400mW 功率下，适当地调节波片和隔离器可以观测到另一种孤子脉冲，结果如图 5-31 所示。图 5-31(a)为脉冲序列，由于腔长没有改变，由此相邻脉冲的时间间隔仍为 48ns，并未出现调 Q 锁模等现象。对应的光谱如图 5-31(b)所示，中心波长为 1555.1nm，与低泵浦功率下的耗散孤子光谱相比，此时光谱发生了明显的变化，两侧不再陡峭，顶部变得平滑，且光谱 3dB 带宽增加到 19.6nm。图 5-31(c)为分辨率 10Hz 的射频谱图。可知：输出脉冲基重频为 20.8MHz，频谱上无杂乱信号，信噪比约为 73dB，说明锁模很稳定，插图是扫描范围 1GHz 的射频谱图。从 PBS 端口直接输出脉冲的脉宽测量结果如图 5-31(d)所示。经过非线性拟合后，可得脉宽为 2.56ps。

保持泵浦功率不变，通过调节衍射光栅角度，输出脉冲中心波长可以从 1525.2nm 连续调谐至 1555.1nm，结果如图 5-32 所示。从图 5-32(a)可以看出，在整个波长调谐过程中，光谱包络几乎没有发生明显的改变，表明振荡器此时产生的是自相似孤子。不同波长处脉冲的光谱 3dB 带宽均超过 17nm，最大值为 19.6nm，对应于中心波长 1555.1nm。不同波长的输出功率已测量并标注在图中，此时激光器输出波长在 1529.1nm 时的最大输出功率为 15mW。相较图 5-31，波长可调谐的范围变小了一些，为 29.9nm。值得注意的是，产生两种不同类型孤子运行机制可以在振荡器中灵活地切换。当增加泵浦功率，即可实现激光器从耗散孤子锁模转变为自相似孤子锁模，反之亦然。图 5-32(b)为不同波长处脉冲的自相关曲线。由于是测量直接输出而未进行压缩的脉冲宽度，因此经过非线性拟合，脉宽变化范围为 1.63~2.56ps。

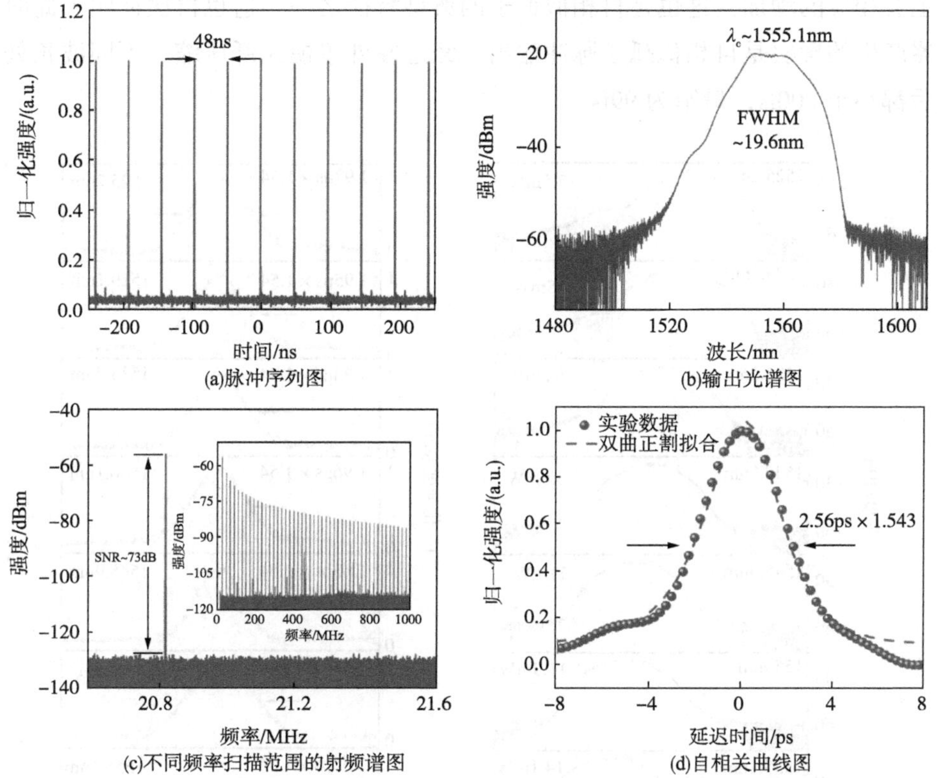

图 5-31　自相似孤子输出特性

随着泵浦功率的进一步增加，激光器仍能保持稳定锁模，光谱包络持续发生变化且可调谐的波长范围也在不断减少。当泵浦功率超过 680mW 时，可调谐范围仅有几个纳米。在 680mW 泵浦功率时，激光器有最佳的输出性能，结果如图 5-33所示。从图 5-33(a)可知：输出脉冲的中心波长从 1526. 2nm 可调谐至 1551. 3nm，调谐范围 25. 1nm。在调谐过程中光谱包络几乎未发生明显改变，仍保持平滑无陡峭边沿。同样地，测量了不同波长处的输出功率，最大输出功率为 25. 4mW，即 1531. 2nm 波长处，输出脉冲的单脉冲能量超过 1nJ。图 5-33(b)为对应的自相关曲线。经过非线性拟合，脉宽变化范围为 1. 54 ~ 1. 7ps，相较 400mW 泵浦功率时输出脉冲宽度，此时脉宽更窄一点。随后测量了不同波长处的光谱带宽以及在腔外利用单模光纤对输出脉冲进行压缩，结果如图 5-33(c)所示。与图 5-32(a)的光谱相比，光谱的 3dB 带宽发生了明显改变，最小值 24. 4nm，最大值 45. 1nm。前面提到过，随着泵浦功率增加，自相似孤子光谱带宽也会相应的增加，这也是自相似孤子的典型特征之一。这也再次证明了此时激光器产生的确实是自相似孤子脉冲输出。经过腔外单模光纤压缩，不同波长处脉宽后都小于 200fs，最窄为 99fs。

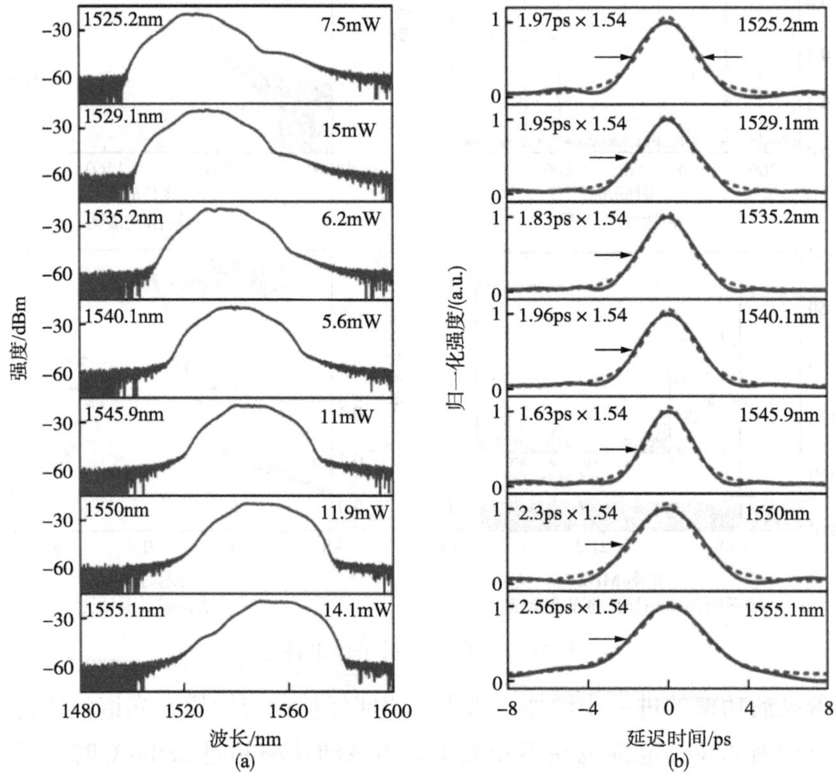

图 5-32　400mW 泵浦功率自相似孤子光纤激光器调谐输出光谱图

在本实验中，获得的激光器锁模运行最大的波长可调谐范围为 45nm。值得注意的是，所用的衍射光栅的闪耀波长为 1.6μm，与掺铒增益光纤的增益峰值其实并不匹配，对衍射效率有一定影响。一系列空间固体器件的使用也引入了一部分的损耗，导致激光器输出功率不高。综上所述，在低泵浦功率下耗散孤子的自相关曲线由于输出功率太低而无法测量。一般来说，耗散孤子可存在于正色散腔，自相似孤子在类似的色散条件下也可产生。在我们的实验中谐振腔净色散为 $0.05ps^2$，支持在同一个谐振腔中产生两种不同类型孤子。除了衍射光栅外，前面提到 NPR 锁模机制也可视为一个隐形的可调滤波器，具有一定滤波带宽，通过改变波片和隔离器的角度，双折射引入的滤波带宽可以持续调节，为自相似孤子的产生提供了条件。

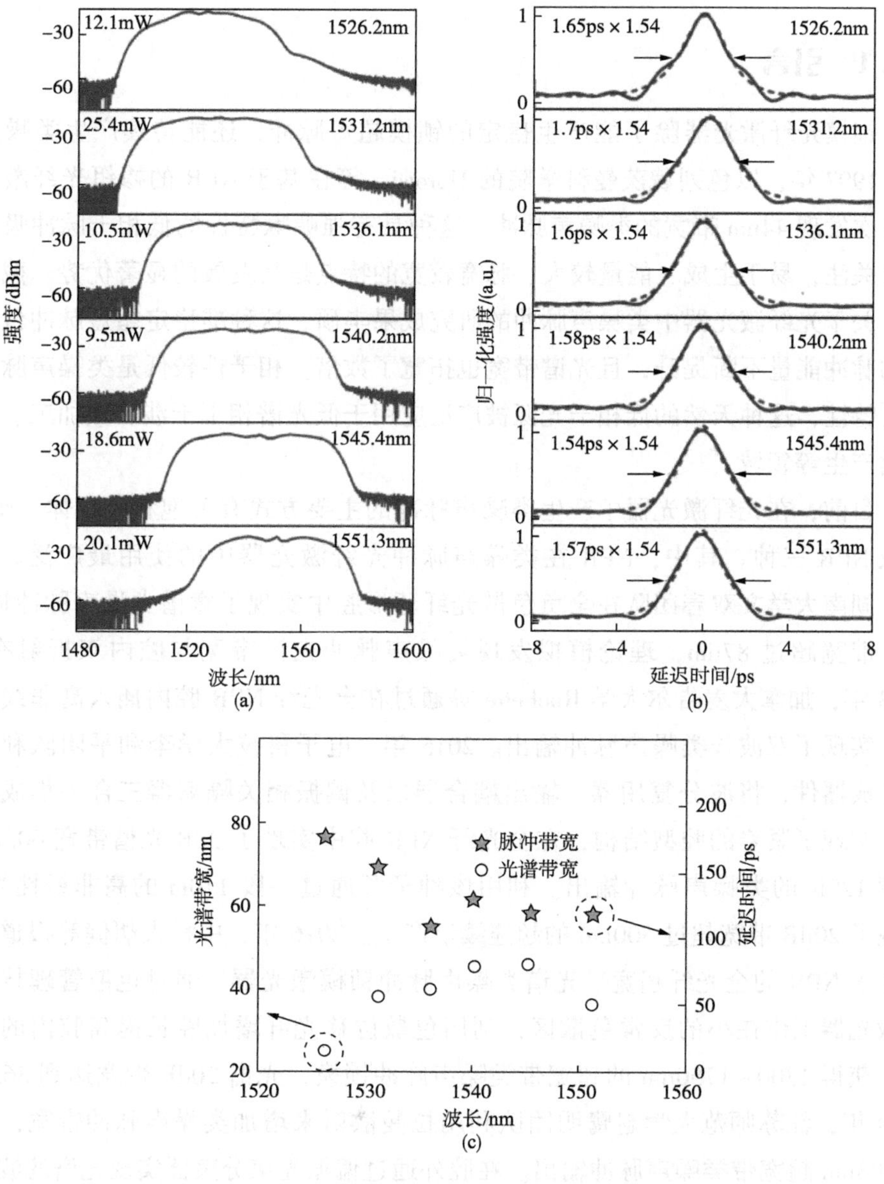

图 5-33 680mW 泵浦功率自相似孤子光纤激光器调谐输出光谱图

5.4 宽光谱类噪声掺铒锁模光纤激光器的实验研究

5.4.1 引言

锁模光纤激光器除了能产生稳定的锁模超短脉冲，还能持续产生类噪声脉冲。1997 年，以色列魏茨曼科学院的 Horowitz 等在基于 NPR 的掺铒光纤激光器中首次发现 44nm 带宽的类噪声脉冲，这种具有强啁啾特性的低相干脉冲吸引了大量关注，易于生成、能量较大、脉宽较宽的特点是其发展的显著优势。截至目前，关于光纤激光器中类噪声脉冲的研究成果丰硕，这种准稳定超短脉冲包络序列的脉冲能量不断提升，且光谱带宽也拓宽了数倍。相干性较低是类噪声脉冲的固有特性，这种天然的低相干光源被广泛应用于低光谱相干干涉、微加工、超连续谱产生等领域。

目前，在光纤激光器中产生类噪声脉冲的主要方式有可饱和吸收体、NALM 以及 NPR 三种。其中，NPR 在类噪声脉冲光纤激光器中的使用最广泛。2009 年，湖南大学文双春团队在全负色散光纤环形腔中实现了宽谱类噪声脉冲输出，3dB 带宽超过 87nm，理论模拟发现类噪声脉冲光谱带宽与腔内双折射有关。2013 年，加拿大麦吉尔大学 Rochette 等通过在全光纤 NPR 腔内插入高非线性光纤，实现了双波长类噪声脉冲输出。2015 年，电子科技大学李和平团队利用高度集成器件，将波分复用器、输出耦合器以及偏振相关隔离器三合一集成为一体，实现了紧凑的腔型结构，在全光纤 NPR 腔中实现了 3dB 光谱带宽 60.2nm、脉宽 129fs 的类噪声脉冲输出。利用该种子源通过一段 110m 的高非线性光纤，实现了 20dB 带宽超过 500nm 的超连续谱产生。2016 年，中科大胡健等报道了一种基于 NPR 的全光纤超宽带光谱类噪声脉冲锁模激光器。通过色散管理技术使得激光器工作在小的反常色散区，利用色散位移光纤增加腔长提高腔内的非线性，获得 1300～1750nm 的超宽带类噪声脉冲锁模，光谱 20dB 带宽达到 362nm。2019 年，江苏师范大学赵鹭明团队利用拉曼散射来增加类噪声脉冲带宽，实现了 203nm 超宽带类噪声脉冲输出。在腔外通过偏振光束分束器实现光谱滤波，得到了最宽 294nm 的类噪声脉冲。2022 年，北京交通大学王春灿团队利用 SESAM 作为可饱和吸收体，在线形腔中实现了类噪声脉冲与调 Q 脉冲的可切换可调谐输出，波长调谐范围分别为57nm和67nm。

在本节中，我们报道了一种基于NPR的宽光谱类噪声掺铒锁模光纤激光器，在实验中，将一段HNLF引入谐振腔内，形成SMF-HNLF-SMF结构，获得光谱3dB带宽为26.23nm、光谱40dB带宽为500nm以及光谱覆盖范围为1280~1850nm的类噪声锁模脉冲，并对其进行了数值仿真模拟。

5.4.2 实验装置

图5-34所示为宽光谱类噪声被动锁模掺铒光纤激光器的实验装置。一个最大输出功率为1100mW的LD作为泵源，为谐振腔提供能量。一个980/1550nm的WDM用来在激光谐振腔内耦合泵浦光和反馈光。选用一段60cm长的EDF(Er110-4/125)作为增益介质，其群速度色散为0.0134ps^2/m。在增益光纤之后放置一段30cm的HNLF(色散量-0.0076ps^2/m)，该光纤具有较大的非线性系数，有利于产生非线性效应进一步展宽光谱。为了减小EDF、DCF与HNLF之间的熔接损耗，在HNLF前后各熔接一段SMF(SMF-28e)，其群速度色散为-0.022ps^2/m。SMF与HNLF之间的熔接模式主要通过改变主放电时间和主放电功率进行优化，通过优化，其熔接损耗可以低至0.03dB。为了调整腔内的色散，我们选用2.5m长的DCF(β_2=0.048ps^2/m)。腔内剩余光纤为SMF-28。两个二分之一波片、两个四分之一波片、一个偏振分光棱镜、一个空间隔离器构成NPR锁模装置，使得谐振腔实现锁模操作。两个光纤准直器将光纤中的光导出至空间并耦合形成回路，隔离器用来确保谐振腔内的光保持单向运转。利用四分之一波片、二分之一波片和偏振分光棱镜来精确调控腔内光偏振态，进而实现激光达到锁模状态。

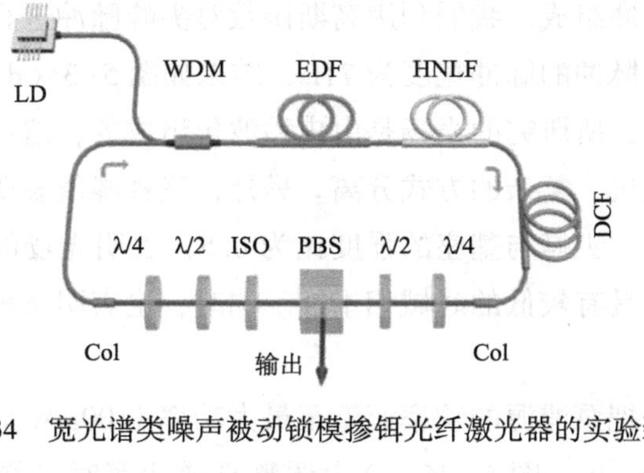

图5-34　宽光谱类噪声被动锁模掺铒光纤激光器的实验装置

5.4.3 实验结果与讨论

当激光谐振腔内的 HNLF 长度为 30cm 时，腔内总色散为 $-0.021ps^2$。在抽运功率为 1100mW 时，经过轻微地调整波片的角度，该激光系统可以实现类噪声脉冲运转。图 5-35 展示了在泵浦功率 1100mW 条件下，类噪声锁模脉冲的时域脉冲序列、光谱、自相关曲线以及射频谱图。图 5-35(a)为类噪声锁模脉冲的光谱图，可知：此时脉冲的中心波长为 1552.7nm，光谱包络较为光滑，40dB 光谱带宽约为 500nm，光谱覆盖范围为 1280~1850nm，此时的光谱范围明显大于增益带宽。这主要是由于类噪声脉冲通过 HNLF 传输时，其频域和时域演化受到多种非线性效应的影响。所有这些非线性过程都能在类噪声脉冲频谱内产生新的频率成分，进一步展宽了光谱。图 5-35(b)为一个典型的锁模脉冲序列，脉冲的幅度保持均匀一致，间隔约为 51ns，与脉冲的重复频率为 19.7MHz 相对应。为了检测类噪声被动锁模光纤激光器的稳定性，我们利用频谱仪对类噪声脉冲的频谱进行了测量，它的射频光谱如图 5-35(c)所示，可以看出，其基本重复频率处于 19.7MHz 的位置，其信噪比约为 45dB。该信号有噪声基座，这是类噪声脉冲所特有的。插图是从 0MHz 到 500MHz 范围内的射频频谱，表明该类噪声锁模光纤激光器在比较稳定的状态下工作。为了进一步确定是类噪声锁模脉冲，使用商用的自相关仪对不同扫描范围的脉冲的自相关轨迹进行了测量，如图 5-35(d)所示。可以清楚地看到，在较宽的扫描范围内(50ps)，自相关曲线包含一个宽的基座，一个窄的尖峰位于大的基座上，其尖峰与基座的强度比为 0.5，基座的脉冲宽度为 26.55ps。这是类噪声脉冲的典型特点，一个大的脉冲包络由许多振幅和相位不相同的子脉冲组成。我们利用高斯函数对尖峰脉冲进行了非线性拟合，经过拟合后得到尖峰脉冲的脉冲宽度为 71fs，结果如图 5-35(d)中的插图所示。皮秒基座的出现表明，所研究的光场是由皮秒波包组成的，这些波包具有精细的内部结构，脉冲以随机、复杂的方式分离。另外，飞秒峰值表明波包内的脉冲具有飞秒级的持续时间。尖峰与基座的强度比为 0.5，表明光场的光谱成分是高度不相关的，因此光场具有较低的时域相干性。同时，也表明飞秒脉冲的强度是随机变化的。

在实验中，当把泵浦源的功率调整至最大功率 1100mW 时，此时激光器的平均输出功率为 2.08mW，图 5-36(a)为调整泵浦功率时平均输出功率的变化情

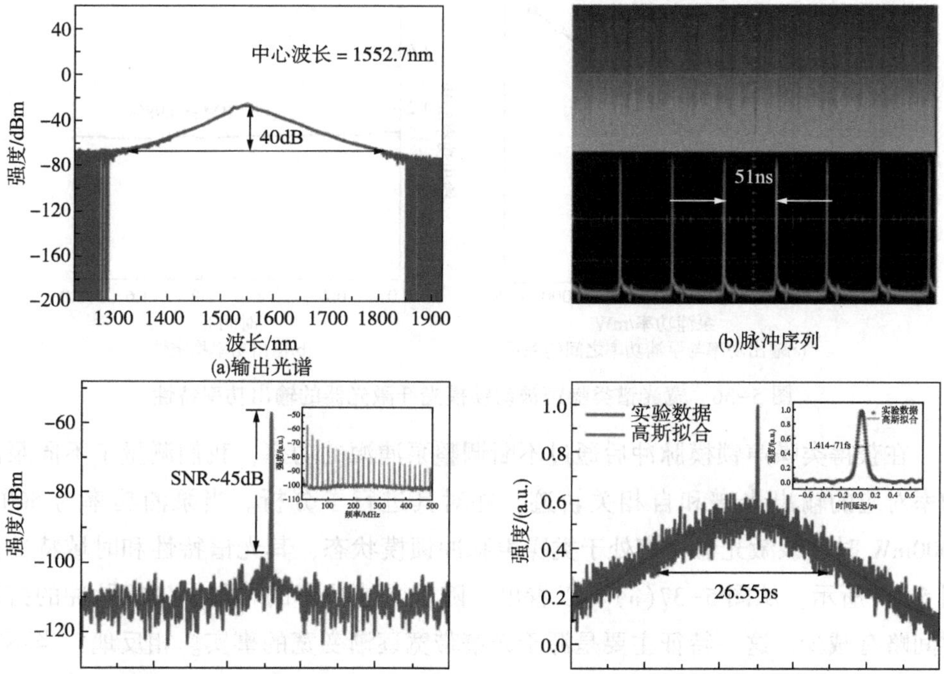

(a)输出光谱　(b)脉冲序列

(c)射频光谱（插图：0~500MHz范围内的频谱图）　(d)基座脉冲的自相关轨迹（插图：尖峰脉冲的自相关轨迹）

图 5-35　类噪声锁模脉冲的输出特性

况。因为泵浦源的功率是有限的，所以曲线没有出现任何的功率饱和现象。由图可观察到，当把泵浦源的功率调整至低于 500mW 时，输出的是连续波；当把泵浦源的功率调整至大于 500mW 而小于 1100mW 时，激光器处于类噪声锁模状态。由于 DCF 和 HNLF 控制腔内色散和提供非线性，以及适当地调节 PC，该激光器输出了宽谱类噪声锁模脉冲。其锁模阈值相对较高，这主要是由于 HNLF 与 SMF 之间的熔接损耗较大。因此，需要采用较大的泵浦功率来达到锁模阈值，相较谐振腔内没有 HNFL 的情况下，激光器的斜率效率从 2%降低至 0.18%，这主要是由于腔体中异质光纤的模场不匹配导致损耗过大。为了验证类噪声锁模光纤激光器的功率稳定性，采用功率计测量了其输出功率，我们对其输出功率进行了 2h 的监测，结果如图 5-36(b)所示。可以看出，输出功率始终保持在 1.01mW 左右，通过计算可得，2h 的 RMS 为 0.98%，说明它具有良好的环境稳定性。

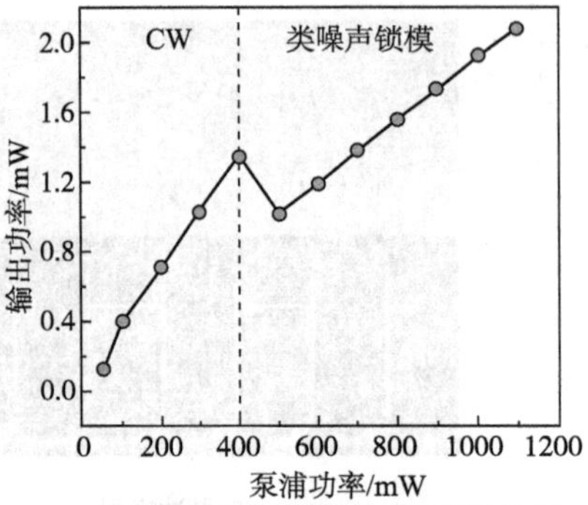

(a)输出功率与泵浦功率之间的关系

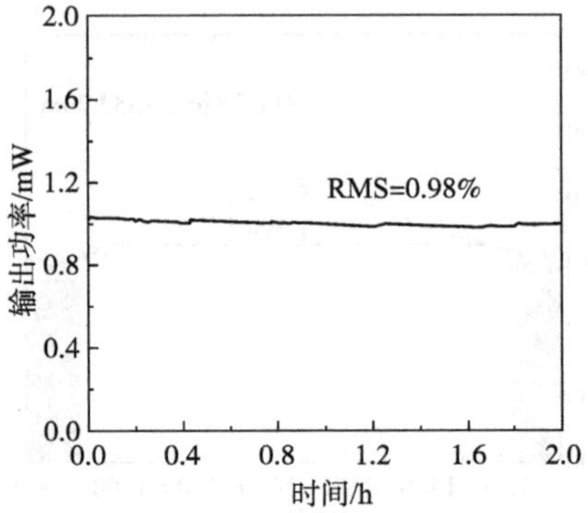

(b)输出功率稳定性

图 5-36 宽光谱类噪声被动锁模光纤激光器的输出功率特性

在获得类噪声锁模脉冲后通过不断调整泵浦源的功率，我们测量了不同泵浦功率对应的输出光谱和自相关轨迹，并对其进行了分析。当泵浦功率为 500～1000mW 时，该激光器一直处于类噪声脉冲锁模状态，其光谱特性和时域特性如图 5-37 所示。从图 5-37(a)可以看出，随着泵浦功率的增加，尖峰脉冲的持续时间略有减少，这一特征主要是源于光谱带宽逐渐变宽的事实。相反地，当不断增加泵浦源的功率时，皮秒基底的脉宽会逐渐增宽。其主要原因是小脉冲数量会随着泵浦源功率的增加而不断增加，脉冲包络的脉宽也会随之变长。由图 5-37(b)可以看出，当不断增加泵浦源的功率，光谱的形状几乎没有变化，而输出光谱同时拓展至短波长和长波长两个方向，光谱覆盖范围逐渐增大。因为伴随着泵浦功率的不断提升，耦合进 HNLF 的功率不断提高。因此，在 HNLF 中，类噪声脉冲的光谱宽度会随着自相位调制、孤子自频移等非线性效应的综合作用不断增强而逐渐展宽。当泵浦功率不断增加时，类噪声脉冲的平均输出功率仍不断增大，其光谱也不断在展宽，这表明它还未达到饱和展宽的程度，仍有进一步提升的空间。通过研究，后续可以通过定制宽带宽工作的光纤器件，选用更高功率的泵浦激光，优化 HNLF 的熔接损耗，进而获得更宽光谱的类噪声锁模脉冲输出。

5.4.4 实验结果的数值模拟

在数值模拟中，类噪声被动锁模光纤激光器的仿真模型如图 5-38 所示。该模型包含一段 EDF 作为增益介质，一段 DCF，一段 HI1060 单模光纤，一段

HNLF 为谐振腔提供非线性，几段具有反常色散的 1.5μm 波段 SMF-28e，可饱和吸收体用来获得稳定的锁模脉冲。光纤耦合器的 10%端口将腔内能量输出至腔外。

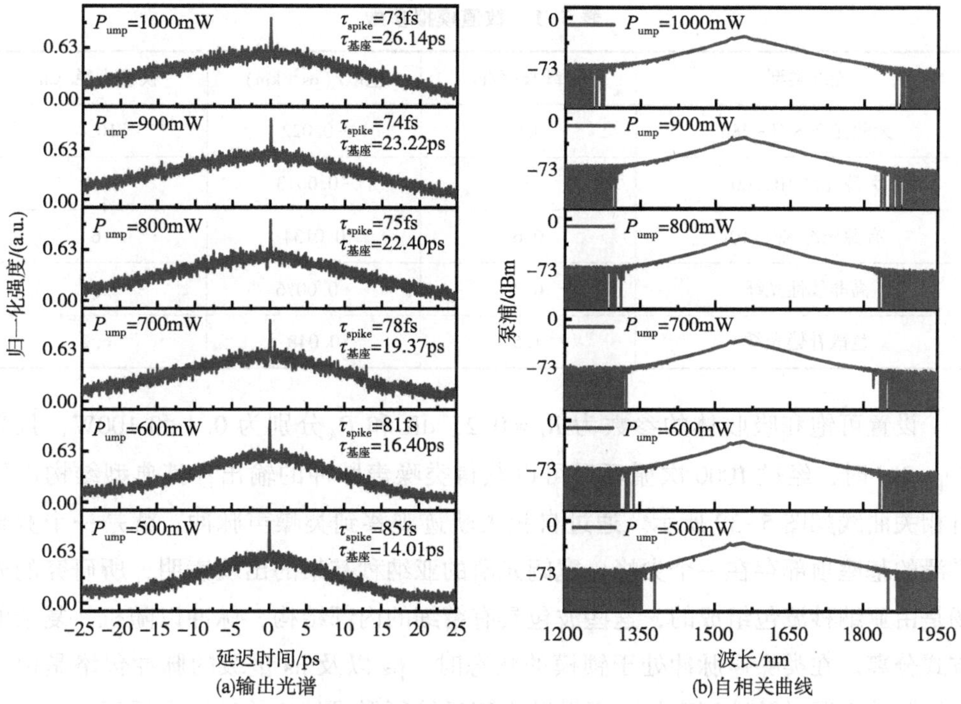

图 5-37 不同泵浦功率下宽光谱类噪声锁模光纤激光器

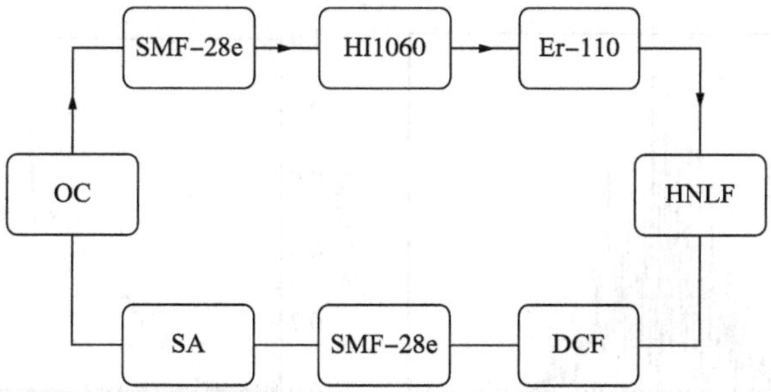

图 5-38 类噪声被动锁模光纤激光器的仿真模型

模拟中，采用以下参数，参数如表 5-1 所示。在利用 fiberdesk 商用软件进行仿真模拟的过程中，光谐振腔内的光脉冲通过采用“脉冲跟踪”法对其进行跟踪，当光脉冲不断地在激光腔内往复工作时，上一周在谐振腔内形成的脉冲作为下一周运转的初始条件，依此类推，经过多次循环后脉冲就会达到稳定，激光器实现类噪声脉冲输出。

表 5-1 数值模拟参数

光纤类型	光纤长度/m	色散/(ps^2/km)	模场直径/μm
无源光纤 SMF-28e	0.9	-0.022	10.4
无源光纤 HI1060	3	-0.0013	5.9
有源光纤 Er-110	0.6	0.0134	6
高非线性光纤	0.3	-0.0076	3.6
色散补偿光纤	1.5	0.048	6.2

设置可饱和吸收体的参数为 $R_0=0.2$，dR 和 P_A 分别为 0.4 和 100W，且当 $E_{sat}=2nJ$ 时，经过 1000 次循环后可以获得类噪声脉冲的输出，其典型结构以及自相关曲线如图 5-39 所示。通过自相关轨迹观察到类噪声脉冲，就是一个宽阔平滑的基座顶部存在一个尖峰。宽阔光滑的亚纳秒基架的出现表明，所研究的光场是由业纳秒波包组成的，这些波包具有精细的内部结构，脉冲以随机、复杂的方式分离。在类噪声脉冲处于锁模的状态时，ps 以及 ns 量级的脉冲包络是由一束短脉冲光通过脉冲裂变效应以及腔内正反馈所形成的，并且每次循环脉冲内的精细结构都不相同。

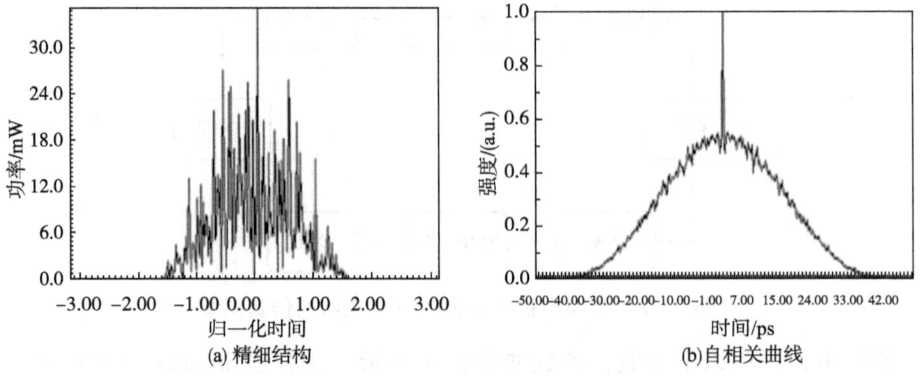

(a) 精细结构 (b) 自相关曲线

图 5-39 类噪声脉冲特征参数

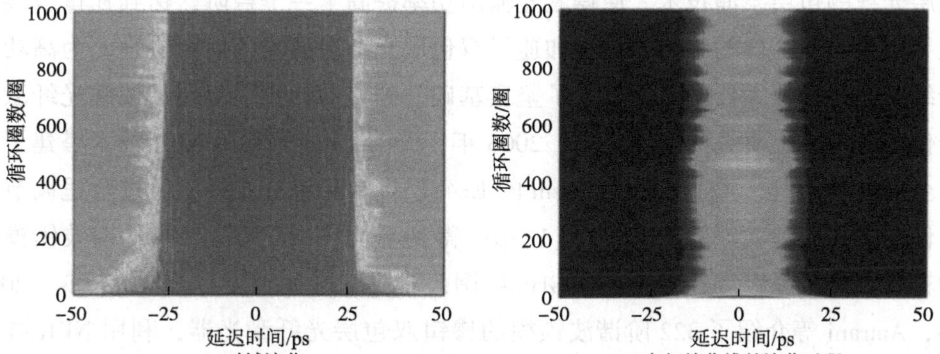

(c)时域演化　(d)自相关曲线的演化过程

图 5-39　类噪声脉冲特征参数(续)

在模拟过程中还观察到脉冲塌陷过程，如图 5-40 所示。当脉冲峰值功率达到一定水平时，由于峰值功率钳位效应的存在，脉冲发生坍缩。然后，一个新的脉冲从坍缩的脉冲中缓慢地产生，整个过程重复。在强泵浦条件下，脉冲坍缩和再生过程总是不同步的。因此，脉冲束在一起，在腔内形成类噪声脉冲。

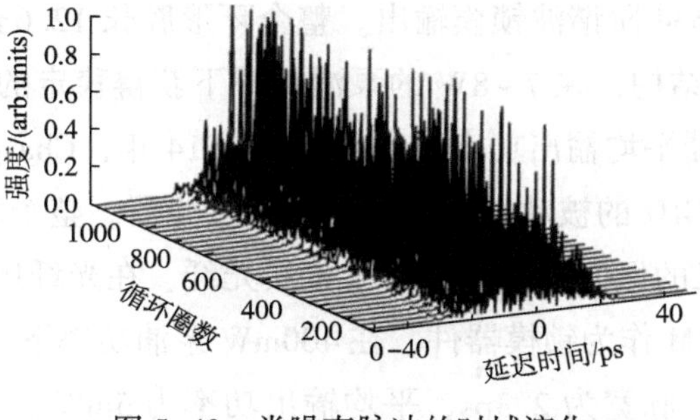

图 5-40　类噪声脉冲的时域演化

5.5　Er/Yb 共掺双包层锁模光纤激光器的实验研究

5.5.1　引言

提高锁模光纤激光器的输出功率一直是激光器领域中的一个研究焦点，功率的提升可以大大拓展激光器的应用范围和领域，可为高功率光纤激光器和放大器的研究提供便利。自 20 世纪 80 年代末，美国宝丽来公司研究人员提出的基于双包层光纤的包层泵浦技术，使得激光输出功率提高了一个台阶，达到瓦量级甚至数十瓦量级，这样的跨越式进步加速了双包层光纤激光器的研究进程，为高功率光纤激光器和放大器的研制打下了坚实基础。到目前为止，双包层锁模光纤激光器仍旧是世界上研究的重点之一。2006 年，Panasenko 等利用 NPR 技术搭建了一个全光纤环形腔，增益光纤为 20cm 的 Er/Yb 共掺双包层光纤，通过合适调节腔内偏振，在泵浦功率为 15W 时在 1.5μm 得到平均输出功率 1.1W 的谐波锁模脉冲输出，其重复频率在 1.7~7.2GHz 可调，对应的脉冲宽度在 300~570fs。2009 年，Amrani 等介绍了 322 阶谐波锁模的掺铒双包层光纤激光器，利用 NPR 技术构建了光纤加固体器件的环形腔，采用 V 型槽技术双向泵浦增益光纤，最终得到 3.079GHz 的谐波锁模输出，激光器的平均输出功率为 54mW，对应脉冲能量为 18pJ。2009 年，Kieu 等报道了利用双包层掺铒光纤获得脉宽 80fs，平均输出功率超过 1W 的耗散孤子锁模输出，整个激光器是空间加光纤的环形腔，其中利用滤波器实现脉冲整形，在泵浦功率为 8W 的情况下获得稳定的单脉冲输出，且输出功率为 2.2W。2011 年，Sobon G 等采用 NPR 锁模，利用 Er/Yb 共掺双包层光纤获得稳定的亚皮秒 634 阶谐波锁模输出。整个环形腔长 12.6m，其中增益光纤为 6m，空间加光纤的结构，在 7~8W 的泵浦功率下获得稳定的最高 10GHz 谐波锁模输出，此时激光器平均输出功率为 300mW。2014 年，Chavezpirson 等报道了脉冲重复频率高达 12GHz 的被动锁模双包层光纤激光器。整个腔为全光纤线性腔，增益光纤为 0.8m 长的保偏 Er/Yb 共掺双包层光纤，在光纤尾端耦合了一个调制深度为 54%的 SESAM 作为锁模器件，在 400mW 泵浦功率下，通过合适调节得到稳定的单脉冲输出，脉宽为 2.3ps，平均输出功率为 5mW。2015 年，Lei 等报道了利用二维材料还原氧化石墨烯作为可饱和吸收体在 Er/Yb 共掺双包层光纤激光器中实现被动锁模。实验中采用 7m 长的 Er/Yb 共掺双包层光纤作为增益介质，将还原氧化石墨烯粉末填充进光子晶体光纤中作为可饱和吸收体，在 7W 泵浦功率下获得脉宽为 573fs，重频为 11.7MHz，平均输出功率为 1.14W 的传统孤子锁模脉冲输出。2016 年，Lauteriocruz 等报道 8 字腔双包层被动锁模光纤激光器。利用 1.6m 长的 Er/Yb 共掺双包层光纤作为增益介质，腔中无偏振器件，在 25W 泵浦功率下得到类噪声脉冲输出，平均输出功率为 275.25mW 且产生光谱宽度超过 200nm 的超连续谱。2017 年，Babar 等报道了利用石墨烯作为可饱和吸收体在 Er/Yb 共掺双包层光纤激光器中实现被动锁模。整个环形腔长 217.5m，其中单模光纤 200m，Er/Yb 共掺双包层光纤长 6m，石墨烯薄膜夹在两个光纤跳线头之间，在泵浦功率 300mW 情况下，得到重频 0.92MHz，脉宽 381ns，平均输出功率为 0.55mW 的传统孤子锁模输出。

研究发现，在 Er/Yb 共掺双包层锁模光纤激光器的研究中，难以兼顾高平均输出功率和窄脉宽，这就是研究的重点，希望可以保证脉冲宽度在飞秒量级的同时将输出功率提高到瓦量级。本章中，采用 NPR 技术，利用双包层光纤包层泵浦技术，搭建了固体器件加光纤的环形腔，研究 1.5μm Er/Yb 共掺双包层高功率锁模光纤激光器的输出特性，产生了重频为 115GHz，平均功率 628mW 和脉宽 127.5fs 的高阶谐波类噪声脉冲输出。

5.5.2　实验装置

为了研究高功率的双包层铒镱共掺锁模光纤激光器，搭建了如图 5-41 所示的实验装置。整个环形腔分为空间和光纤两部分，采用 980nm LD 作为泵浦源，泵源最大泵浦功率为 8W，泵浦光通过一个类似于 WDM 的 980/1550nm 多模泵浦信号耦合器耦合进光路，在泵浦源与 Combiner 之间熔接了一个泵浦保护器，防止回光损害泵浦源。耦合器两侧的尾纤分别是长度为 1.66m 的双包层光纤（Nufern 6/125 DCF）输出端和 1.84m 的单模光纤（Corning SMF-28e）的信号端，在耦合器的输出端后熔接了铒镱共掺双包层增益光纤（Nufern SM-EYDF-6/125-HE），增益光纤芯径 6μm，包层直径 125μm，在 915nm 处的吸收率为 0.78dB/m，其二阶群速度色散系数 $\beta_2=-20\text{fs}^2/\text{mm}$。为了移除光纤包层中残余的泵浦光，在增益光纤后又熔接了一个包层功率剥除器。为了将光纤中的光导出变为空间光与固体器件耦合，在剥除器和耦合器两侧分别用标准单模光纤熔接了一个光纤准直器。整个环形腔腔长为 18.05m，其中双包层增益光纤长度为 8m，对应脉冲在腔内循环一周的时间为 88ns，谐振腔腔内净负色散为 0.3811ps^2。空间部分是与单模锁模光纤激光器类似，都是由两个四分之一波片，一个二分之一波片，一个偏振相关光隔离器和一个偏振光束分束镜构成，但又在其中加入了一个二分之一波片和一个偏振光束分束镜，其作用是两者配合起来调节谐振腔内功率。偏振相关光隔离器起到两个作用：第一个作用是保证腔内光沿单一方向传输，避免回光；第二个作用是窄化脉冲。三个波片用来调节腔内光信号的偏振态，优化锁模效果，同时也可以调节激光器输出功率。偏振光束分束镜不但作为锁模的关键器件同时也是整个环形腔的输出端，进行后续的脉冲参数测量。

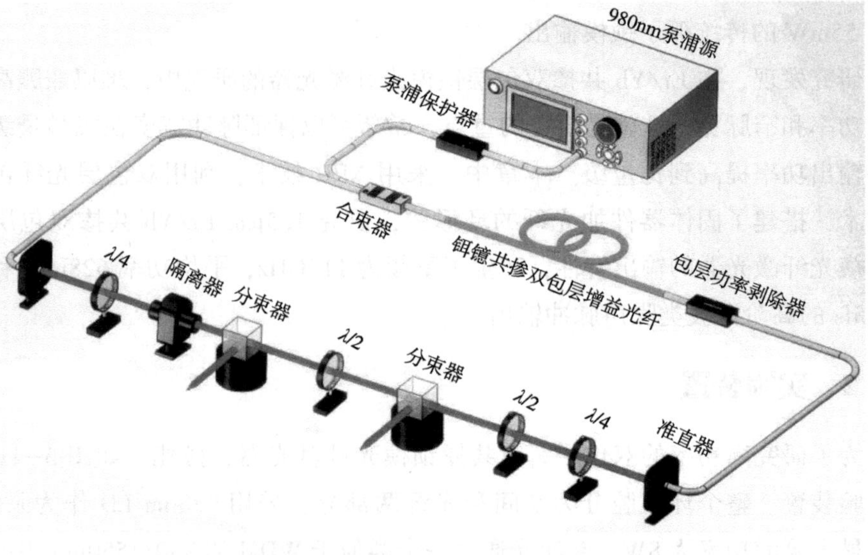

图 5-41　双包层铒镱共掺锁模光纤激光器装置示意

实验中使用一台商用光学自相关仪(FR-103WS，Femtochrome Research Inc.)测量脉冲宽度，一台数字存储示波器(DSO9104A，Agilent Technologies Inc.)测量锁模脉冲序列，一台光谱仪(OSA，AQ6370. Yokogawa Inc.)测量脉冲的光谱，一台频谱仪(E4407B，Agilent Technongies)测量锁模脉冲的频谱。

5.5.3　实验结果与讨论

所有光纤器件熔接完毕，空间光路也耦合好后，随着泵浦功率的增加不断调节三个波片的角度，尝试找到最佳位置实现稳定锁模。研究发现，当泵浦功率低于 1W 时无法调出锁模，超过 1W 时可以调出锁模，但是锁模非常不稳定。当旋转调节三个波片的角度到某一固定值，图 5-42 所示为不同泵浦功率下的示波器锁模脉冲序列。可以看出，泵浦功率从 1W 到 6W，锁模脉冲序列上端不是一条平滑的直线，都有明显的高低起伏，说明锁模非常不稳定。实验中尝试过在某一固定泵浦功率下仔细调节三个波片，虽然可以使锁模脉冲序列上端的起伏减弱，但是仍旧无法消除这个现象。后来又尝试在光路的空间部分加入一个双折射滤波片，但是实验结果仍然只能减弱脉冲的抖动而无法消除。

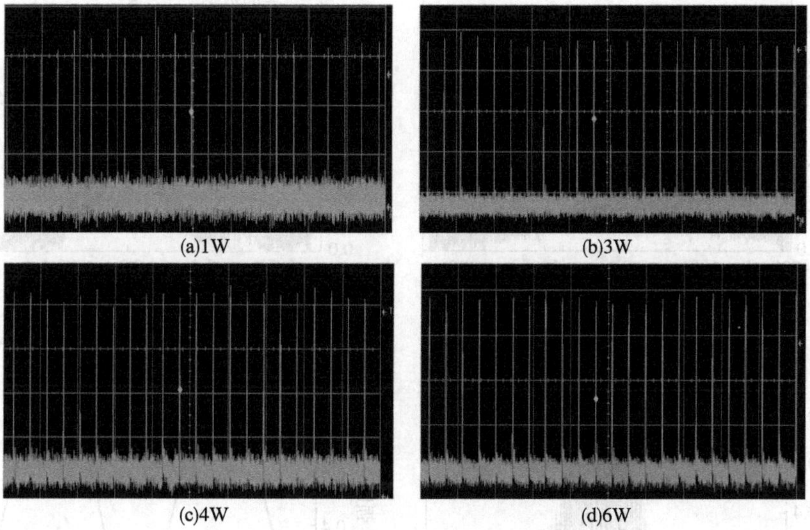

图 5-42 不同泵浦功率下脉冲序列

当泵浦功率达到 2. 5W 时，通过调节波片组，得到一个新的锁模现象，即谐波类噪声锁模。图 5-43 所示为泵浦功率 8W 时的类噪声锁模光谱图和自相关曲线。图 5-43(a)为输出脉冲的自相关曲线。可以看出，自相关曲线中存在一个飞秒量级的峰值坐落在一个皮秒量级的底座上面，这是典型的类噪声脉冲的特征，即拥有两个时间尺度。图 5-43(b)为图 5-43(a)中峰值曲线的放大图，经过双曲正割拟合后从图中可以看出，输出脉冲的宽度为 125. 7fs。图 5-43(c)为用光谱测量的输出脉冲的线性光谱图，可知：中心波长为 1560nm，在光谱分辨率带宽 0. 05nm 情况下光谱的 3dB 宽度为 15nm，可以明显地看出线性光谱中存在强烈的调制作用。在之前的研究中，也观察到类似的光谱，但在自相关曲线中产生了双脉冲或者多脉冲束缚态，相较而言，在自相关曲线中并没有观察到任何束缚态踪迹，因此激光器运行在高阶谐波脉冲状态。同时，图 5-43(d)是图 5-43(c)光谱峰值处相邻脉冲的放大图，可以计算出相邻脉冲的频率间隔为 115GHz，这也反过来证明了激光器运行在被动谐波状态且谐波频率为 115GHz。由于整个环形腔长为 18. 05m，对应的基础重复频率为 11. 34MHz，因此可以算出产生的脉冲序列的谐波阶数超过 10141 阶。但是由于谐波的频率超过光电探头的带宽(5GHz)，致使无法测量输出脉冲序列和频谱，因此这里并未给出脉冲序列和频谱图。

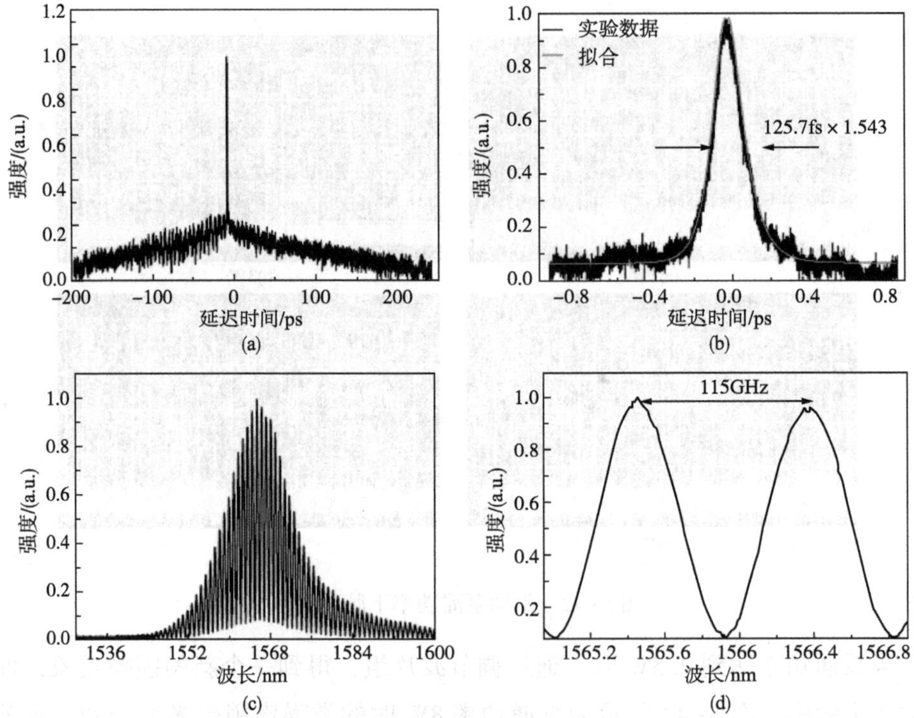

图 5-43　高阶谐波类噪声特征曲线

类似的光谱也曾在被动锁模单孤子晶体光纤激光器中获得，孤子晶体和类噪声脉冲的最大区别就是自相关曲线。类噪声脉冲的光学自相关曲线是一个超短相干峰值坐落在一个大的皮秒量级的基底上，这个峰值反映了脉冲束内部典型的时间间隔，基底反映了噪声在时间上的延伸。但是对于孤子晶体而言，在自相关曲线上存在明显的调制痕迹，且曲线底部非常平坦没有一个大的皮秒量级的基底。基于在自相关曲线上的区别，我们认为在本实验中产生的是类噪声脉冲，当然115GHz 被动谐波锁模是根据调制光谱得出的结论，这里想强调是在激光腔内产生了类噪声脉冲。类噪声脉冲首先是由 Horowitz 等报道的，他们认为类噪声脉冲的产生是由于有非线性传输器件的激光腔内双折射和光纤放大器的增益响应共同作用。典型的类噪声脉冲特征为范围大而平坦的光谱和有窄的相干峰值坐落在大的基底上的自相关曲线。如果激光腔内的非线性效应十分强烈，类噪声脉冲会形成非常宽的光谱，甚至比有源光纤的增益带宽还要宽。由于在低光谱相干性干涉测量，微加工和超连续谱产生等方面有很大的应用潜力，类噪声脉冲吸引了大量的注意力。值得注意的是，类噪声脉冲的形成与腔型结构无关，并且在掺铒、掺铥、掺镱等许多不同光纤激光器中都成功产生。在负色散机制下，类噪声脉冲的产生源于自相位调制、色散和增益的相互作用。也就是说，谐波重复频率可能会与其他类型的脉冲存在一些差异，随着泵浦功率的增加，也许谐波重复频率在一个确定的范围内起伏抖动是高阶谐波类噪声锁模的特征。这一点需要更多的研究去弄清楚谐波类噪声和孤子晶体之间的本质区别。

为了更多地研究光纤激光器的特性参数，还测量了谐波频率和泵浦功率之间的关系以及激光器的斜率效率。图 5-44 所示为高阶谐波类噪声谐波阶数与泵浦功率关系和斜率效率。不同泵浦功率下的重复频率变化如图 5-44(a)所示。研究发现，光谱形状几乎没有任何改变，但是重复频率随着泵浦功率的增加而起伏抖动，谐波频率的变化相对稳定，最大的谐波频率为 125. 2GHz，对应的 11040 阶类噪声脉冲，这也是目前为止基于 NPR 锁模双包层光纤激光器产生的最高重复频率的类噪声脉冲。图 5-44(b)为泵浦功率和平均输出功率的关系。可以看出，随着泵浦功率的增加，平均输出功率也相应地增加，泵浦功率和输出功率呈线性关系。当泵浦功率加到 8W 时，激光器平均输出功率为 628mW，这是在类似的腔型结构中获得最大的输出功率，此时的斜率效率为 9. 1%。

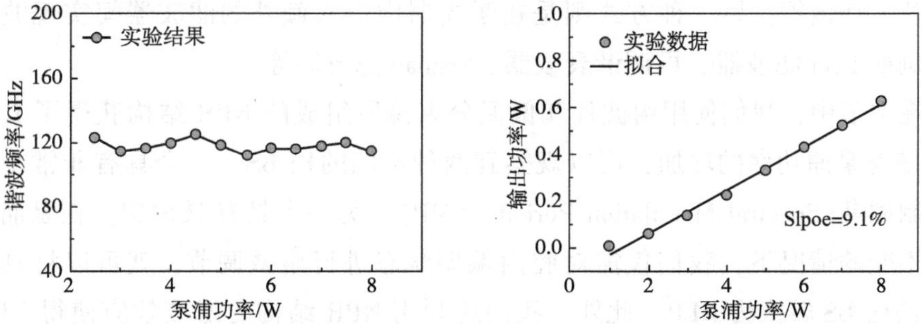

(a)不同泵浦功率下的重复频率变化　(b)泵浦功率和输出功率的关系

图 5-44　高阶谐波类噪声谐波阶数与泵浦功率关系和斜率效率

5. 6　L 波段锁模光纤激光器的实验研究

5. 6. 1　引言

随着 5G 时代的到来，对于光通信容量的扩展已是势在必行，一种简单的方式便应运而生，即扩展光通信波段，因此可以输出特殊波段激光的光纤激光器近来受到研究人员的关注。通常通信波段为 C 波段，需要采用掺铒光纤作为增益介质实现，我们可以将 EDF 的居群反转限制在 30%~40%，从而使激光器工作在 L 波段。此外，L 波段激光有应用在生物成像和光谱分析等领域的潜力。由于 L 波段具有减少散射和吸收的优势，因此，L 波段飞秒激光器有潜力成为角膜手术的理想光源。在全光存储和超连续谱等应用中，能够产生特殊脉冲的光纤激光器更有可能满足特定要求。当泵浦功率过高时，腔内的非线性效应会得到加强而无法补偿，脉冲将分裂为多个脉冲。束缚态(Bound State，BS)是孤子之间相互作用达到平衡的结果，根据孤子间相互作用的强弱程度，可以分为紧束缚态和松束缚态。在特殊条件下，多脉冲也可能演化为类噪声脉冲(Noise-Like Pulse，NLP)。NLP 本质上由大量随机分布的小脉冲组成，在自相关轨迹上表现出宽基底和窄相干尖峰的典型特征。正色散区和负色散区的 NLP 形成分别缘于传统孤子的孤子坍缩效应和耗散孤子的峰值功率钳位效应。如果特殊脉冲的波长可以实现切换或调谐，则可以进一步扩展 NLP 和 BS 的潜在应用。一种方式是利用被动锁模技术本身所具有滤波效应实现波长调谐，例如非线性偏振旋转、非线性多模干涉、非线性放大环镜等；另一种方式则是在激光器内引入额外的滤波器间实现波长调谐，例如 Lyot 滤波器、可调谐衰减器、Sagnac 滤波器等。

在本节中，我们使用由波片和偏振分束镜所组成的 NPR 结构获得了 L 波段 CS。随着泵浦功率的增加，可以观察到两种不同的松 BS：一个具有非常小的光谱调制周期(Spectral Modulation Period，SMP)，另一个具有双 SMP。在泵浦功率保持不变的情况下，我们仅需对腔内偏振状态进行略微调节，就可以将具有双 SMP 的松 BS 转换为 NLP。此外，我们还利用 NPR 结构的滤波效应使得 NLP 的中心波长在 L 波段得以切换。理论上，我们基于 CGLE 对 CS、BS 和 NLP 的演化过程进行了数值模拟，模拟结果与实验结果相吻合。

5.6.2 实验装置

本章所搭建的 L 波段光纤激光器实验装置如图 5-45 所示。为了减少器件的插入损耗，采用复合器件 WDM/PI-ISO。波分复用器(Wavelength Division Multiplexer，WDM)将最大输出功率为 600mW 的激光二极管(Laser Diode，LD)提供的泵浦光耦合到腔内，PI-ISO 起到保证腔内光束单向传输的作用，避免回光损伤器件。激光器的增益介质由一段 1.15m 的 EDF(Liekki Er110-4/125)所提供。两个准直器(Collimator, Col)分别用于输出和接收光束。两个 Col 之间的耦合效率约为 80%，这给腔内引入了不可避免的损耗。我们通过旋转两个二分之一波片(Half-Waveplate, HWP)和两个四分之一波片(Quarter-Waveplate, QWP)以改变腔内光场的偏振态。PBS 既作为检偏器，又作为激光器的输出端。总腔长为 9.47m，其中自由空间光路部分为 18cm，腔内净色散量为-0.152ps^2。锁模脉冲序列和射频(Radio Frequency, RF)频谱分别使用示波器(Agilent Technologies DSO9104A)和 RF 频谱分析仪(Keysight N9000B)通过光电探测器(Thorlabs DET08C/M, 5GHz)进行测量。光谱和自相关轨迹分别由光谱分析仪(Yokogawa AQ6370C)和自相关仪(APE PulseCheck-50)测量。

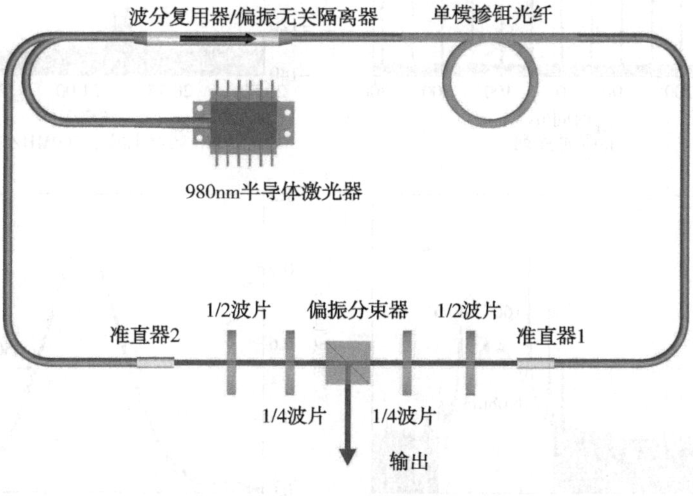

图 5-45 L 波段锁模光纤激光器实验装置示意图

5.6.3 实验结果与讨论

当泵浦功率增加到 136mW 时，旋转波片至合适的角度，激光器实现了中心波长为 1607.24nm 的稳定锁模运行。锁模单脉冲的输出特性如图 5-46 所示。图 5-46(a)显示了不同时间尺度下的脉冲序列，脉冲间隔为 47.85ns。图 5-46(a)所示的 200μs 脉冲序列和图 5-46(b)所示的 500MHz 的 RF 频谱都体现了激光器具有稳定的锁模状态。激光器所输出脉冲具有 84.1dB 的高信噪比，且基重频为

20.90MHz，与腔长匹配。图 5-46(c)所示的输出光谱的 3dB 带宽为 6.68nm。光谱两端明显的凯利边带表明输出脉冲为 CS，这与腔内净色散量为负相对应。光谱主体部分的不对称特性与 RF 频谱存在噪声基底相关。图 5-46(d)显示了采用 $Sech^2$ 函数所拟合的自相关轨迹，脉冲宽度为 650fs。计算得时间带宽积为 0.504，大于 $Sech^2$ 型脉冲的变换极限(0.315)，意味着该脉冲带有轻微的啁啾。

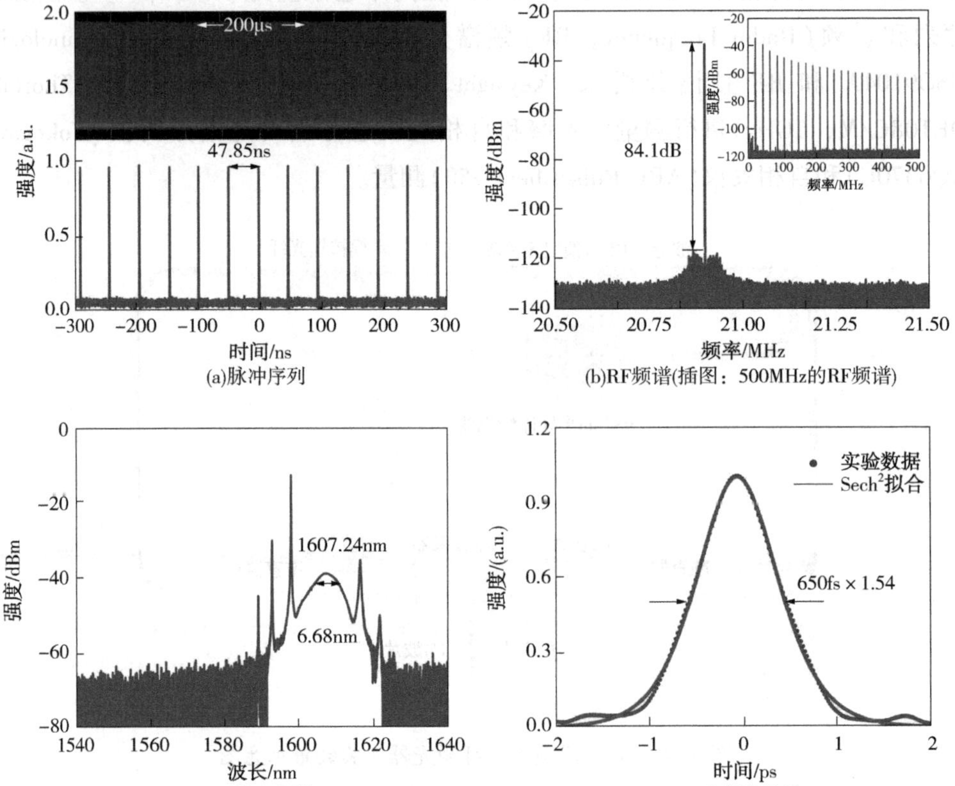

(a)脉冲序列
(b)RF频谱(插图：500MHz的RF频谱)
(c)输出光谱
(d)自相关轨迹

图 5-46　锁模单脉冲的输出特性曲线

当泵浦功率增加到 140mW 时，可以观察到具有明显 SMP 的 BS。BS 的形成是由相邻孤子之间的相互作用后建立平衡状态的结果。如图 5-47(a)所示，BS 的光谱中心波长为 1601.72nm。考虑到 SMP 在大范围光谱中不能被辨别，通过将光谱进行局部放大如插图所示，测得 SMP 的值为 0.06nm。基于傅里叶变换理论，SMP 与相邻脉冲时间间隔(Temporal Separation between Neighboring Solitons,

TSNS)的关系如下：

$$\Delta\tau = \frac{\lambda_c^2}{c\times\Delta\lambda} \tag{5-1}$$

其中 $\Delta\tau$ 和 λ_c 分别为TSNS和中心波长。c 和 $\Delta\lambda$ 分别为光速和SMP。计算得TSNS理论值为142.5ps。根据孤子之间相互作用的远近程度，可以将BS分为紧BS和松BS。一般认为，TSNS大于脉冲宽度的5倍为松BS，否则为紧BS。显然，实验中获得的BS为松BS。此外，通过将泵浦功率增加到370mW并旋转波片，在另一个中心波长(1562.98nm)处可以观察到不同类型松BS。图5-47(b)显示了大范围光谱，插图显示了其细节，表明此BS具有0.40nm和0.06nm的两种不同的SMP。通过计算得TSNS理论值分别为20.4ps和135.7ps。由于两种BS的TSNS都超出了自相关仪的最大测量范围，因此无法从自相关轨迹中观察到子脉冲。图5-47所示的光谱凯利边带强度都明显高于脉冲强度，表明实验中松BS的形成主要归因于非孤子部分所引起的相互作用。

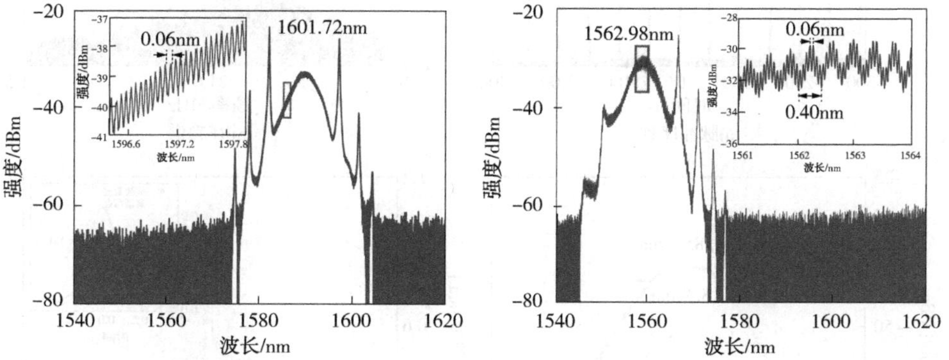

(a)中心波长为1601.72nm的BS光谱
(插图：放大后的光谱)

(b)中心波长为1562.98nm的BS光谱
(插图：放大后的光谱)

图5-47　不同波长下的BSs

在保持泵浦功率不变的情况下，随着波片的旋转，从而引起腔内偏振态的变化，进而NPR透射谱发生变化，BS演变为NLP。由图5-48(a)的所显示的脉冲序列不再强度相同，强度随机起伏的200μs脉冲序列更是表现了NLP由大量强度随机的小脉冲组成的典型特征。脉冲重频没有改变，保持在20.9MHz，频谱中存在明显的噪声基座，信噪比为55dB，如图5-48(b)所示。图5-48(c)为对应的光谱。原来光谱中的凯利边带不再存在表明激光器并非工作在 CS 状态下。NLP 所对应的光谱中心波长切换到 1585.29nm，3dB 带宽为 18.37nm。图 5-48(d)中的自相关轨迹由相干尖峰和基座组成，证实了此时输出脉冲为 NLP。图 5-48(d)中插图所显示的是放大的相干尖峰，经非线性拟合尖峰宽度为 328fs。同样，由于自相关仪测量范围的限制，仅能测得基座的一部分，无法获得完整的噪声基座。当腔内偏振状态发生变化，不再能够支持松 BS 在腔内的稳定振荡时，孤子发生坍缩。这些孤子不断地被破坏和产生，这一过程是不同步且共存的，最终导致了 NLP 的产生。

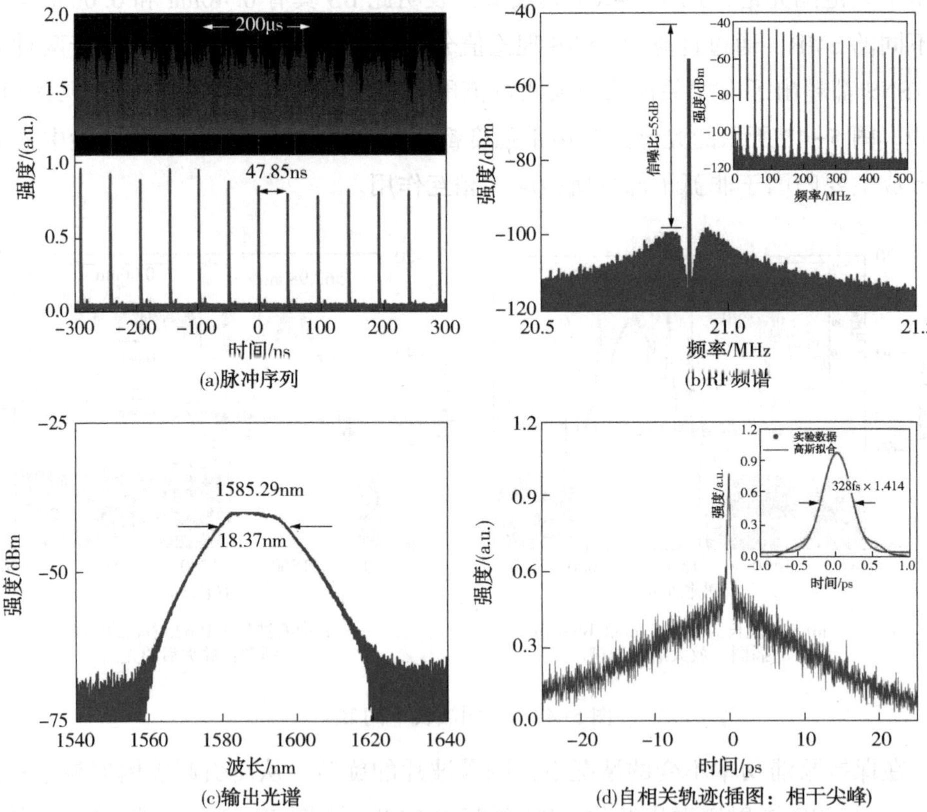

图 5-48　类噪声脉冲的输出特性曲线

在相同的泵浦功率下，再次旋转其他波片实现了 NLP 在 L 波段的中心波长可切换操作。波长切换的结果如图 5-49(a)、(b)所示，NLP 的波长切换范围为

1576.23～1595.57nm。相应的相干尖峰脉冲宽度变化范围为 368～458fs，输出功率在 21.39～38.36mW 范围内变化。波长切换可以解释为波片的旋转改变了光场的偏振状态，从而改变了腔内 NPR 滤波器的透射谱。

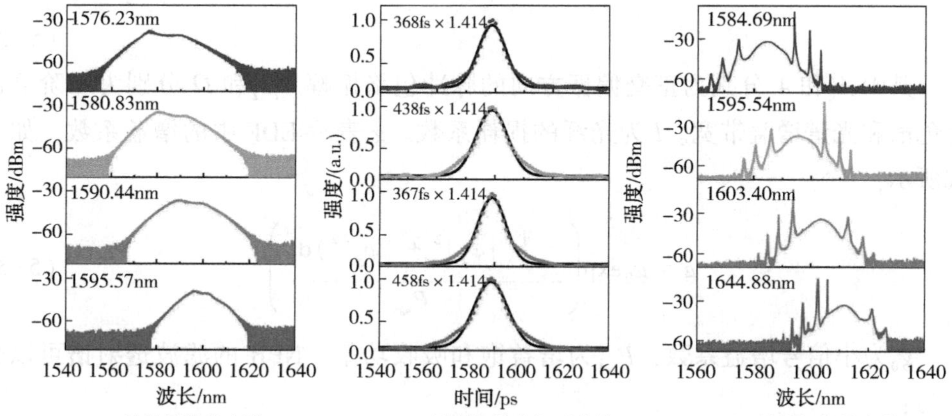

(a)NLP波长切换的光谱　(b)NLP波长切换的相干尖峰　(c)CS波长切换的光谱

图 5-49　输出脉冲的波长切换

由于采用合适的 EDF 长度，以及对于腔内结构的不断优化以减少损耗，在同样的泵浦功率下，该激光器可以输出的最长波长为 1611.88nm，并且在 1584.69nm、1595.54nm、1603.40nm 处输出脉冲分裂状态下的 CS 脉冲。经实验发现，在 1585nm 和 1595nm 附近，激光器既可以输出 NLP，又可以输出脉冲分裂的 CS。而在 1601nm 附近，激光器既可以输出 BS，又可以输出脉冲分裂的 CS。激光器在相同波长处产生不同类型脉冲，主要归因通过二分之一波片的调节可以实现对腔内损耗的调节，从而二分之一波片不同的旋转角度，将对应着不同的腔内能量，最终导致不同脉冲的产生。而激光器无法在 1601nm 处输出 NLP 的主要原因是 EDF 的自发射谱越往长波段移动强度越弱，此时腔内能量不足以支持激光器输出 NLP。

5.6.4　实验结果的数值模拟

为了研究上述 CS、BS 和 NLP 的生成，基于四阶龙格-库塔法进行了数值模拟。脉冲在激光器的传输可用 CGLE 方程来描述。

$$\frac{\partial A_x}{\partial z}=-i\frac{\beta_2}{2}\frac{\partial^2 A_x}{\partial t^2}+\frac{i\gamma}{3}A_x^* A_y^2+i\gamma\left(|A_x|^2+\frac{2}{3}|A_y|^2\right)A_x+\frac{g-l}{2}A_x+\frac{g}{2\Omega_y^2}\frac{\partial^2 A_x}{\partial t^2},$$
$$\frac{\partial A_y}{\partial z}=-i\frac{\beta_2}{2}\frac{\partial^2 A_y}{\partial t^2}+\frac{i\gamma}{3}A_y^* A_x^2+i\gamma\left(|A_y|^2+\frac{2}{3}|A_x|^2\right)A_y+\frac{g-l}{2}A_y+\frac{g}{2\Omega_g^2}\frac{\partial^2 A_y}{\partial t^2}$$
(5-2)

其中 A_x 和 A_y 分别为正交偏振方向的脉冲包络振幅。β_2 和 Ω_g 分别为二阶群速度色散和光谱增益带宽。l 为光纤的损耗系数。g 表示 EDF 中的增益系数，如下式所示：

$$g=g_0\exp\left(-\frac{\int(|\varphi_x|^2+|\varphi_y|^2)\mathrm{d}t}{P_{\mathrm{sat}}}\right) \tag{5-3}$$

g_0 为小信号增益系数，P_{sat} 为增益饱和吸收功率。NPR 的滤波透射谱可以表示为：

$$|T_{\mathrm{NPR}}|^2=\frac{1}{2}\sin 2\alpha_1\sin 2\alpha_2\cos(\Delta\varphi_{\mathrm{L}}+\Delta\varphi_{\mathrm{NL}})+\cos^2\alpha_1\cos^2\alpha_2+\sin^2\alpha_1\sin^2\alpha_2 \tag{5-4}$$

其中 α_1 和 α_2 分别为 SMF 快轴与起偏器和检偏器之间的夹角。$\Delta\varphi_{\mathrm{L}}=\Delta\varphi_0+2\pi(nx-ny)L/\lambda_0$ 和 $\Delta\varphi_{\mathrm{NL}}=-2\gamma PL\cos(2\alpha_2)/3$ 分别为线性相移和非线性相移。$\Delta\varphi_0$ 为初始相位延迟，λ_0 为中心波长。L 为光纤长度，nx、ny 分别为 x 轴和 y 轴的有效折射率，γ 为克尔非线性系数，P 是输入光脉冲的瞬时功率。为了使脉冲快速达到稳定的锁模状态，以便减少模拟时间，在仿真中采用弱高斯脉冲作为初始输入场。数值模拟参数和实验中所使用的光纤参数如表 5-2 所示。

表 5-2　数值模拟参数和光纤参数

类型	参数	类型	参数
$\beta_{2\mathrm{EDF}}$	29.53ps²/km	l	0.15m⁻¹
$\beta_{2\mathrm{SMF}}$	-22.8ps²/km	I_{sat}	11.08W
γ_{SMF}	1.3W⁻¹km⁻¹	$\Delta\varphi_0$	varying
γ_{EDF}	4.7W⁻¹km⁻¹	α_1	varying
Ω_g	40nm	α_2	varying
P_{sat}	30W	λ_0	varying

在模拟过程中，通过改变 g_0、$\Delta\varphi_0$、α_1和 α_2的值来改变腔内的增益和偏振状态。图 5-50 显示了 $g_0 = 25.34$ 时 CS 的动态演化过程。此时，$\Delta\varphi_0$、α_1、α_2的值分别为 133.69°、120.61°、78.90°。图 5-50(a)为中心波长为 1607nm 的 1000 次往返时的锁模光谱。图 5-50(b)显示了光谱演化过程，光谱从窄带光谱逐渐演化为具有明显凯利边带的展宽光谱。脉冲轨迹如图 5-50(c)所示，脉冲宽度为 697fs，与实验结果(650fs)相接近。图 5-50(d)显示了脉冲的演化过程，大约 300 次循环后演化为稳定的锁模脉冲，这与光谱演化相对应。

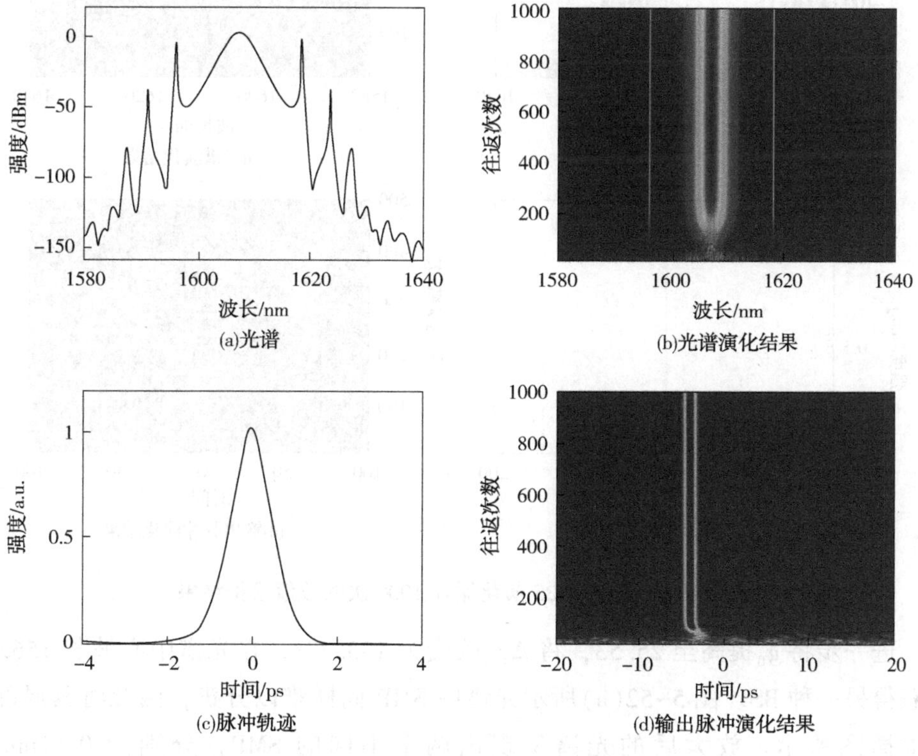

图 5-50　CS 演化循环 1000 次的数值模拟结果

将 g_0的值增加到 25.52 时，脉冲分裂成两个脉冲并演变成 BS。图 5-51(a)显示了典型的 BS 光谱，但极小的 SMP 难以分辨，其细节由插图中的放大光谱显示。图 5-51(b)显示了光谱演化过程，其中光谱在 120 次循环后显示出明显的调制周期，经过一段时间振荡后，光谱在 280 次循环后达到稳定状态。图 5-51(c)

中的脉冲轨迹由三个子脉冲组成，TSNS 为 142.2ps，与根据实验结果 SMP 所计算的 TSNS(142.5ps)所一致。图 5-51(d)中的脉冲演化与光谱演化相对应，其中一个脉冲先出现，80 次循环后另一个脉冲出现，从而形成双脉冲 BS。

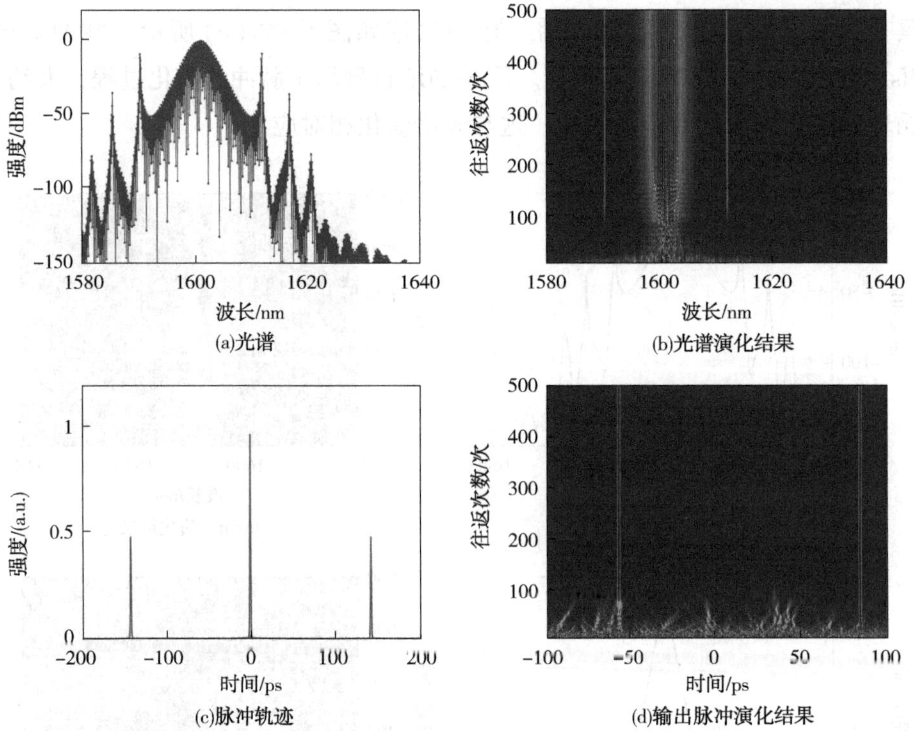

图 5-51　双脉冲 BS 演化循环 1000 次的数值模拟结果

进一步将 g_0 提高至 25.53，将 $\Delta\varphi_0$ 改变为 133.79°，在光谱中心波长 1563nm 处获得另一种 BS。图 5-52(a)所示光谱中 SMP 同样难以分辨，因此将其局部放大如插图所示。放大后的光谱呈现出两个不同的 SMP，分别为 0.51nm 和 0.08nm，与实验结果非常吻合。图 5-52(b)显示了光谱演化过程，其中光谱在 170 次循环后显示出明显的调制周期，经过一段时间振荡后，光谱在 260 次循环后达到稳定状态。如图 5-52(c)所示，脉冲轨迹包括一个主峰和六个次峰，分别对应于 28ps 和 135ps 的脉冲间隔。图 5-52(d)的脉冲演化显示，首先出现两个脉冲，在 170 次循环后出现另一个脉冲，经过一段时间振荡，最终形成稳定的三脉冲 BS。

保持 g_0 的值不变，将 $\Delta\varphi_0$ 和 α_1 的值分别改变为 121.34°和 143.31°，即改变腔内的偏振状态。由于 NPR 滤波器的存在，偏振状态的变化引起中心波长的变化。此外，鉴于不同波长的净增益光谱强度存在差异，能量的突然上升导致原来的稳定状态被破坏，随后转变为 NLP。图 5-53(a)所展示光谱存在大量精细结构。图 5-53(c)中 NLP 的脉冲轨迹由一个独特的相干尖峰与基座组成，尖峰宽度为 634fs，相较 CS 的脉冲宽度(697fs)，发生脉冲窄化。这一模拟结果与实验结果中观察到的 NLP 尖峰窄化相一致。此外，在模拟过程中所得到的皆为瞬时光谱和瞬时脉冲轨迹，而实验中所采集的光谱和自相关轨迹是平均后的结果，故而难以达到一致。如图 5-53(c)中插图所示，NLP 的脉冲序列具有随机变化的特征，包括脉冲宽度、脉冲数以及峰值功率，这也符合 NLP 的典型特征。如图 5-53(d)所示，脉冲轨迹中所存在的大量精细结构也随着循环次数的增加而随机变化，这与光谱演化相对应。

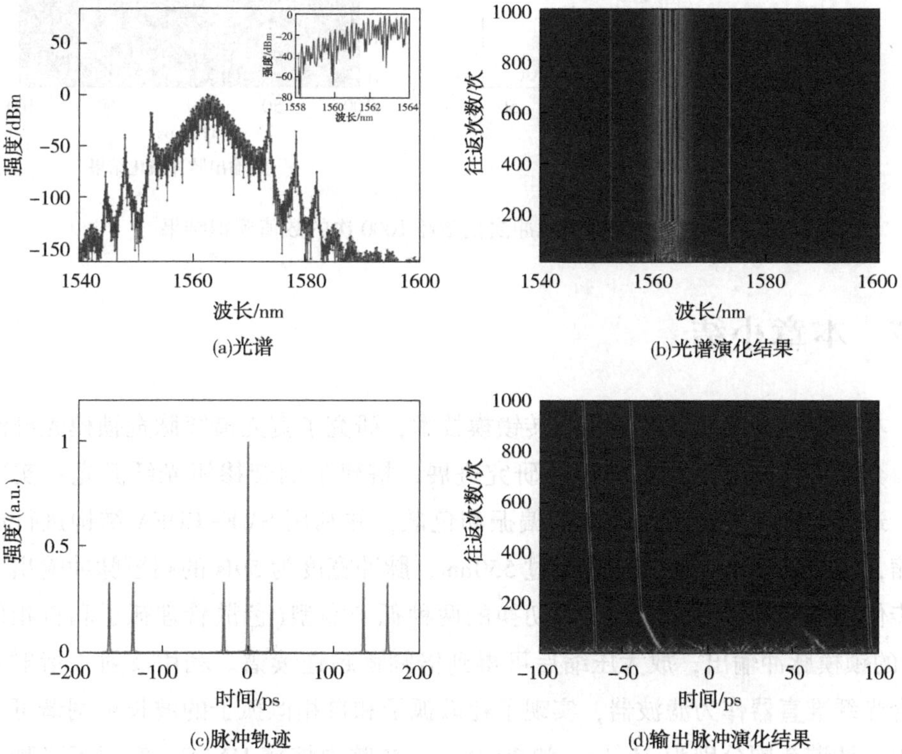

图 5-52　三脉冲束缚态演化循环 1000 次的数值模拟结果

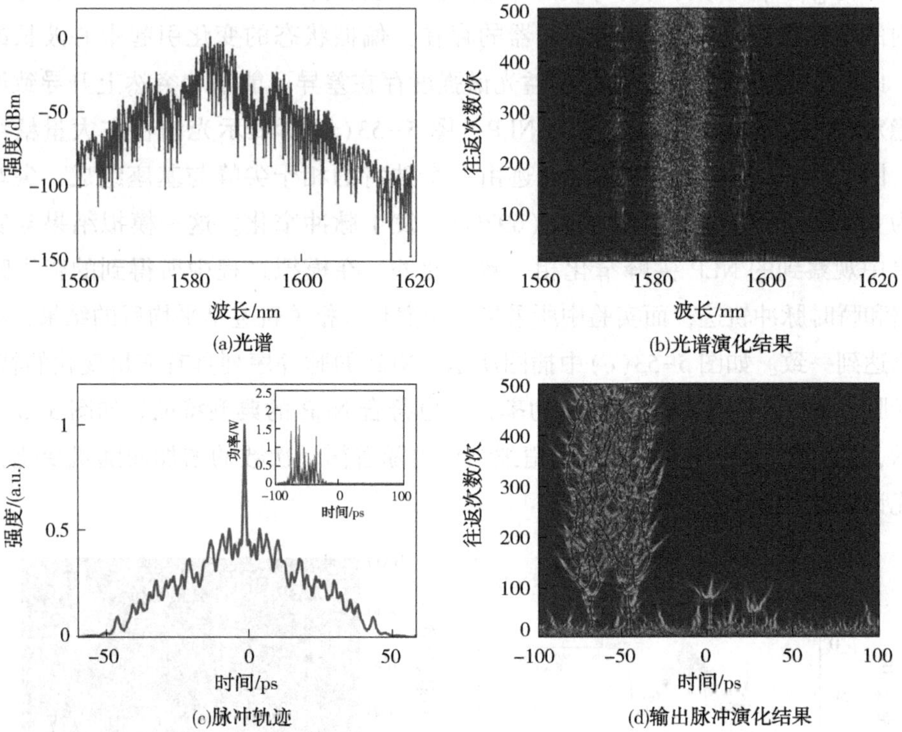

图 5-53　类噪声脉冲演化循环 1000 次的数值模拟结果

5.7　本章小结

本章主要利用非线性偏振旋转锁模技术，研究了宽光谱窄脉宽锁模光纤激光器。介绍了宽光谱窄脉宽光源的研究进展，搭建了四套掺铒光纤激光器实验光路。通过合理地控制谐振腔内的偏振和色散，并利用 SMF-EDFA 结构进行放大压缩，可得到光谱-20dB 带宽超过 550nm，脉冲宽度为 59fs 的超短脉冲输出。进一步优化偏振和色散，实现了可切换的两种孤子类型(色散管理孤子和自相似孤子)的锁模脉冲输出，放大压缩后可得到倍频程超连续谱。利用反射式衍射光栅配合光纤准直器作为滤波器，实现了耗散孤子和自相似孤子的波长可调谐可切换输出，调谐范围分别为 45.1nm 和 29.9nm。在腔内熔接 HNLF，实现了飞秒宽谱类噪声锁模脉冲输出。利用双包层 Er/Yb 共掺光纤作为增益介质，实现了输出功率 628mW，脉宽 125.7fs 的类噪声锁模输出。通过改变增益光纤长度，调节腔内泵浦功率和偏振实现了 L 波段传统孤子、束缚态孤子以及类噪声脉冲产生。

参 考 文 献

[1] KRAUSZ F，LVANOV M. Attosecond physics[J]. Reviews of Modern Physics，2009，81(1)：163-234.

[2] KAWAGOE H，ISHIDA S，ARAMAKI M，et al. Development of a high power supercontinuum source in the 1.7μm wavelength region for highly penetrative ultrahigh-resolution optical coherence tomography[J]. Biomedical Optics Express，2014，5(3)：932-943.

[3] GATTASS R R，MAZUR E. Femtosecond laser micromachining in transparent materials[J]. Nature Photonics，2008，2(4)：219-225.

[4] MINCUZZI G，AUDOUARD E，BOURTEREAU A，et al. Pulse to pulse control for highly precise and efficient micromachining with femtosecond lasers[J]. Optics Express，2020，28(12)：17209-17218.

[5] LEE J，KIM Y J，LEE K，et al. Time-of-flight measurement with femtosecond light pulses[J]. Nature Photonics，2010，4(10)：716-720.

[6] ZHAO L M，TANG D Y，CHENG T H，et al. Ultrashort pulse generation in lasers by nonlinear pulse amplification and compression[J]. Applied Physics Letters，2007，90：051102.

[7] MA D，CAI Y，ZHOU C，et al. 37.4fs pulse generation in an Er：fiber laser at a 225MHz repetition rate[J]. Optics Letters，2010，35(17)：2858-2860.

[8] LI X，ZOU W，YANG G，et al. Direct Generation of 148nm and 44.6fs pulses in an erbium-doped fiber laser[J]. IEEE Photonics Technology Letters，2015，27(1)：93-96.

[9] TANG Y，LIU Z，FU W，et al. Self-similar pulse evolution in a fiber laser with a comb-like dispersion-decreasing fiber[J]. Optics Letters，2016，41(10)：2290-2293.

[10] KIEU K，JONES R J，PEYGHAMBARIAN N. Generation of few-cycle pulses from an amplified carbon nanotube mode-locked fiber laser system[J]. IEEE Photonics Technology Letters，2010，22(20)：1521-1523.

[11] PENG J S，ZHAN L，CHEN T，et al. All-fiber ultrashort similariton generation，amplification，and compression at telecommunication band[J]. Journal of the Optical Society of America B，2012，29(9)：2270-2274.

[12] KRUGLOV V I，PEACOCK A C，DUDLEY J M，et al. Self-similar propagation of high-power parabolic pulses in optical fiber amplifiers[J]. Optics Letters，2000，25(24)：1753-1755.

[13] 冯杰，杜国平，朱瑞兴，等. 自相似超短脉冲光纤激光器研究进展[J]. 激光与光电子学进展，2011(48)：081409.

[14] YAN Z, LI X, TANG Y, et al. Tunable and switchabledual-wavelength Tm-doped mode-locked fiber laser by nonlinear polarization evolution[J]. Optics Express, 2015, 23(4): 4369-4376.

[15] YAN D, LI X L, ZHANG S M, et al. L-band wavelength-tunable dissipative soliton fiber laser [J]. Optics Express, 2016, 24(2): 739-748.

[16] ZHAO L M, TANG D Y, WU X, et al. Dissipative soliton generation in Yb-fiber laser with an invisible intracavity bandpass filter[J]. Optics Letters, 2010, 35(16): 2756-2758.

[17] DESURVIRE E. Analysis of gain difference between forward- and backward-pumped erbium-doped fiber amplifiers in the saturation regime[J]. IEEE Photonics Technology Letters, 2002, 4(7): 711-714.

[18] OKTEM B, ULGUDUR C, ILDAY F O. Soliton-similariton fibre laser[J]. Nature photonics, 2010, 4(5): 307-311.

[19] SCHREIBER T, BüLEND O, LIMPERT J, et al. On the study of pulse evolution in ultra-short pulse mode-locked fiber lasers by numerical simulations[J]. Optics Express, 2007, 15(13): 8252-8262.

[20] CHONG A, RENNINGER W H, WISE F W. Properties of normal-dispersion femtosecond fiber lasers[J]. Journal of the Optical Society of America B, 2008, 25(2): 140-148.

[21] TANG D Y, ZHAO L M. Coexistence and competition between different soliton-shaping mechanisms in a laser[J]. Physical Review A, 2007, 75: 063810.

[22] LIU X M. Dissipative soliton evolution in ultra-large normal-cavity-dispersion fiber lasers[J]. Optics Express, 2009, 17(12): 9549-9557.

[23] PENG J S, ZHAN L, GU Z C, et al. Experimental observation of transitions of different pulse solutions of ginzburg-landau equation in a mode-locked fiber laser[J]. Physical Review A, 2012, 86(3): 1-5.

[24] WANG Z Q, ZHAN L, FANG X, et al. Spectral filtering effect on mode-locking regimes transition: similariton-dissipative soliton fiber laser[J]. Journal of the Optical Society of America B, 2017, 34(11): 2325-2333.

[25] DENG Z, ZHAO G K, YUAN J Q, et al. Switchable generation of rectangular noise-like pulse and dissipative soliton resonance in a fiber laser[J]. Optics Letters, 2017, 42(21): 4517-4520.

[26] ALFANO R R, SHAPIRO S L. Emission in the Region 4000 to 7000 Via Four-Photon Coupling

in Glass[J]. Physical Review Letters, 1970, 24(11): 584-587.

[27] GARCIA J C H, POTTIEZ O, AYALA J M E. Supercontinuum generation in a standard fiber pumped by noise-like pulses from a figure-eight fiber laser[J]. Laser Physics, 2012, 22(1): 221-226.

[28] HAUS H A, TAMURA K, NELSON L E. Stretched-pulse additive pulse mode-locking in fiber ring lasers: theory and experiment[J]. IEEE Journal of Quantum Electronics, 1995, 31(3): 591-598.

[29] WISE F W, CHONG A, RENNINGER W H. High-energy femtosecond fiber lasers based on pulse propagation at normal dispersion[J]. Laser & Photonics Reviews, 2008, 2(1-2): 58-73.

[30] OKTEM B, ULGUDUR C, ILDAY F O. soliton-similariton fibre laser[J]. Nature photonics, 2010, 4(5): 307-311.

[31] LIU H, LIU Z, LAMB E S, et al. Self-similar erbium-doped fiber laser withlarge normal dispersion[J]. Optics Letters, 2014, 39(4): 1019-1021.

[32] KRUGLOV V I, PEACOCK A C, HARVEY J D, et al. Self-similar propagation of parabolic pulses in normal-dispersion fiber amplifiers[J]. Journal of the Optical Society of America B, 2002, 19(3): 461-469.

[33] WANG Z, LI Z, XIAO F, et al. Generation of Sub-60fs Similaritons at 1.6μm From an All-Fiber Er-Doped Laser[J]. Journal of Lightwave Technology, 2016, 34(17): 4128-4134.

[34] YEOM D I, MäGI E C, LAMONT M, et al. Low-threshold supercontinuum generation in highly nonlinear chalcogenide nanowires[J]. Optics Letters, 2008, 33(7): 660-662.

[35] HERRMANN J, GRIEBNER U, ZHAVORONKOV N, et al. Experimental evidence for supercontinuum generation by fission of higher-order solitons in photonic fibers[J]. Physical Review Letters, 2002, 88(17): 165-166.

[36] WAI P K, MENYUK C R, CHEN H H, et al. Soliton at the zero-group-dispersion wavelength of a single-model fiber[J]. Optics Letters, 1987, 12(8): 628-630.

[37] AKHMEDIEV N, KARLSSON M. Cherenkov radiation emitted by solitons in optical fibers[J]. Physical Review A, 1995, 51(3): 2602-2607.

[38] ELGIN J N, BRABEC T, KELLY S. A perturbative theory of soliton propagation in the presence of third order dispersion[J]. Optics Communications, 1995, 114(3-4): 321-328.

[39] GOUVEIA-NETO A S, FALDON M E, TAYLOR J R. Raman amplification of modulational instability and solitary-wave formation[J]. Optics Letters, 1988, 13(11): 1029-1031.

[40] NICHOLSON J, YABLON A D, WESTBROOK P S, et al. High power, single mode, all-fiber source of femtosecond pulses at 1550nm and its use in supercontinuum generation[J].

Optics Express, 2004, 12(13): 3025-3034.

[41] MENG Y C, SALHI M, NIANG A, et al. Mode-locked Er: Yb-doped double-clad fiber laser with 75-nm tuning range[J]. Optics Letters, 2015, 40(7): 1153-1156.

[42] ZOU C H, WANG T X, YAN Z J, et al. Wavelength-tunable passively mode-locked Erbium-doped fiber laser based on carbon nanotube and a 45° tilted fiber grating [J]. Optics Communications, 2018, 406: 151-157.

[43] GAO G, ZHAO Z, CONG Z, et al. Widely wavelength-tunable mode locked Er-doped fiber oscillator from 1532nm to 1594nm with high signal-to-noise ratio [J]. Optics & Laser Technology, 2021, 135: 106688.

[44] ZHANG Y S. C+L band wavelength and bandwidth tunable fiber laser incorporating carbon nanotubes[J]. Modern Physics Letters B, 2020, 34(30): 2050340.

[45] NYUSHKOV B N, KOBTSEV S, ANTROPOV A A, et al. Femtosecond 78-nm tunable Er: fibre laser based on drop-shaped resonator topology [J]. Journal of Lightwave Technology, 2019, 37(4): 1359-1363.

[46] YUN L, ZHAO W. Nanotube mode locked, wavelength-tunable, conventional and dissipative solitons fiber laser[J]. Optics Communications, 2018, 406: 205-208.

[47] ZHANG H, TANG D Y, KNIZE R J, et al. Graphene mode locked, wavelength-tunable, dissipative soliton fiber laser[J]. Applied Physics Letters, 2010, 96(11): 111112.

[48] MA C Y, KHANOLKAR A, CHONG A. High-performance tunable, self-similar fiber laser [J]. Optics Letters, 2019, 44(5): 1234-1236.

[49] HOROWITZ M, BARAD Y, SILBERBERG Y. Noiselike pulses with a broadband spectrum generated from an erbium-doped fiber laser[J]. Optics Letters, 1997, 22(11): 799-801.

[50] LEI D J, YANG H, DONG H, et al. Effect of birefringence on thebandwidth of noise-like pulse in an erbium-doped fiber laser[J]. Journal of Modern Optics, 2009, 56(4): 572-576.

[51] RUNGE A F J, AGUERGARAY C, BRODERICK N G R, et al. Coherence and shot-to-shot spectral fluctuations in noise-like ultrafast fiber lasers [J]. Optics Letters, 2013, 38(21): 4327-4330.

[52] XIA H D, LI H P, DENG G L, et al. Compact noise-like pulse fiber laser and its application for supercontinuum generation in highly nonlinear fiber[J]. Applied Optics, 2015, 54(32): 9379-9384.

[53] 胡健，张先明．超宽光谱类噪声脉冲光纤激光器[J]．量子电子学报，2016，33(3)：292-295.

[54] WANG X, KOMAROV A, KLIMCZAK M, et al. Generation of noise-like pulses with 203nm

3-dB bandwidth[J]. Optics Express, 2019, 27(17): 24147-24153.

[55] LI J, WANG C C, WANG P. Tunable noise-like pulse and Q-switched erbium-doped fiber laser[J]. Optics Express, 2022, 30(4): 4768-4781.

[56] KOBTSEV S, KUKARIN S, SMIRNOV S, et al. Generation of double-scale femto/pico-second optical limps in mode-locked fiber lasers[J]. Optics Express, 2009, 17(23): 20707-20713.

[57] BOUCON A, BARVIAU B, FATOME J, et al. Noise-like pulses generated at high harmonics in a partially-mode-locked km-long Raman fiber laser[J]. Applied Physics B, 2012, 106(2): 283-287.

[58] RUNGE A F J, AGUERGARAY C, BRODERICK N G R, et al. Coherence and shot-to-shot spectral fluctuations in noise-like ultrafast fiber lasers[J]. Optics Letters, 2013, 38(21): 4327-4330.

[59] TANG D Y, ZHAO L M, ZHAO B. Soliton collapse and bunched noise-like pulse generation in a passively mode-locked fiber ring laser[J]. Optics Express, 2005, 13(7): 2289-2294.

[60] PANASENKO D, POLYNKIN P, POLYNKIN A, et al. Er-Yb femtosecond ring fiber oscillator with 1.1-W average power and GHz repetition rates[J]. IEEE Photonics Technology Letters, 2006, 18(7): 853-855.

[61] AMRANI F, HABOUCHA A, SALHI M, et al. High order harmonic passive mode-locking in double-clad fiber laser[C]//International Conference on Transparent Optical Networks. IEEE, 2009: 1-4.

[62] KIEU K, RENNINGER W H, CHONG A, et al. Sub-100fs pulses at watt-level powers from a dissipative-soliton fiber laser[J]. Optics Letters, 2009, 34(5): 593-595.

[63] SOBON G, KRZEMPEK K, KACZMAREK P, et al. 10GHz passive harmonic mode-locking in Er-Yb double-clad fiber laser[J]. Optics Communications, 2011, 284(18): 4203-4206.

[64] CHAVEZPIRSON A, DAN N, ZONG J, et al. All-fiber fundamentally mode-locked 12GHz laser oscillator based on an Er/Yb-doped phosphate glass fiber[J]. Optics Letters, 2014, 39(6): 1418-1421.

[65] GAO L, ZHU T, LI Y. Watt-level, all-fiber, ultrafast Er/Yb-codoped double-clad fiber laser mode-locked by reduced graphene oxide interacting with a weak evanescent field[J]. Physics, 2015.

[66] LAUTERIOCRUZ J P, HERNANDEZGARCIA J C, POTTIEZ O, et al. High energy noise-like pulsing in a double-clad Er/Yb figure-of-eight fiber laser[J]. Optics Express, 2016, 24(13): 13778-13787.

[67] BABAR I M, HARUN S W, YASIN M, et al. Mode-locking pulse generation in cladding pumped erbium-ytterbium co-doped fiber laser with graphene PVA film [J]. Optik-International Journal for Light and Electron Optics, 2017: S003040261730205X.

[68] ORTAÇ B, ZAVIYALOV A, NIELSEN C K, et al. Observation of soliton molecules with independently evolving phase in a mode-locked fiber laser[J]. Optics Letters, 2010, 35(10): 1578-1580.

[69] GRELU P, BELHACHE F, GUTTY F, et al. Relative phase locking of pulses in a passively mode-locked fiber laser[J]. Journal of the Optical Society of America B, 2003, 20(5): 863-870.

[70] HABOUCHA A, LEBLOND H, SALHI M, et al. Coherent soliton pattern formation in a fiber laser[J]. Optics Letters, 2008, 33(5): 524-526.

[71] SANCHEZ F, KOMAROV A, GRELU P, et al. Collective dissipative soliton dynamics in passively mode-locked fiber lasers[J]. Wiley, 2016, 231-262.

[72] HOROWITZ M, BARAD Y, SILBERBERG Y. Noiselike pulses with a broadband spectrum generated from an erbium-doped fiber laser[J]. Optics Letters, 1997, 22(11): 799-801.

[73] JEONG Y, VAZQUEZ-ZUNIGA L A, LEE S, et al. On the formation of noise-like pulses in fiber ring cavity configurations[J]. Optical Fiber Technology, 2014, 20(6): 575-592.

[74] ZHAO L M, TANG D Y, CHENG T H, et al. 120nm Bandwidth noise-like pulse generation in an erbium-doped fiber laser[J]. Optics Communications, 2008, 281(1): 157-161.

[75] ZHAO L M, TANG D Y. Generation of 15-nJ bunched noise-like pulses with 93-nm bandwidth in an erbium-doped fiber ring laser[J]. Applied Physics B, 2006, 83(4): 553-557.

[76] KEREN S, BRAND E, LEVI Y, et al. Data storage in optical fibers and reconstruction by use of lowcoherence spectral interferometry[J]. Optics Letters, 2002, 27(2): 125-127.

[77] KEREN S, HOROWITZ M. Interrogation of fiber gratings by use of low-coherence spectral interferometry of noiselike pulses[J]. Optics Letters, 2001, 26(6): 328-330.

[78] OZGOREN K, OKTEM B, YILMAZ S, et al. 83 W, 3.1MHz, square-shaped, 1ns-pulsed all-fiber-integrated laser for micromachining[J]. Optics Express, 2011, 19(18): 17647-17652.

[79] ZAYTSEV A, LIN C H, YOU Y J, et al. Supercontinuum generation by noise-like pulses transmitted through normally dispersive standard single-mode fibers[J]. Optics Express, 2013, 21(13): 16056-16062.

[80] HERNANDEZ-GARCIA J C, Pottiez O, ESTUDILLO-AYALA J M. Supercontinuum generation in a standard fiber pumped by noise-like pulses from a figure-eight fiber laser[J]. Laser Phys,

2012, 22(1): 221-266.

[81] TANG D, ZHAO L AND ZHAO B. Soliton collapse and bunched noise-like pulse generation in a passively mode-locked fiber laser[J]. Optics Express, 2005, 13(7): 2289-2294.

[82] ZHAO L M, TANG D Y, WU J, et al. Noise-like pulse in a gain-guided soliton fiber laser [J]. Optics Express, 2007, 15(5): 2145-2150.

[83] POTTIEZ O, GRAJALES-COUTINO R, IBARRA-ESCAMILLA B, et al. Adjustable noiselike pulses from a figure-eight fiber laser[J]. Applied Optics, 2011, 50(25): E24-E31.

[84] ZHENG X W, LUO Z C, LIU H, et al. High energy noiselike rectangular pulse in a passively mode locked figure-eight fiber laser[J]. Applied Physics Express, 2014, 7(4): 042701.

[85] LI D, SHEN D, LI L, et al. Raman scattering-assistant broadband noise-like pulse generation in all-normal-dispersion fiber lasers[J]. Optics Express, 2015, 23(20): 25889-25895.

[86] LI J, ZHANG Z, SUN Z, et al. All-fiber passively mode-locked Tm-doped NOLM-based oscillator operating at 2-μm in both soliton and noisy-pulse regimes[J]. Optics Express, 2014, 22(7): 7875-7882.

[87] DEEPA V, VIJAYA R. Effect of pump power on the tuning range of a filterless erbium-doped fiber ring laser[J]. Applied Physics B, 2007, 89: 329-332.

[88] OZEKI Y, TASHIRO D. Fast wavelength-tunable picosecond pulses from a passively mode-locked Er fiber laser using a galvanometer-driven intracavity filter[J]. Optics Express, 2015, 23(12): 15186-15194.

[89] MARSHALL J, STEWART G, WHITENETT G. Design of a tunable L-band multi-wavelength laser system for application to gas spectroscopy[J]. Measurement Science and Technology, 2006, 17(5): 1023.

[90] MORIN F, DRUON F, HANNA M, et al. Microjoule femtosecond fiber laser at 1. 6μm for corneal surgery applications[J]. Optics Letters, 2009, 34(13): 1991-1993.

[91] PANG M, HE W, JIANG X, et al. All-optical bit storage in afibre laser by optomechanically bound states of solitons[J]. Nature Photonics, 2016, 10(7): 454-458.

[92] WANG M, GU Q, YANG F, et al. Compact and efficient high-power mid-infrared supercontinuum fiber laser source based on a noise-like pulse and germania fiber[J]. Optics Express, 2024, 32(9): 15658-15666.

[93] GUI L, LI X, XIAO X, et al. Widely spaced bound states in a soliton fiber laser with graphene saturable absorber[J]. IEEE Photonics Technology Letters, 2013, 25(12): 1184-1187.

[94] LI H, LI X, ZHANG S, et al. Wavelength-tunable spatiotemporal mode-locked fiberlaser[J]. Optics & Laser Technology, 2023, 163: 109336.

[95] LIN J, DONG Z, DONG T, et al. Wavelength switchable all-fiber mode-locked laser based on nonlinear multimode interference[J]. Optics & Laser Technology, 2021, 141: 107093.

[96] YANG X, TAO J, LV C, et al. All-normal dispersion widely tunable dual-wavelength mode-locked fiber laser based on NALM[J]. Optics Express, 2023, 31(23): 37537-37548.

[97] ZHU Y, CUI Z, SUN X, et al. Fiber-based dynamically tunable Lyot filter for dual-wavelength and tunable single-wavelength mode-locking of fiber lasers[J]. Optics Express, 2020, 28(19): 27250-27257.

[98] FENG Y, LI X, ZHANG S, et al. Wavelength tunable Q-switched fiber laser using variable attenuator based on tapered fiber[J]. IEEE Photonics Technology Letters, 2017, 29(24): 2175-2178.

[99] TAO J, SONG P, LU C, et al. Generation of widely tunable single-and dual-wavelength in a figure-eight mode-locked fiber laser[J]. Optics & Laser Technology, 2023, 160: 109107.

[100] TANG D Y, ZHANG H, ZHAO L M, et al. Observation of high-order polarization-locked vectorsolitons in a fiber laser[J]. Physical Review Letters, 2008, 101(15): 153904.

[101] SI Z Z, JU Z T, REN L F, et al. Polarization-induced buildup and switching mechanisms for soliton molecules composed of noise-like-pulse transition states[J]. Laser & Photonics Reviews, 2025, 19(2): 2401019.

第6章 被动锁模光纤激光器应用

6.1 生物医学成像

自 1663 年，罗伯特·胡克在实验室中观测到了细胞壁开始，人类微观生物世界的大门就此打开。经历了 3 个多世纪直至现在，人类对于微观生物的研究从未停止。在这个过程中，生物观测仪器是微观生物研究的重要手段，不同类型的生物观测仪器的发展持续为人类生物微观世界研究贡献力量。

光学相干层析成像是近年来发展迅速的一种非接触、非侵入、实时、灵敏度高、成像分辨率高的光成像技术，常用于微米级别生物组织的横截面成像。其基本结构如图 6-1 所示，主要由宽带光源、探测器、参考镜和样品。通过检测生物组织不同深度层面对入射弱相干光的背向反射或几次散射信号，可获得组织结构的精细横截面图像，被广泛应用于人体软组织的早期癌变探测、牙科检测、皮下组织病变实时诊断、眼内疾病尤其是视网膜疾病诊断等诸多生物医学研究领域。

早期的光学相干层析成像系统光源一般都是采用中心波长 700~1500nm 近红外连续光，脉冲激光器的迅速发展为光学相干层析成像系统提供了一种全新的选择。相较连续光源，超短脉冲光源特别是宽带飞秒脉冲可以进一步提高光学相干层析成像的纵向分辨率和信噪比。过去 20 年，钛宝石锁模激光器等固态激光器被应用于光学相干层析成像技术中作为超短脉冲驱动光源。尽管这类固态激光器可以产生适用于生物组织成像的高能量超短脉冲，但由于其体型笨重，成本高昂且固体激光器对于工作环境有很严苛的要求，调节和操作极为复杂，难以维护。因此，该类激光器更多适用于特殊条件下的驱动光源。近年来，超短脉冲光纤激光器由于其免维护、低成本、长期稳定性好等特点，十分适合于作为组织成像的理想光源，已经逐步取代了传统的超荧光光源，被广泛应用于光学相干层析成像系统。1.7μm(1700~1800nm)波段因其较为特殊的光谱性质而被视为极具潜力的光源，受到研究人员的广泛关注。该波段恰好处于水分子的两个吸收峰之间(1450nm 和 1900nm)并处于低谷，对于含有大量水分子的生物组织而言，若入射1.7μm 波段的光源，其能量损耗远低于其他波段。在光学相干层析成像系统穿透深度的指标上，实验已证明 1.7μm 脉冲光源比 0.8μm 和 1.3μm 波段光源更具优势，1.7μm 高能量宽谱飞秒脉冲可以进一步提高 OCT 系统的成像性能。

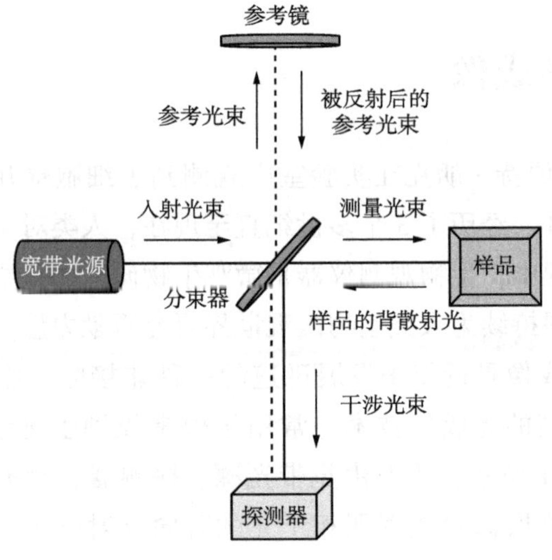

图 6-1　光学相干层析成像原理

6.2　精密测量

在激光频率测量方面，谐波光频链是以前的主要测量方法，但是成本高，使用和维护复杂，且一套装置只能测量一个特定的光学频链。随着激光技术的进步，光学频率梳的发明，克服了谐波光频链的诸多缺点，是目前激光频率测量的主要手段。除了激光频率测量，光学频率梳在绝对距离测量、天文观测、超稳微波产生等方面也发挥了重要作用。

光学频率梳是指在频谱上由一系列均匀间隔且具有相干稳定相位关系的频率分量组成的光谱，其基础就是一台稳定的锁模激光器，原理如图 6-2 所示。在时域上，每个脉冲间存在一定的时间间隔，经傅里叶变换后对应到频域上，表现为纵模间的频率间隔，形成类似“光学梳齿”。脉冲在传输过程中，由于色散的作用，群速度与相速度会存在一定的差值，脉冲包络信号的顶点与载波信号的顶点会产生偏移。经过傅里叶变换后，该载波包络偏移相位则决定了光梳梳齿相对于零频的偏移量，以及载波包络相位偏移频率 f_{ceo}。脉冲重复频率 f_{rep} 与载波包络相位偏移频率 f_{ceo} 同时锁定后，光学纵模频率即可稳定。目前，最主要的光梳有钛宝石飞秒光梳和光纤飞秒光梳。钛宝石锁模飞秒激光器是第一代飞秒光梳的基础，具有噪声低、线宽窄等诸多优点，但其固有的体积大、结构复杂、成本高、调节困难等缺点使其只适用于特定场合，限制了其应用范围。光纤飞秒光梳基于超快光纤激光器，光纤激光器无须准直，结构紧凑，光光转换效率高，而且光纤的工艺已经十分成熟，器件价格低廉，相较固体飞秒光梳，光纤飞秒光梳具有更好的实用性和发展前景，未来有望逐步取代钛宝石飞秒光梳。

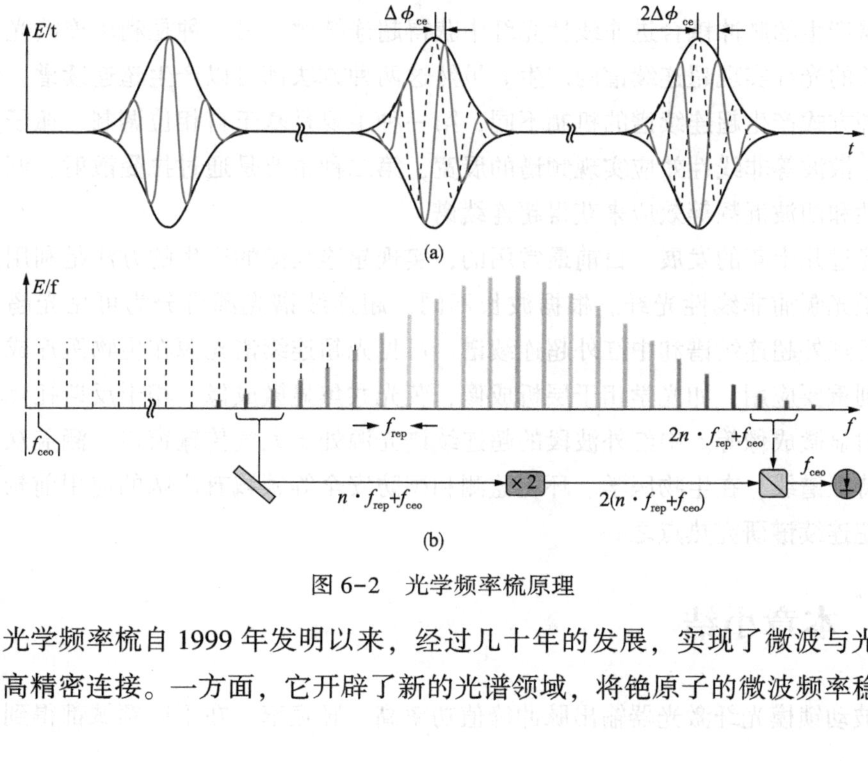

图 6-2　光学频率梳原理

光学频率梳自 1999 年发明以来，经过几十年的发展，实现了微波与光波之间的高精密连接。一方面，它开辟了新的光谱领域，将铯原子的微波频率稳定性超精细地过渡到光频带，消除了对系统庞大且复杂的“频率链”的需求；另一方面，光频梳可用于跟踪，作为时钟振荡器的光频量子跃迁，以微波形式输出。目前，锶原子光晶格时钟的分数频率稳定性已达到 10^{-18}，远远超过了铯原子喷泉时钟的精度。只有通过光梳，才可以将具有最高精度的光学频率标准在实际使用中分频为微波用于计数和操纵。精密频率标准不仅令原子和分子能量结构测量达到前所未有的水平，还为更好地理解和探索宇宙提供了新的技术。

6.3 超连续谱产生

超连续谱光源，又被称为白光激光，是一种新型激光器，同时具有普通光源的宽光谱特性和单色激光光源的方向性、高空间相干性、高亮度等特征。1976年，超连续谱首次在光纤中实现，由于其输出光谱带宽较宽，使得它在光学相干层析、光计量学以及频率计量等领域具有潜在的应用价值，并且被科研人员进行了广泛研究。通过对超连续光谱的深入研究，在光纤中使用非线性效应来生成超连续光谱是最有效的方法。有两种方法可以生成超连续光谱：一种是将超快光纤激光器产生的脉冲耦合进非线性光纤中获得超连续谱，另一种是利用连续光泵浦比较长的光纤实现超连续谱的产生。虽然这两种方法都可以产生超连续谱，但是这两种方式产生超连续谱的机制不同，第一种主要是基于自相位调制、孤子分裂以及色散波等非线性效应实现频谱的展宽，第二种主要是通过拉曼散射、调制不稳定性和四波混频等效应来获得超连续谱。

经过几十年的发展，目前最常用的，实现超连续谱的产生的方法是利用超短脉冲激光泵浦非线性光纤。根据波长不同，超连续谱光源可分为可见光超连续谱、近红外超连续谱和中红外超连续谱。可见光超连续谱光源在生物医疗成像领域起到重要应用，如光学相干层析成像、荧光共焦显微成像、相干反斯托克斯拉曼散射显微成像等。中红外波段的超连续谱光源处于大气传输窗口，涵盖众多分子的特征谱线，在生物医学、环境监测和国防安全等领域有广阔的应用前景，是当前超连续谱研究热点之一。

6.4 本章小结

被动锁模光纤激光器输出脉冲峰值功率高、脉宽窄，在不同领域都得到广泛的应用。本章简要介绍了被动锁模光纤激光器在三种不同领域的应用，其中在生物医学成像领域，利用脉冲光纤激光器特别是飞秒光纤激光器可进一步提升光学相干层析成像的成像深度和灵敏度；在精密测量领域，超短脉冲光纤激光器是光学频率梳的基础，光纤光梳在激光频率测量、绝对距离测量、天文观测、超稳微波产生等方面应用潜力巨大；超短脉冲泵浦非线性光纤可实现超连续谱的产生，这是目前超连续谱最有效、最常用的产生方式。

参考文献

[1] CARRASCO-ZEVALLOS O M, KELLER B, VIEHLAND C, et al. Live volumetric (4D) visualization and guidance of in vivo human ophthalmic surgery with intraoperative optical coherence tomography[J]. Scientific Reports, 2016, 6: 31689.

[2] TRABER G L, WEBER K P, SABAH M, et al. Enhanced depth imaging optical coherence tomography of optic nerve head drusen: a comparison of cases with and without visual field loss [J]. Ophthalmology, 2017, 124(1): 66-73.

[3] SINGLA N, SRIVASTAVA V, MEHTA D S. In vivo classification of human skin burns using machine learning and quantitative features captured by optical coherence tomography[J]. Laser Physics Letters, 2017, 15(2): 025601.

[4] HSIEH Y S, HO Y C, LEE S Y, et al. Dental optical coherence tomography[J]. Sensors, 2013, 13(7): 8928-8949.

[5] LEE S H, LEE J J, CHUNG H J, et al. Dental optical coherence tomography: new potential diagnostic system for cracked-tooth syndrome[J]. Surgical & Radiologic Anatomy, 2016, 38 (1): 49-54.

[6] TEARNEY G J, BREZINSKI M E, SOUTHERN J F, et al. Determination of the refractive index of highly scattering human tissue by optical coherence tomography[J]. Optics Letters, 1995, 20 (21): 2258-2260.

[7] DREXLER W, MORGNER U, KÄRTNER F X, et al. In vivo ultrahigh-resolution optical coherence tomography[J]. Optics Letters, 1999, 24(17): 1221-1223.

[8] POVAZAY B, BIZHEVA K, UNTERHUBER A, et al. Submicrometer axial resolution optical coherence tomography[J]. Optics Letters, 2002, 27(20): 1800-1802.

[9] FERMANN M E, HARTL I. Ultrafast fibre lasers[J]. Nature Photonics, 2013, 7(11): 868-874.

[10] BASHKATOV A N, GENINA É A, KOCHUBEY V I, et al. Optical properties of the

subcutaneous adipose tissue in the spectral range 400-2500nm[J]. Optics and Spectroscopy, 2005, 99: 836-842.

[11] XU C, WISE F W. Recent advances in fibre lasers for nonlinear microscopy[J]. Nature Photonics, 2013, 7: 875-882.

[12] ISHIDA S, NISHIZAWA N. Quantitative comparison of contrast and imaging depth of ultrahigh-resolution optical coherence tomography images in 800-1700nm wavelength region[J]. Biomed Optics Express, 2012, 3(2): 282-294.

[13] FU W, WRIGHT L G, SIDORENK P O, et al. Several new directions for ultrafast fiber laser [J]. Optics Express, 2018, 26(8): 9432-9463.

[14] LIU Z W, ZIEGLER Z M, WRIGHT L G, et al. Megawatt peak power from a Mamyshev oscillator[J]. Optica, 2017, 4(6): 649-654.

[15] OLIVIER M, BOULANGER V, GUILBERT-SAVARY F, et al. Femtosecond fiber Mamyshev oscillator at 1550nm[J]. Optics Letters, 2019, 44(4): 851-854.

[16] REPGEN P, SCHUHBAUER B, HINKELMANN M, et al. Mode-locked pulses from a Thulium-doped fiber Mamyshev oscillator[J]. Optics Express, 2020, 28(9): 13837-13844.

[17] WANG T, REN B, LI C, et al. Over 80nJ Sub-100fs All-Fiber Mamyshev Oscillator[J]. IEEE Journal of Selected Topics in Quantum Electronics, 2021, 27(6): 8800105.

[18] HOLLBERG L, DIDDAMS S A, BARTELS A, et al. The measurement of optical frequencies [J]. Metrologia, 2005, 42(3): 105-124.

[19] 张颜艳. 掺铒光纤飞秒光梳及其在光频测量中的应用[D]. 北京：中国科学院大学，2018.

[20] DROSTE S, YCAS G, WASHBURN B R, et al. Optical frequency comb generation based on erbium fiber Lasers[J]. Nanophotonics, 2016, 5: 196-213.

[21] 汪会波. 掺镱光纤光学频率梳及其关键技术研究[D]. 西安：西安电子科技大学，2020.

[22] 庞利辉. 脉冲光纤激光器及超稳光纤光学频率梳的实验研究[D]. 北京：中国科学院大学，2017.

[23] 杨未强，宋锐，韩凯，等. 超连续谱激光光源研究进展[J]. 国防科技大学学报，2020，42(1)：1-9.

[24] LIN C, STOLEN R H. New nanosecond continuum for excited-state spectroscopy[J]. Applied Physics Letters, 1976, 28(4): 216-218.

[25] XIA H, LI H, DENG G, et al. Compact noise-like pulse fiber laser and its application for supercontinuum generation in highly nonlinear fiber[J]. Applied Optics, 2015, 54(32): 9379-9384.

[26] CHANG K Y, CHEN W C, LIN S S, et al. High-power, octave-spanning supercontinuum generation in highly nonlinear fibers using noise-like and well-defined pump optical pulses[J]. OSA Continuum, 2018, 1(3): 851-863.

[27] LÓPEZ-RIPA M, JARABO S, SALGADO-REMACHA F J. Near-infrared supercontinuum source by intracavity silica-based highly-nonlinear fiber[J]. Optics Letters, 2019, 44(8): 2016-2019.

[28] LUO X, TUAN T H, SUZUKI T, et al. Intracavity supercontinuum generation in a mode-locked erbium-doped fiber laser based on the Mamyshev mechanism with highly nonlinear fiber [J]. Optics Letters, 2020, 45(9): 2530-2533.

[29] ZHU Y, ZHENG Z, GE X, et al. High-power, ultra-broadband supercontinuum source based upon 1/1.5μm dual-band pumping[J]. Chinese Optics Letters, 2021, 19(4): 041403.

[30] CASTILLO M D I, CERDA S C, MARTINEZ D R. Splitting after collision of high-order bright spatial solitons in Kerr media[J]. Optics Express, 2014, 22(25): 30769-30776.

[31] YANG R, WU X. Spatial soliton tunneling, compression and splitting[J]. Optics Express, 2008, 16(22): 17759-17767.

[32] CRISTIANI I, TEDIOSI R, TARTARA L, et al. Dispersive wave generation by solitons in microstructured optical fibers[J]. Optics Express, 2004, 12(1): 124-135.

[33] AUSTIN D R, STERKE C M, EGGLETON B J, et al. Dispersive wave blue-shift in supercontinuum generation[J]. Optics Express, 2006, 14(25): 11997-12007.

[34] HELLER E J, SUNDBERG R, TANNOR D. Simple aspects of Raman scattering[J]. The Journal of Physical Chemistry, 1982, 86(10): 1822-1833.

[35] CAMPION A, KAMBHAMPATI P. Surface-enhanced Raman scattering[J]. Chemical Society Reviews, 1998, 27(4): 241-250.

[36] ZAKHAROV V E, OSTROVSKY L A. Modulation instability: the beginning[J]. Physica D: Nonlinear Phenomena, 2009, 238(5): 540-548.

[37] ERKINTALO M, HAMMANI K, KIBLER B, et al. Higher-order modulation instability in nonlinear fiber optics[J]. Physical Review Letters, 2011, 107(25): 253901.

[38] SHARPING J E, FIORENTINO M, COKER A, et al. Four-wave mixing in microstructure fiber [J]. Optics Letters, 2001, 26(14): 1048-1050.

[39] INOUE K. Four-wave mixing in an optical fiber in the zero-dispersion wavelength region[J]. Journal of Lightwave Technology, 1992, 10(11): 1553-1561.

[40] WILLER U, SARAJI M, KHORSANDI A, et al. Near- and midinfrared laser monitoring of industrial process, environment and security application [J]. Optical Lasers Engineering,

2006, 44: 699-710.

[41] XIA C. Mid-infrared supercontinuum laser system and its biomedical applications[D]. USA: University of Michigan, 2009.

[42] KE K, XIA C, ISLAM M N, et al. Mid-infrared absorption spectroscopy and differential damage in vitro between lipids and proteins by an all-fiber-integrated supercontinuum laser[J]. Optics Express, 2009, 17(15): 12627-12640.